NUMERICAL ANALYSIS

엄정국 지음

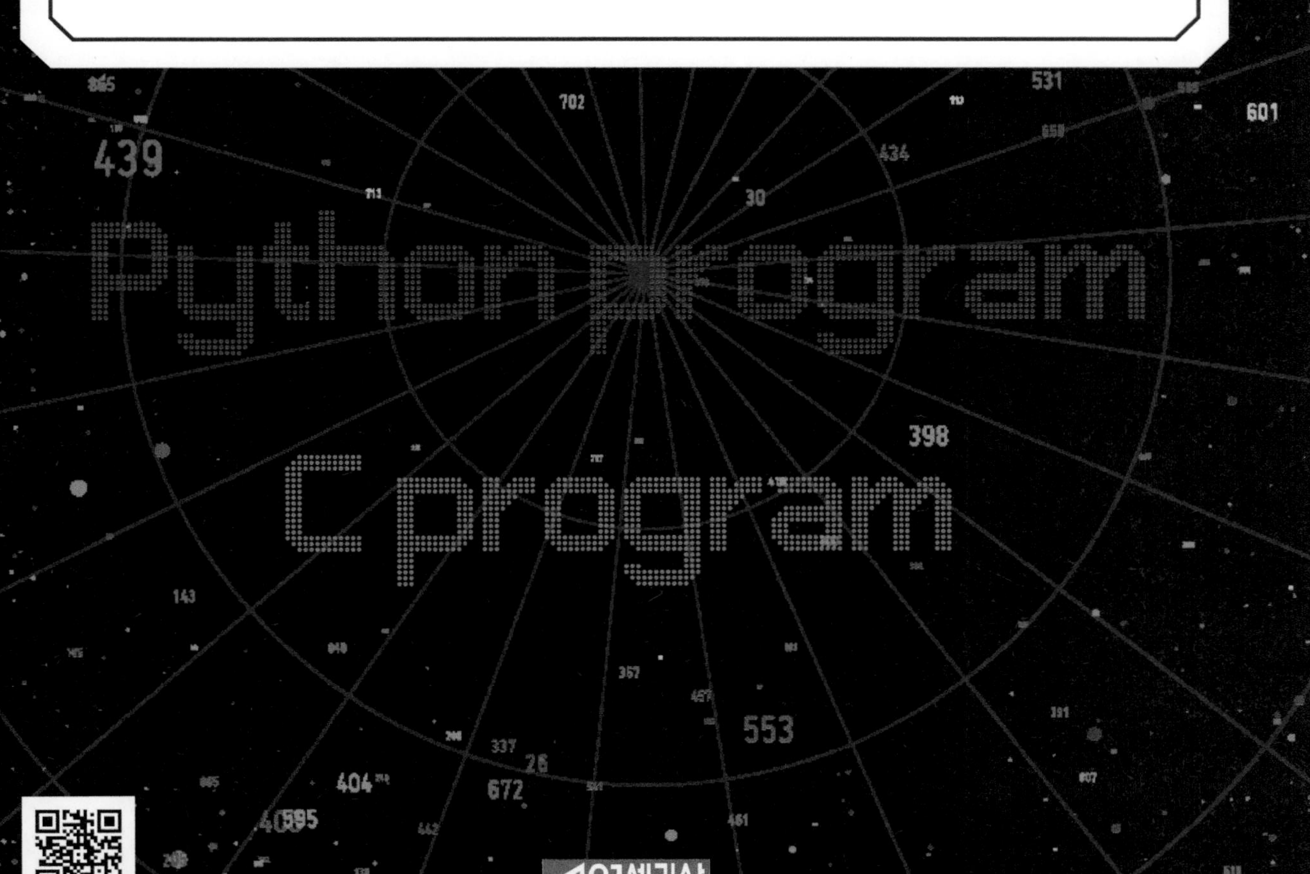

21세기사

머 리 말

인류 최초의 전자식 컴퓨터는 1946년의 애니악(ENIAC)이라 할 수 있으므로 오래된 것 같지만 실은 나이가 80살도 넘지 않았다는 것이다. 애니악이 만들어진 이후에 발전을 거듭하여 현재는 컴퓨터가 대량으로 보급되고 대다수의 사람들이 컴퓨터가 없으면 생활하기 힘들 정도로 컴퓨터는 우리 옆에 필수품으로 와 있다는 것이다.

개인용 컴퓨터와 스마트폰이 해결사의 역할을 하고 있으며 간단한 질의어를 입력하면 해당된 리스트를 엄청나게 많이 제공하고 있음을 알 수 있다. 그럼에도 불구하고 컴퓨터는 만능박사가 아니기 때문에 실생활에서 나타나는 문제점을 해결하기 위해 우리가 프로그램을 직접 작성해야 하는 경우가 종종 발생한다.

수학은 어렵다는 것이 일반 통념이다. 더군다나 수학을 프로그램으로 해결한다는 것은 더더욱 어려운 작업임은 틀림없다.

주어진 수치계산의 문제를 컴퓨터를 이용해서 처리하는 분야인 수치해석은 자연계열과 이공계열에서는 필수적인 학문임에도 불구하고 내용의 난해함 때문에 많은 학생들이 어려움을 겪고 있는 것이 현실이다.

이처럼 수치해석은 컴퓨터 프로그램을 하루, 이틀 공부한다고 해서 주어진 문제를 해결할 수 있는 것도 아니고 프로그래밍 언어를 능숙하게 구사한다고 해서 문제가 해결되는 것은 더욱 아니다. 문제를 해결할 수 있는 수학적 능력과 이를 알고리즘으로 만들 수 있어야만 가능한 것이다.

기본에 충실하기는 쉽고도 어려운 것이다. 독자들의 문제 해결을 돕기 위해 가능한 한 쉽게 수학적으로 표현하기 위해 노력하였다고 자부하지만 단순히 교재를 읽는 수준에서 그친다면 수치해석을 이해할 수는 없다. 교재에 포함된 프로그램을 작동시켜 결과를 확인해야만 이론을 이해할 수 있음을 명심해야한다.

저자가 프로그램 위주의 강의를 한 결과, 많은 학생들이 무리 없이 수업에 임하며 쉽게 이해하고 만족해하는 것을 볼 수 있었다. 이 책은 다음 사항에 유념하여 만들었다.

첫째, 필수적으로 알아야 할 내용은 가급적이면 수월하게 이해할 수 있도록 수식 전개를 하였고, 이를 해결할 수 있도록 알고리즘을 구성하였다.

둘째, 많은 예제와 프로그램을 수록하였으며 실습 위주의 수업 진행을 할 수 있도록 전개하였다.

셋째, Python 프로그램과 C 프로그램을 실어 놓았으므로 독자가 직접 입력하여 결과를 얻을 수 있도록 하였다.

초보적인 수치해석의 문제로부터 미분방정식의 해법에 이르기까지 많은 기법들이 평이하고 이해하기 쉽게 처리하였지만 미비한 점이 많이 나타날 것으로 본다. 미비한 내용은 앞으로 보완할 것을 약속드립니다. 초심자로부터 전문가에 이르기까지 많은 이용 바라며 지도 편달을 부탁합니다.

끝으로 이 책의 출판을 쾌히 승락하여 주신 21세기사의 이범만 사장님께 감사드리며 무궁한 발전이 있으시길 기원한다.

2023년 7월 엄 정 국

목 차

제5장 연립방정식의 해법 ······ 227

제6장 고윳값과 고유벡터 ······ 269

제7장 수치미적분 ······ 319

제1장 수와 오차

학습목표

- 컴퓨터에서 사용되는 정수, 실수의 의미를 학습한다.
- 2진법 변환으로 정수 또는 실수 값을 저장하는 방법에 관해 공부한다.
- 오차의 종류에 대해 살펴본다.
- 오차를 줄이기 위한 다양한 방법을 다루어본다.

제1절 문제의 제기

컴퓨터의 눈부신 발전에 힘입어 과거에는 해답을 얻기 어려운 복잡한 문제들이 이제는 컴퓨터의 도움으로 해를 얻을 수 있게 되었다. 컴퓨터는 계산 만능인 도구이지만 모든 문제를 해결해 주지는 않는다. 실제로 주어진 문제를 컴퓨터로 처리하기 위해선 첫째 문제를 올바로 해석하여 정식화해야 한다. 둘째로는 정식화된 문제를 컴퓨터로 어떻게 처리할 것인가를 연구하여 알고리즘을 세우는 것이다. 마지막으로는 알고리즘을 프로그래밍 하는 능력이 있어야 한다.

컴퓨터는 계산을 신속하고도 정확히 처리하는 것으로 알고 있다. 하지만 컴퓨터로 수치계산을 할 경우에 大小의 차이는 있지만 오차가 발생한다. 특히 프로그램을 실행시킬 때 여러 종류의 오차가 발생하여 계산결과를 쓸모없는 것으로 만들기도 한다.

간단한 예를 들어보기로 한다. 1년은 365.2422일이며, 이를 출력하는 C 프로그램은 다음과 같다.

```
#include "stdafx.h"
#include "stdio.h"
int main()
{
        float year=365.2422 ;
        printf("%f \n", year) ;
}
```

프로그램은 단순명료하며, 오류가 발생할 부분은 어느 곳에도 없지만 프로그램을 실행시키면 예상과는 전혀 다른 값이 출력된 것을 보게 된다.

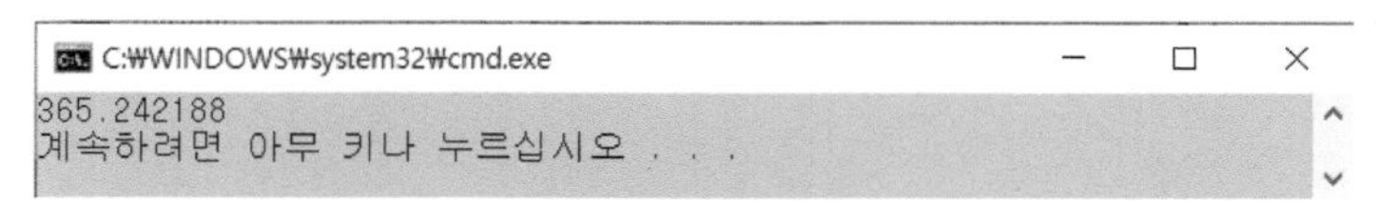

그림 1-1 1년 출력하기

이와 같이 오차가 발생하는 원인과 종류 및 오차를 최소화하는 여러 방법을 알아보기로 한다. 이제 하나의 예를 더 들어보기로 한다.

【예제 1-1】 0.01을 100번 더하고, 이를 배정도형으로 출력하는 프로그램을 작성하라.[1)]

【해】 문제 해결을 위한 흐름도와 Visual Studio로 작성한 C 프로그램은 다음과 같다.

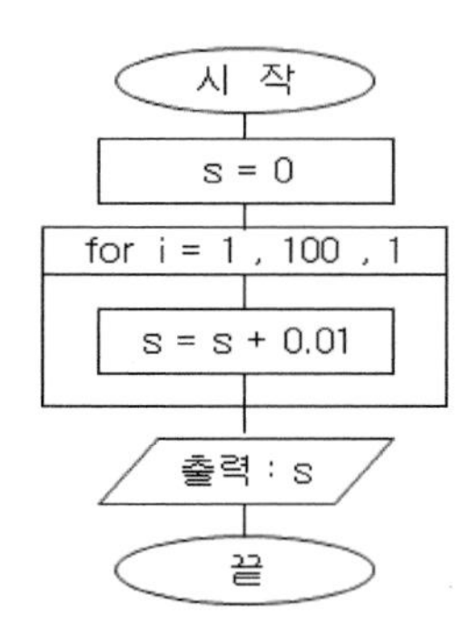


```
#include "stdafx.h"
#include "stdio.h"
int main( )
{
      int i ;
      float s = 0. ;
      for(i=1; i<=100; i++)
            s = s + 0.01 ;
      printf("%20.16lf \n", s) ;
}
```

주어진 수식을 계산하면 수학적으로는 1 이지만 위의 프로그램을 수행하면 그림 1-2 에 나타난 결과처럼 1 이 아님을 알 수 있다.

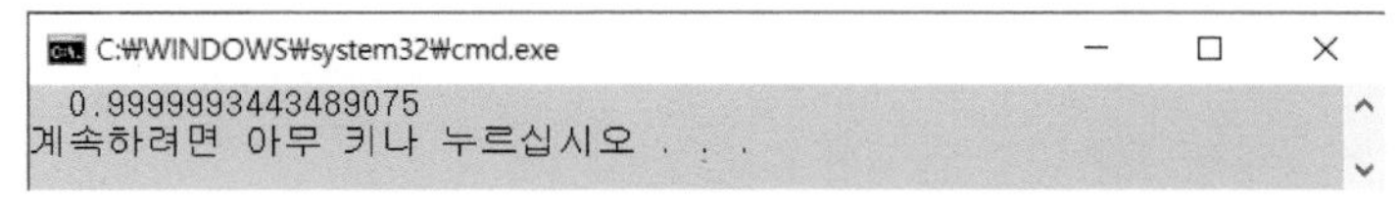

그림 1-2 0.01을 100번 더하기

위의 【예제 1-1】은 어리석은 문제인 것으로 여겨지지만 컴퓨터에 수가 어떻게 저장되는가를 알아볼 수 있는 좋은 예제이다. 물론 발생한 오차는 아주 작기 때문에 무시할 정도이지만[2)] 이러한 오차가 발생한 것 자체가 정확성을 자랑하는 컴퓨터에서는 큰 문제이다.

이제부터는 이러한 오차가 어째서 발생하는 지를 알아보기로 한다.

---

1) 배정도형(double precision)값을 처리하면 소수 이하 15자리까지의 값을 정확하게 구할 수 있으며, 단정도형(single precision)으로는 소수 이하 7자리까지만 정확히 표시한다. Visual Studio애서 배정도형 출력에는 lf(엘에프) 포맷을 사용한다.

2) 값이 너무 작기 때문에 오차가 발생하지 않은 것으로 간주하기도 한다.

제2절 진법

컴퓨터에서 수를 입력하면 10진법으로 입력된 값은 2진법으로 변환되어 주기억장치에 저장되며, 연산장치는 2진법 연산을 수행하여 결과를 주기억장치로 반환한다. 주기억장치에 저장된 2진법의 수는 출력장치를 통하여 10진법으로 변환된 값을 출력시킨다.

컴퓨터에서 많이 쓰는 수계(number system)는 다음과 같다.

저(base)	수 계(number system)
2	2 진법(binary)
8	8 진법(octal)
10	10 진법(decimal)
16	16 진법(hexa-decimal)

우리가 실생활에서 주로 사용하는 수의 표시법은 10진법(decimal system)이며, 예로써 91.718은 다음과 같은 의미를 갖는다.

$$\begin{aligned} 91.718 &= 9\times 10 + 1 + 7\times 0.1 + 1\times 0.01 + 8\times 0.001 \\ &= 9\times 10^1 + 1\times 10^0 + 7\times 10^{-1} + 1\times 10^{-2} + 8\times 10^{-3} \end{aligned}$$

이제부터 진법 변환을 하는 방식에 관하여 논의하고자 한다. 진법 변환 방식은 다음과 같이 세가지 방식이 있다.

1. 10진법을 P진법으로 변환하기
   10진법의 수를 P로 계속하여 나눈 몫이 영이 될 때까지 나머지를 계산한다. 그런 다음에 나머지를 거꾸로 읽어 가면 P진법의 수가 된다.
2. P진법을 10진법으로 변환하기
   P진법의 수를 P의 거듭제곱으로 표현하고 이 값을 더하면 된다.
3. P진법을 Q진법으로 변환하기
   P진법을 먼저 10진법으로 바꾸고, 10진법으로 변환된 수를 다시 Q진법으로 변환시키면 된다.

【예제 1-2】 10진법의 수 208을 8진법으로 나타내라.
【해】 숫자 208을 8로 계속 나누면서 나머지를 구해보면 다음과 같다.

```
8 ) 208
8 )  26   … 0
8 )   3   … 2
      0   … 3
```

$\therefore (208)_{10} = (320)_8$ [3)]

【예제 1-3】 8진법의 수 $(320)_8$을 10진법의 수로 바꾸어라.
【해】 $(320)_8 = 3\times8^2 + 2\times8^1 + 0 = 192 + 16 + 0 = 208$ ■

진법변환에서 소수부는 변환시키려는 진법의 수를 계속하여 곱해주며, 곱셈 결과로 얻어진 정수부의 값을 차례로 획득함으로써 진법변환을 할 수 있다.

【예제 1-4】 10진법의 수 0.7734375를 4진법의 수로 바꾸어라.
【해】 소수부의 진법변환이므로 4를 연속적으로 곱해준다.

```
   0.7734375
×)         4
   ③.093750    <----   0.093750에 4를 곱한다.
×)        4
   ⓪.375000    <----   0.375000에 4를 곱한다.
×)        4
   ①.500000    <----   0.500000에 4를 곱한다.
×)        4
   ②.000000
```

3) 진법변환의 Python 프로그램은 다음과 같다. 실행결과의 앞부분이 0o로 표시되는데 이는 octal의 첫 글자를 표시한 것이다.
print(oct(320))

앞서 언급한 것처럼 계산 결과로 얻어진 정수부의 값을 원으로 표시하였고, 이를 차례로 옮겨 쓰면 원하는 4진법의 수가 된다. 즉,

$$(0.7734375)_{10} = (0.3012)_4 \quad \blacksquare$$

【예제 1-5】 4진법의 수 $(0.3012)_4$을 10진법의 수로 바꾸어라.

【해】 $(0.3012)_4 = 3\times4^{-1} + 0\times4^{-2} + 1\times4^{-3} + 2\times4^{-4} = 0.7734375$ ■

다음은 정수부와 소수부로 이루어진 수를 진법 변환하는 예제이다. 이러한 경우는 정수부와 소수부를 따로따로 진법 변환해야 한다. 즉, 정수부는 몫이 영(零)일 때까지 나누고 소수부는 연속적으로 변환하려는 진법의 수를 곱하면 된다.

【예제 1-6】 10진법의 수 19.125를 4진법으로 바꾸어라.

【해】 정수부와 소수부를 다음과 같이 따로 변환시킨다.

정수부 변환

```
4 ) 19
4 )  4  … 3
4 )  1  … 0
     0  … 1
```

소수부 변환

```
     0.125
× )      4
   ⓪.500
× )      4
   ②.000
```

$$\therefore\ (19.125)_{10} = (103.02)_4 \quad \blacksquare$$

♣ 연습문제 ♣

1. 다음 2진수를 10진수로 나타내라.

   (1) $(10110)_2$ (2) $(110101)_2$

   (3) $(0.111)_2$ (4) $(110.1101)_2$

2. 다음 10진수를 2진수로 나타내라.

   (1) $(187)_{10}$ (2) $(248)_{10}$

   (3) $(0.4125)_{10}$ (4) $(16.28)_{10}$

3. 다음 3진수를 4진수로 나타내되 소수점 아래 5자리까지만 값을 구하여라.

   (1) $(110)_3$ (2) $(201)_3$

   (3) $(0.212)_3$ (4) $(1212.101)_3$

제3절 컴퓨터에서의 수치

컴퓨터에서의 수는 상수와 변수로 나누어진다. 상수(constant)는 아라비아 숫자로 구성되어 있고, 변수(variable)는 값이 저장되는 이름을 말한다.[4]

상수와 변수는 다시 정수형과 실수형으로 나누어진다. 정수형(integer)은 소수점을 포함하지 않는 수이며, 실수형(floating point)은 소수점을 포함하는 수를 의미한다. 이를 간략히 나타내면 다음과 같다.

$$
\text{수}\begin{cases}\text{상수}\begin{cases}\text{정수형 상수} & -\ \text{단정도, 배정도}\\ \text{실수형 상수} & -\ \text{단정도, 배정도}\end{cases}\\[2ex] \text{변수}\begin{cases}\text{정수형 변수} & -\ \text{단정도, 배정도}\\ \text{실수형 변수} & -\ \text{단정도, 배정도}\end{cases}\end{cases}
$$

예를 들어

$$y = 2x + 4.7$$

이라는 수식에서 2는 정수형 상수이고, 4.7은 실수형 상수이다. 그리고 x, y 는 변수이며, 형(type)선언을 통해 정수형과 실수형으로 구분할 수 있다.[5]

이들은 다시 단정도형(單精度型 single precision)과 배정도형(倍精度型 double precision)으로 나누어진다. 단정도형은 컴퓨터에서 계산되어 출력되는 일반적인 결과를 의미하며, 배정도형은 좀 더 정확한 계산을 수행한다. 소수점을 포함하는 계산에서 단정도형은 소수점 이하 7자리까지만 계산하지만 배정도형은 소수점 이하 15자리까지 값을 계산하므로 훨씬 높은 정도(precision)를 얻을 수 있다.

프로그래밍언어(Visual Studio C, python)에서 처리되는 정수, 실수의 byte 수는 동일하며, C 프로그램으로 정수, 실수, 문자를 처리하는 byte 수를 구하는 프로그램과 결과가 다음 그림에 나와 있다.

---

4) 변수는 영문자로 시작되어야 한다.

5) 문자형은 따로 언급하지 않았으며, 문자는 정수형으로 처리한다.

```
#include "stdafx.h"
#include "stdio.h"
int main( )
{
    printf("type         byte 수 \n") ;
    printf("-----------------------\n") ;
    printf("char       %d\n", sizeof(char )) ;
    printf("int        %d\n", sizeof(int    )) ;
    printf("float      %d\n", sizeof(float )) ;
    printf("double     %d\n", sizeof(double)) ;
    printf("-----------------------\n") ;
}
```

```
C:\WINDOWS\system32\cmd.e...
type        byte 수
----------------------
char           1
int            4
float          4
double         8
----------------------
계속하려면 아무 키나 누르십시오 . . .
```

그림 1-3 수의 저장 byte 수

프로그램 실행 결과를 살펴보면 정수의 경우에는 4byte에 저장되며 실수의 경우에는 단정도형(float)은 4byte, 배정도형(double)은 8byte에 값이 저장됨을 알 수 있다. 이를 차례로 논의해보기로 한다.

1. 정수

정수는 4 byte(=32 bit)에 값을 저장함을 확인하였다. 이제부터는 컴퓨터가 처리할 수 있는 정수의 크기에 대해 알아보기로 한다.

정수는 32bit 중에서 최초 bit(부호비트)를 제외한 31bit에 2진법의 수 0 또는 1이 채워지게 된다.

다음 그림에서 보듯이 31bit가 모두 1로 채워지면 최대정수가 되며 10진법으로 환산하면 $2^{31}-1$ = 2,147,483,647 이 된다. 또한 31bit에 모두 0이 저장되어 있다면 10진법의 수는 0이 된다.

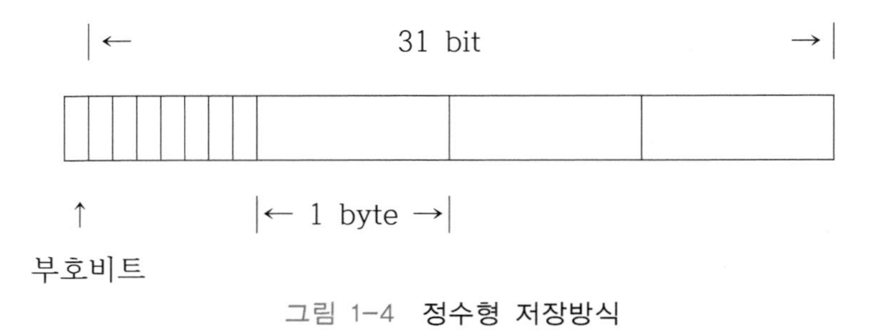

그림 1-4 **정수형 저장방식**

부호 비트의 값이 0이면 양수를, 1이면 음수를 나타낸다. 실제로 최대 정수는 부호 비트가 0으로 시작되며 최소 정수는 음수이므로 부호 비트가 1로 시작된다. 따라서 최대 정수는 +2,147,483,647이고 최소 정수는 -2,147,483,648이 된다. 여기서 음의 정수 값이 1만큼 큰 이유는 0을 표시하는 방법이 2개 존재하기 때문이다.

2. 실수

실수형 변수는 세 종류(float, double, long double)가 있으며, 소수점을 포함하는 수이다. 실수는 정수와 비교할 때, 아주 큰 수를 만들 수 있으며 또한 0에 가까운 수를 표현할 수 있다.

실수는 4바이트에 값을 저장한다. 지수는 9bit를 사용하므로 가수(mantissa)부는 22bit가 된다. 따라서 4바이트에 실수 값이 저장되는 방식을 그림으로 나타내면 다음과 같다.

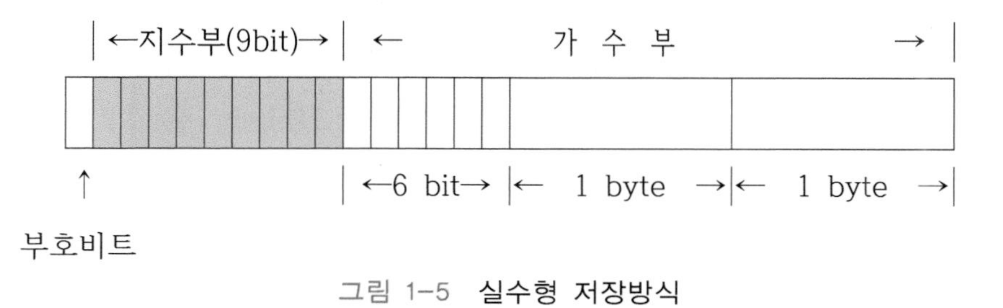

그림 1-5 **실수형 저장방식**

프로그램을 통해 확인한 바로는, Visual Studio의 가수부는 16진법을 사용하며, 지수부는 2진법으로 9 bit에 저장하는 방식을 따르고 있음을 알 수 있었다. 지수부의 비트는 0 과 1 의 값을 가지므로 이를 그림으로 나타내면 다음과 같다.

비트번호	1	2	3	4	5	6	7	8	9		10진법으로 환산한 수
지수의 최솟값	0	0	0	0	0	0	0	0	0	⇒	0
지수의 최댓값	1	1	1	1	1	1	1	1	1	⇒	511

그림 1-6

즉, 지수는 0 부터 511 사이의 값을 갖게 됨을 알 수 있다. 하지만 지수의 값도 음수가 존재하므로

컴퓨터의 지수 = 지수 - 256

으로 조정하는 절차가 필요하며, 조정된 지수의 범위는 다음과 같다.

-256 ≦ 조정된 컴퓨터의 지수 ≦ 255

이제부터 컴퓨터에 실수가 단정도형으로 저장되는 절차를 다루어본다. 이로부터 실수값 중에서 제일 큰 수와 제일 작은 수를 찾을 수 있다.

3. 최대 실수값

가수부는 그림 1-5 에서 22bit가 사용되는 것을 설명한 바 있다. 만일 22bit가 그림 1-7처럼 모두 1로 채워진다면

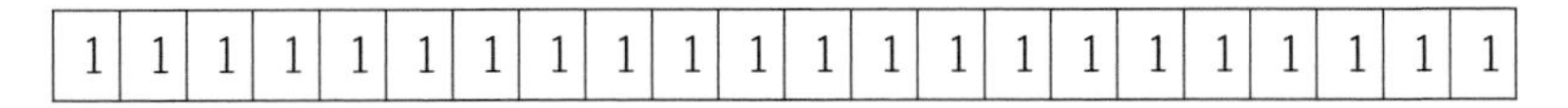

1	1	1	1	1	1	1	1	1	1	1	1	1	1	1	1	1	1	1	1	1	1

그림 1-7 **최대가수값 저장방식**

로 나타날 것이다. 이를 십진법으로 환산하면

$$2^{-1}+2^{-2}+2^{-3}+2^{-4}+\cdots+2^{-22} \qquad (1\text{-}1)$$

이므로 초항이 0.5이고 공비가 0.5, 항수는 22인 등비수열의 합을 구하면 된다.[6] 실제 계산 결과는 0.99999976158142이다.

비주얼 스튜디오는 16진법을 사용하여 값을 저장하므로 가수의 최댓값은 $16^{0.9999997616}=15.99998942$이다.

조정된 지수의 최댓값이 255이므로 만일 pow( ) 함수의 지수가 256 이상인 수를 넣으면 범람(overflow)이 발생한다.

만일 배정도형을 사용한다면 8바이트에 값을 저장하며, 부호비트와 지수부에 총 10bit를 사용하므로 가수부는 54bit가 된다. 배정도형으로 값을 처리하면 정확도를 높일 수 있다.

충분히 크거나 작은 수는 e 포맷으로 나타내는 것이 유리하다. e 포맷은 실수형만 사용가능하다.

【예제 1-7】 한 단어[7] 가 다음과 같이 표현된 수가 있다. 그 값을 구하여라.

0100 0001 0110 1000 0000 0000 0000 0000 (1-2)

【해】 주어진 수를 그림 1-5 와 같이 유동소수점(floating-point) 방식으로 표현하면 다음과 같다.

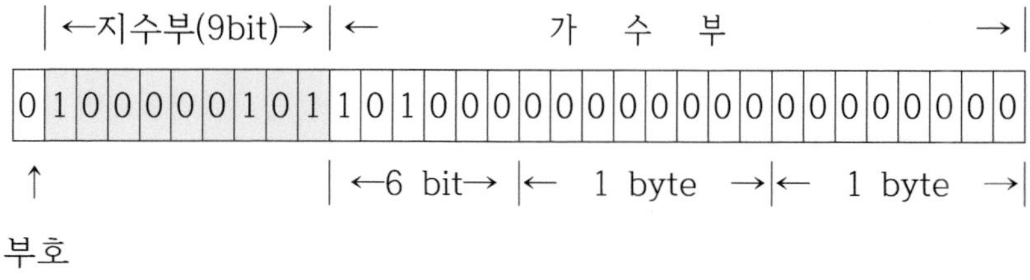

|←지수부(9bit)→|← 가 수 부 →|

0	1	0	0	0	0	0	1	0	1	1	0	1	0	0	0	0	0	0	0	0	0	0	0	0	0	0	0	0	0	0	0

↑ |←6 bit→|← 1 byte →|← 1 byte →|

부호

6) 초항이 a, 공비가 r, 항수가 n인 등비수열의 합 s는 $s=\dfrac{a(1-r^{n})}{1-r}$ 이다.

7) full-word를 의미하며 4바이트에 걸쳐 정보를 저장한다.

지수부 : $(1000\ 00101)_2 - 256 = 5$ [8]

가수부 : $(0.101\ 0000\ 0000\ 0000\ 0000\ 000)_2 = 0.625$

따라서 구하는 수는 $0.625 \times 2^5 = 20$ 이다. ■

위의 결과값 20을 << 프로그램 1-5 >> 에 입력하면 다음과 같이 출력되며 예제에서 주어진 값과 일치하는 것을 확인할 수 있다. 다만 부호(+,-)만 표시되지 않았을 뿐이다.

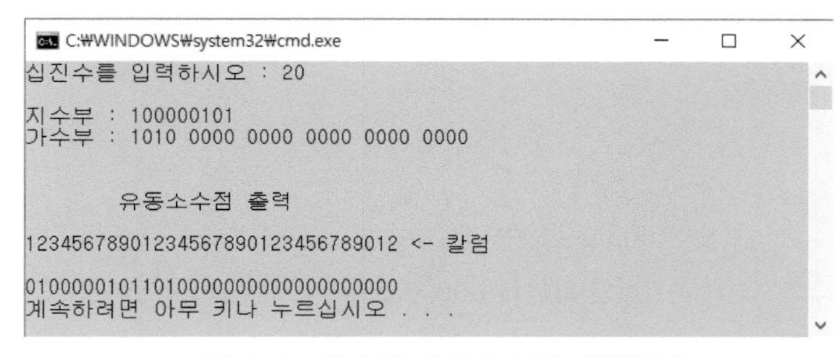

그림 1-8 **정수의 유동소수점 저장방식**

【예제 1-8】 15.7125는 주기억장치에 어떻게 저장되는가?

【해】 << 프로그램 1-5 >> 를 이용하여 지수와 가수를 구하면 다음과 같다.

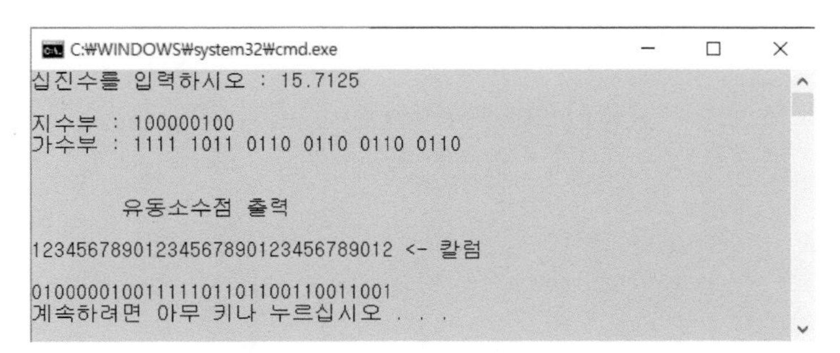

그림 1-9 **실수의 유동소수점 저장방식**

8) 컴퓨터의 지수는 지수부의 값에서 256을 빼줘야 한다.

이것을 그림으로 표현하면 다음과 같다.[9]

←지수부(9bit)→	← 가 수 부 →

0	1	0	0	0	0	0	1	0	0	1	1	1	1	1	0	1	1	0	1	1	0	0	1	1	0	0	1	1	0	0	1

←6 bit→	← 1 byte →	← 1 byte →

【예제 1-9】 주기억장치에 다음과 같이 저장된 수가 있다. 그 값을 구하여라.

$$x = 1011\ 1110\ 0010\ 1001\ 0111\ 0011\ 0000\ 0000 \qquad (1\text{-}3)$$

【해】 최상위 비트가 1이므로 x는 음수이며,

지수 : $(011111000)_2 - 256 = -8$
가수 : $(1010010111001100000000)_2 = 0.64764404296875$

이므로 x는 $-0.64764404296875 \times 2^{-8} = -0.0025298595428466796875$ ■

<< 프로그램 1-5 >>를 실행시킨 결과는 다음과 같으며 예제의 값과 일치하는 것을 알 수 있다.

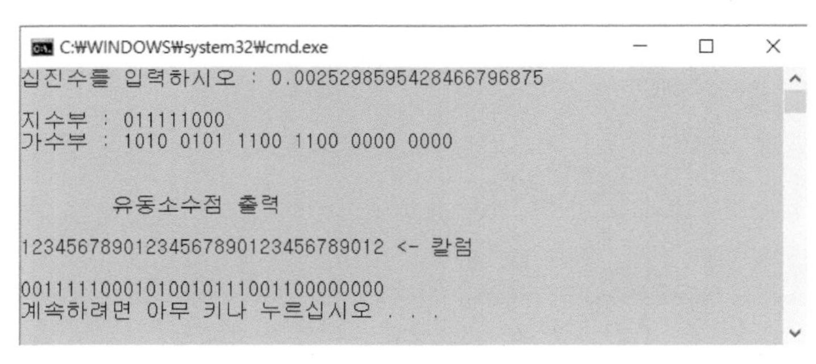

그림 1-10

9) 지수부는 십진법으로는 +4 이고, 가수부는 0.98203122615814209 이다.

여기서 진법의 문제를 다룬 것은 어떤 수가 컴퓨터에 어떻게 저장이 되는 가를 알아보기 위함이다.

앞의 【예제 1-1】로 되돌아가서 0.01은 컴퓨터에 어떻게 저장되는 가를 살펴보자. 0.01을 2진법으로 변환하면

$$0.01 = (000000101000111101011100001010001111010111)_2 \qquad (1\text{-}4)$$

$$= (0.101000111101011100001010001111010111\cdots)_2 \times 2^{-6} \qquad (1\text{-}5)$$

이며, <<프로그램 1-5>>를 실행시켜 단정도형의 십진법으로 환산하면

$$(0.1010001111010111000010)_2 \times 2^{-6} = 0.009999999776483$$

이다. 따라서 이 값을 100번 더하면 0.9999999776483 이며 1은 아님을 알 수 있다.[10]

식 (1-4)처럼 진법변환 시킨 것을 비정규화 형태(unnormalized form)라고 하고 식 (1-5)처럼 표현한 것을 정규화 형태(normalized form)[11] 라고 부른다.

---

10) 식 (1-1)의 처리 결과와는 약간의 차이가 있다.
11) 소수 첫째 자리가 1~9까지의 숫자로 표현된 형태를 말한다.

♣ 연습문제 ♣

1. 컴퓨터에 어떤 실수 x가 다음과 같이 저장되어 있다고 하자. x의 값을 구하여라.
   (1) 0011 1110 1001 1000 0000 0000 0000 0000
   (2) 1001 1101 1000 1000 1000 0000 0000 0000
   (3) 1100 1110 1001 1001 0000 0000 0000 0000

2. 다음을 32bit의 유동소수점방식으로 나타내어라.
   (1) 4.125　　(2) 1000.25
   (3) -10.2　　(4) 0.000175

3. 다음 10진법의 수를 정규화 시켜라.
   (1) 0.0036×10^{-2}　　(2) 0.001×10^{-4}
   (3) 12.345×10^{3}　　(4) 13.55×10^{-1}

4. 다음 값들을 유동소수점으로 나타내어라.
   (1) 0.0036×10^{-2}　　(2) 0.001×10^{-4}
   (3) 12.345×10^{3}　　(4) 13.55×10^{-1}

제4절 오차

1. 오차

일반적으로 사물의 개수를 세는 이산적인 양을 측정하는 경우는 비교적 정확한 값을 얻을 수 있지만 연속적인 양을 측정하는 경우는 정확한 값을 측정할 수 없다. 앞 절에서 살펴본 것처럼 컴퓨터에서는 실수 값인 경우 32비트로 국한시켜 값을 저장한다. 실수 값을 유동소수점으로 표시할 때는 가수(mantissa)가 무한소수로 나타나는 경우라 하더라도 컴퓨터의 특성상 일정한 자리까지만 저장되므로 반올림하여 처리한다. 이렇게 볼 때 수치해석에서는 항상 오차가 수반된다고 보면 될 것이다.

【정의 1-1】 참값과 근사 값과의 차를 절대오차(absolute error)라고 한다. 절대오차를 참값으로 나눈 값을 상대오차(relative error)라 한다.

어떤 수 x의 참값을 x_T, 근사 값을 x_A라고 하자. x_A의 오차를 $\epsilon(x_A)$라고 하면

$$\epsilon(x_A) = x_T - x_A \tag{1-6}$$

이고 x_A의 상대오차 $\epsilon_R(x_A)$는 다음과 같다.

$$\epsilon_R(x_A) = \frac{x_T - x_A}{x_T} = \frac{\epsilon(x_A)}{x_T} \tag{1-7}$$

수치계산에서는 참값과 오차를 모른다 하더라도 구해진 근사 값이 요구된 자리 수 까지 정확하게 근사(近似)되면 실제로 이용할 수 있다. 따라서 오차가 요구되는 범위 내에 들어있는 가를 조사해야 한다. 어떤 값 E_x가 다음 부등식

$$|x_T - x| < E_x \tag{1-8}$$

를 만족할 때 E_x 를 오차의 한계(margin of error)라 한다.

근사 값이 참값을 대신할 수 있는 가의 여부는 상대오차로 표시할 수 있다. 대개의 경우에 있어 참값은 알 수 없으므로 근사 값을 참값으로 대신하여 사용할 수 있다.

【예제 1-10】 $x_T = 2.718281\cdots, x_A = 2.71428$ 일 때, $\epsilon(x_A)$, $\epsilon_R(x_A)$ 를 구하여라.

【해】 $\epsilon(x_A) = (2.718281\cdots) - 2.71428 = 0.004001\cdots$

$\epsilon_R(x_A) = 0.004001\cdots \div (2.718281\cdots) = 0.00147\cdots$ ■

2. 오차의 종류

1) 입력오차(data error)
   무리수인 π 를 π = 3.141592로 입력하면 참값과의 차이가 발생하는 것처럼 자료를 입력할 때 발생하는 오차를 말한다.
2) 4사 5입 오차(round off error)
   반올림 때문에 생기는 오차이다.
3) 절단오차(truncated error)
   계산식이 근사식이기 때문에 생기는 오차이다.
4) 전파오차(propagated error)
   오차가 다음 단계에 반영됨으로써 발생하는 오차를 말한다.

입력오차 또는 2진수 유동소수점으로 표현할 때 발생하는 오차[12)]를 원시오차(inherent error)라 하고 절단오차와 4사 5입 오차를 처리오차(procedural error)라고 부른다.

입력오차와 4사 5입 오차는 이미 설명을 하였으므로 이제부터는 나머지 두 개의 오차에 관하여 다루어본다.

12) 【예제 1-1】에서 발생한 오차.

3. 절단오차

컴퓨터는 4칙 연산 밖에는 수행하지 못하므로 삼각함수 등과 같은 특수함수의 계산을 직접 할 수는 없다. 이러한 함수들은 무한급수를 사용하여 계산하게 되는 데, 문제는 컴퓨터가 무한 항까지 처리할 수 없다는 것이다. 따라서 어떤 유한 항까지 처리하고 나머지 항을 무시함으로써 발생하는 오차를 절단오차라 한다.

절단오차는 물리적, 수학적 문제를 수치계산이 가능한 형태로 바꿀 때 나타난다. 예를 들어 $\sin(x)$를 Maclaurin 급수전개하면[13)]

$$\sin(x) = x - \frac{x^3}{3!} + \frac{x^5}{5!} - \frac{x^7}{7!} + \frac{x^9}{9!} - \cdots \qquad (1\text{-}9)$$

이다. 여기서 다음의 식 (1-10)처럼 x^9항 이하를 절단하면 오차가 발생하게 된다. 이러한 오차를 절단오차라 한다.

$$\sin(x) = x - \frac{x^3}{3!} + \frac{x^5}{5!} - \frac{x^7}{7!} \qquad (1\text{-}10)$$

참고로, 두 개의 $\sin(x)$의 그래프를 $[0, 2\pi]$의 범위에서 그려보면 다음과 같으며 2π보다 큰 구간에서는 심각한 차이가 발생함을 알 수 있다.

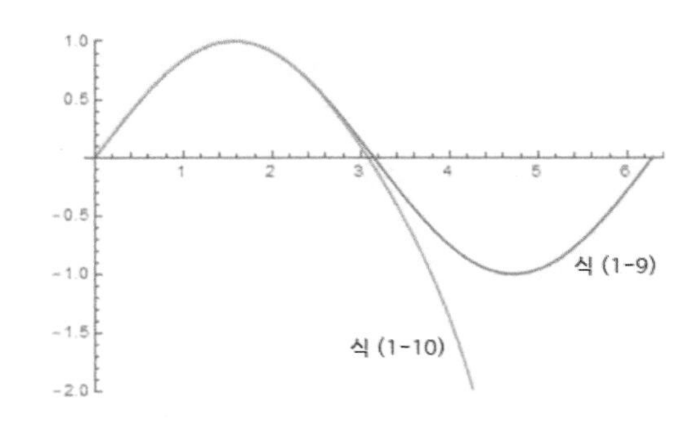

그림 1-11 **마크로린 급수전개한 $\sin(x)$의 그래프**

---

13) Maclaurin의 정리는 제2장의 수학적 기본사항에서 소개하고 있다.

【예제 1-11】 제3항까지 사용하여 sin(0.4)의 값을 구하려 한다. 절단오차는 얼마인가? 단, 소수점 이하 9자리까지 나타내라.
【해】 식 (1-10)으로부터

$$\sin(0.4) = 0.4 - \frac{0.4^3}{3!} + \frac{0.4^5}{5!} = 0.389418667$$

참값은 $\sin(0.4) = 0.389418342$ 이다. 따라서 절단오차를 ϵ_t라고 하면

$$\epsilon_t = 0.389418342 - 0.389418667 = -0.000000325 \blacksquare$$

4. 전파오차

수치해석에서는 해를 구하는 방법으로 반복법(iteration method)을 사용하므로 비록 미세한 오차라 하더라도 다음 단계에 이러한 오차가 누적되므로 참값과는 큰 차이가 생기게 된다. 이러한 오차를 전파오차라고 하며, 수치해석에서는 이러한 전파오차를 최소로 하는 것이 무엇보다도 중요하다.

만일 오차의 누적이 일정하거나 단조증가(monotone increasing)이면 오차는 유계(bounded)라고 말하고, 이때의 연산결과는 안정성(stability)을 갖는다고 말한다. 오차의 누적이 기하급수적으로 증가하면 연산결과는 불안정(unstable)하다고 말하며, 불안정한 연산결과는 아무런 의미가 없다.

다음에 소개하는 적분문제를 보면 전파오차의 심각성을 알 수 있다.

【예제 1-12】 다음 적분을 하라.

$$J_n = \int_0^1 x^n e^{x-1} dx \qquad (1-11)$$

【해】 윗 식을 부분적분 14) 하면

---

14) $\int_a^b u \cdot v' = u \cdot v]_a^b - \int_a^b u' \cdot v$

$$
\begin{aligned}
J_n &= x^n e^{x-1}\Big]_0^1 - \int_0^1 n x^{n-1} e^{x-1} dx \\
&= 1 - n\int_0^1 x^{n-1} e^{x-1} dx \\
&= 1 - n \times J_{n-1}
\end{aligned}
\tag{1-12}
$$

인 점화수열이 된다. 식 (1-12)에서 J_1의 참값을 계산하면 다음과 같다.

$$
J_1 = \int_0^1 x e^{x-1} dx = e^{-1} = 0.367879441 \cdots \tag{1-13}
$$

<<프로그램 1-6 >>에서 초기치[15]로 참값 $e^{-1} = 0.367879441\cdots$ 과 근사값 $e^{-1} \fallingdotseq 0.367879$ 을 사용하여 식 (1-13)의 점화수열 J_n 의 참값과 근사 값을 계산하면 그림 1-12 와 같은 결과를 얻게 된다. $n \geq 9$ 일 때는 심각한 전파 오차가 발생하고 있음을 알 수 있다. ■

```
C:\WINDOWS\system32\cmd.exe
-------------------------------------------
  n          참    값            근 사 값
-------------------------------------------
  1       0.3678794412       0.3678790000
  2       0.2642411177       0.2642420000
  3       0.2072766470       0.2072740000
  4       0.1708934119       0.1709040000
  5       0.1455329406       0.1454800000
  6       0.1268023566       0.1271200000
  7       0.1123835041       0.1101600000
  8       0.1009319674       0.1187200000
  9       0.0916122930      -0.0684800000
 10       0.0838770701       1.6848000000
-------------------------------------------
계속하려면 아무 키나 누르십시오 . . .
```

그림 1-12 **전파오차**

수치 계산을 할 때, 어쩔 수 없이 발생하는 오차를 줄일 수는 없는 것일까? 다음과 같은 방법들을 사용하면 계산에 따른 경우에 따라서는 오차를 줄일 수 있음이 알려져 있다.

---

15) 점화수열이므로 초항(初項)을 의미함.

【방법 1】 크기가 비슷한 두 수의 차를 계산할 때는 식을 변형하여 계산한다. 【방법 2】 계산회수를 가급적이면 적게 하여야 한다. 【방법 3】 거듭제곱은 곱셈으로 변형하는 것이 좋다. 【방법 4】 작은 수로 나누는 것을 피해야 한다.

【예제 1-13】 $n=1,2,...,10$일 때 b의 값을 $b=10^n$으로 변화시키면서 이차방정식 $x^2+bx+1=0$의 음의 근을 구하여라.

【해】 음의 근은

$$x=\frac{-b+\sqrt{b^2-4}}{2} \tag{1-14}$$

이며 b의 값이 커지면 근호의 값이 거의 b가 되어 분자는 【방법 1】에서처럼 크기가 비슷한 두 수의 차를 구하는 식이 된다. 따라서 식 (1-14)의 분자는 거의 영이 되므로 식을 다음과 같이 변형하여 계산하는 것이 오차를 줄이는 방법이다.

$$x=\frac{2}{-b-\sqrt{b^2-4}} \tag{1-15}$$

다음 그림은 << 프로그램 1-7 >>을 실행시킨 결과이다. ■

```
C:\WINDOWS\system32\cmd.exe
--------------------------------------------------------------
            n          식 (1-15)              식 (1-16)
--------------------------------------------------------------
           10     -0.101020514433644     -0.101020514433644
          100     -0.010001000200049     -0.010001000200050
         1000     -0.001000001000023     -0.001000001000002
        10000     -0.000100000001112     -0.000100000001000
       100000     -0.000010000003385     -0.000010000000001
      1000000     -0.000001000007614     -0.000001000000000
     10000000     -0.000000099651515     -0.000000100000000
    100000000     -0.000000007450581     -0.000000010000000
   1000000000      0.000000000000000     -0.000000001000000
  10000000000      0.000000000000000     -0.000000000100000
--------------------------------------------------------------
계속하려면 아무 키나 누르십시오 . . .
```

그림 1-13 오차를 줄이는 방법

【예제 1-14】 함수 $f(x)$를 다음과 같은 두 가지 방식으로 계산한다고 할 때, 계산 회수를 구하여라.

① $f(x) = a_0 + a_1 x + a_2 x^2 + a_3 x^3 + \cdots + a_n x^n$

② $f(x) = a_0 + x(a_1 + x(a_2 + x(a_3 + \cdots + x(a_{n-1} + a_n x))))$ [16)]

【해】 ①은 n번의 덧셈과 $(2n-1)$회의 곱셈을 해야 한다. ②는 n회의 덧셈과 n회의 곱셈을 하면 된다. 따라서 ②와 같은 방식을 사용하는 것이 좋다.■

【예제 1-15】 함수 $f(x) = x^2$ 에서 x 의 증분을 $\Delta x = 10^{-n}(n = 1,2,3,4,5,6)$로 하여 정의에 따라 $x = 1$ 에서의 미분계수를 구하여라.
【해】 $x = 1$ 에서의 미분계수의 정의는

$$f'(1) = \lim_{\Delta x \to 0} \frac{f(1+\Delta x) - f(1)}{(1+\Delta x) - 1} = \lim_{\Delta x \to 0} \frac{f(1+\Delta x) - f(1)}{\Delta x} \qquad (1\text{-}16)$$

이므로 【방법 4】에 해당하는 오차가 발생할 수 있다. << 프로그램 1-8 >>을 사용하여 계산하면 다음과 같다.

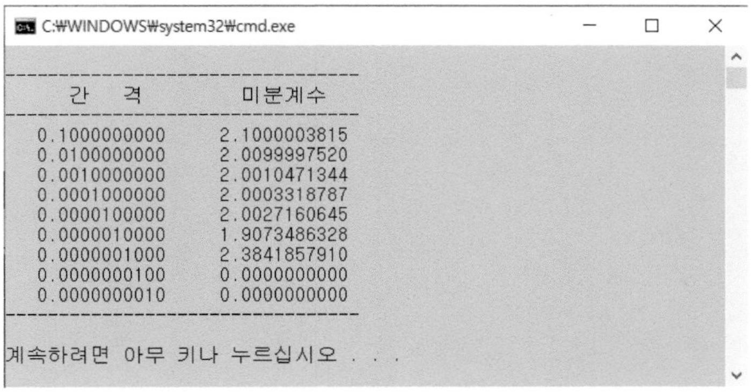

```
C:\WINDOWS\system32\cmd.exe
----------------------------------
      간  격           미분계수
----------------------------------
  0.1000000000      2.1000003815
  0.0100000000      2.0099997520
  0.0010000000      2.0010471344
  0.0001000000      2.0003318787
  0.0000100000      2.0027160645
  0.0000010000      1.9073486328
  0.0000001000      2.3841857910
  0.0000000100      0.0000000000
  0.0000000010      0.0000000000
----------------------------------
계속하려면 아무 키나 누르십시오 . . .
```

그림 1-14 정의에 따른 미분계수

16) 이러한 계산방법을 축소승법(nested multiplication)이라고 부르며, Horner Rule이라고도 부른다. Horner Rule은 제2장에서 다루기로 한다.

그림의 결과를 보면 실제의 미분계수인 $f'(1)=2$ 와는 차이가 있음을 알 수 있다. 도함수의 정의에 따라 계산하지만 무한소로 나누는 【방법 4】에 해당하는 오차가 발생한다. ■

1. $45.1024 < x_T < 45.1025$ 라 하자.
   (1) x_T의 근사 값을 얼마로 하면 되는가?
   (2) 상대오차를 구하여라.

2. $f(x) = e^x$ 에서 $x_T = 0.2502$, $x_A = 0.25$ 로 하여 함수의 근사 값을 구하고자 한다. 입력오차, 절단오차, 반올림오차를 구하여라.

3. 다음 수의 절대오차와 상대오차를 구하여라.
   (1) $\frac{1}{9}$, 0.111　　(2) $\frac{219}{70}$, 3.14　　(3) $\frac{5}{11}$, 0.46

4. $x \to 0$ 일 때 $f(x) = \frac{x - \sin(x)}{\tan(x)}$ 를 계산하라.

5. $x = 1$일 때, 다음 식에서 e의 참값과 근사값 $e \fallingdotseq 2.718282$ 으로 $n = 10$ 까지의 값을 구하여라.

$$f_n(x) = n![e^x - (1 + x + \frac{x^2}{2!} + \frac{x^3}{3!} + \cdots + \frac{x^n}{n!})]$$

6. $x = 0.003$일 때 $y = x^4 + x^3 + x^2 + x + 1$을 【예제 1-16】에서의 두 가지 방식으로 계산하여 결과를 비교하라.

7. $\frac{1}{1} + \frac{1}{4} + \frac{1}{9} + \frac{1}{16} + \cdots + \frac{1}{100}$와 $\frac{1}{100} + \frac{1}{81} + \frac{1}{64} + \cdots + \frac{1}{4} + \frac{1}{1}$ 중에서 어느 값이 정확한가? 이유는 무엇인가?

프로그램 모음

<< 프로그램 1-1 >> 십진법을 P진법으로 변환하는 프로그램 (정수부분)

```
#include "stdafx.h"
#include "stdio.h"
int main( )
{
    int r[100], i, j, base, mok, number, num ;
    printf("진법 변환할 수와 진법을 입력하라 : ") ;
    scanf("%d   %d", &number, &base) ;
    num = number ;
    j = 0 ;
    for(i=1; i<=100; i++)
    {
         mok = number/base ;
         r[i] = number % base ; // %는 나머지 계산 연산자
         number = mok ;
         j++ ;
         if(mok==0) break ;
    }
    printf("10진법 %d   -->   %d진법 ", num, base) ;
    for(i=j; i>0; i--)
         printf("%d", r[i]) ;
    printf("\n") ;
}
```

```
C:\WINDOWS\system32\cmd.exe
진법 변환할 수와 진법을 입력하라 : 208  8
10진법 208   -->  8진법 320
계속하려면 아무 키나 누르십시오 . . .
```

그림 1-15 **진법변환**

<< 프로그램 1-2 >> P진법을 10진법으로 바꾸기 (정수부분)

```
#include "stdafx.h"
#include "stdio.h"
#include "math.h"          //pow()함수 호출
#include "string.h"        //strlen()함수 호출
```

```
#include "stdlib.h"          //atoi()함수 호출
int main( )
{
      int i, j, p, x[100] ; double s=0 ;
      char str[100], ch=NULL, *pt=&ch ; //atoi( )는 포인터를 매개변수로 처리
      printf("P진법이면 숫자 P를 입력하라 : ") ; scanf("%d", &p) ;
      printf("%d진법의 수를 입력하라 : ", p) ; scanf("%s", &str) ;
      j =  strlen(str)-1 ;
      for(i=0; i<=j; i++)
            ch = str[i] ; x[i] = atoi(pt) ;
      for(i=0; i<=j; i++)
            s = s + x[i]*pow( (float)p , j-i) ;
      printf("10진법 환산 : %.lf \n", s) ;
}
```

```
C:\WINDOWS\system32\cmd.exe
P진법이면 숫자 P를 입력하라 : 8
8진법의 수를 입력하라 : 320
10진법 환산 : 208
계속하려면 아무 키나 누르십시오 . . .
```

그림 1-16 **정수부분 진법변환**

<< 프로그램 1-3 >> 소수점 아래 부분을 진법 변환하는 프로그램

```
#include "stdafx.h"
#include "stdio.h“
int main( )
{
      int i ; double p, x, y, z[100] ;
      printf("진법 변환할 수와 진법을 입력하라 : ") ;
      scanf("%lf %lf", &x, &p) ; //포맷은 엘에프(lf)를 사용
      for(i=1; i<=54; i++)          //배정도형의 가수부는 54비트이므로
      {
            y = p*x ;
            if( y >=1 ) z[i] = (int) y ;
            else z[i]=0. ;
            x = y-z[i] ;
      }
      for(i=1; i<=54; i++)
      {
```

```
            printf("%.f", z[i]) ;
            if(i%4==0) printf("  ") ;
      }
      printf("\n") ;
}
```

참고로, 선언부에서 배정도형(double)이 아니고 실수형(float)으로 변수선언을 하면 진법변환이 되지 않으며, 편의상 4bit씩 구분하여 출력하였다.

```
C:\WINDOWS\system32\cmd.exe
진법 변환할 수와 진법을 입력하라 : 0.7734375  4
3012  0000  0000  0000  0000  0000  0000  0000  0000  0000  0000  0000  0000  00
계속하려면 아무 키나 누르십시오 . . .
```

그림 1-17 **소수부분 진법변환**

소수점 부분을 2진법으로 변환된 값을 다시 10진법으로 환산하는 것은 만만한 작업이 아니다. 작업은 다음과 같이 진행한다.

1) 2진법의 수를 외부파일에 저장한다.
2) 저장된 값을 문자열로 불러들인다.
3) 문자열의 값을 하나하나 포인터로 저장한다. 개수는 54개로 한다.
4) atoi( ) 함수를 사용하여 문자를 숫자(정수)로 만든다.
5) pow( ) 함수를 이용하여 합을 계산한다.

<< 프로그램 1-4 >> 가수부를 10진법으로 변환

```
#include "stdafx.h"
#include "stdio.h"
#include "math.h"
#include "stdlib.h"
int main( )
{
      FILE *pt1 ;
      pt1 = fopen("d:\\temp\\진법.txt","r") ;
      int i, j; double s=0 ;
```

```
    char str[100], ch=NULL, *pt2=&ch ; //atoi( )는 포인터를 매개변수로 처리
    fscanf(pt1, "%s", &str) ;
    for(i=0; i<=53; i++)
    {
        ch = str[i] ;
        j = atoi(pt2) ;
        s = s + j*pow(2.,-1-i) ; // 4진법일 때는 pow(4.,-1-i) 으로 변경
    }
    printf("%.25lf \n", s) ;
}
```

다음은 가수부의 값을 4진법으로 54자리까지 저장한 파일이며, 파일명은 "진법.txt"로 하였다.

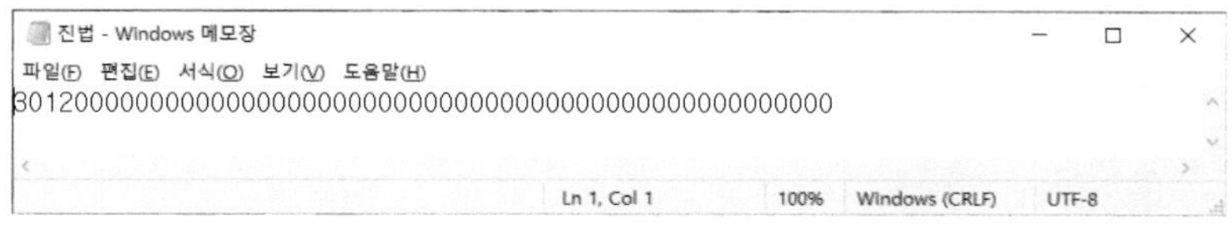

그림 1-18 **4진법으로 저장된 파일**

"진법.txt"에 << 프로그램 1-4 >>를 적용하면 다음과 같이 출력된다.

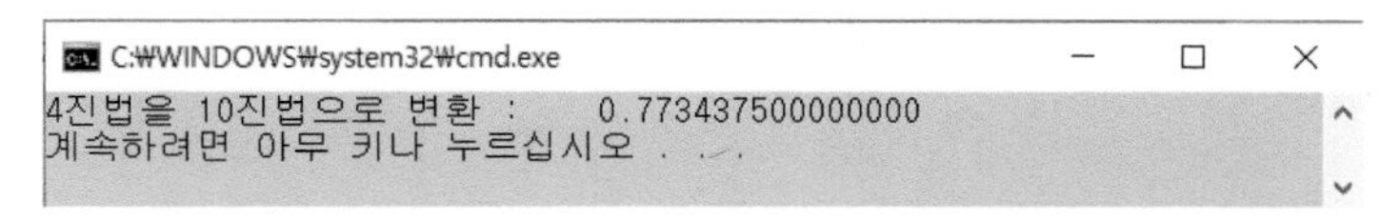

그림 1-19 **가수부의 진법변환**

```
<< 프로그램 1-5 : 주기억장치에 저장된 정규화 자료 >>
```

```
#include "stdafx.h"
#include "stdio.h"
#include "math.h"
int main( )
{
    int a[100], b[10], ex, i, k, n, x ;
    float y, z, z1 ;
    printf("\n십진수를 입력하시오 : ") ;
```

```
    scanf("%f",&y);
    if(y<0) b[0]=1; else b[0]=0;
    if(y<0) y=fabs(y);
    ex=log(y)/log(2.);
    if(ex<0) ex=ex-1;
    x=ex+257;
    printf("\n지수부 : ");
    for(i=8;i>=0;--i)
    {
        b[9-i]=(x >> i) & 1 ;
        printf("%1d",b[9-i]);
    }
    x=(int)y;
    for(i=15;i>=0;--i)
        a[16-i]=(x >> i) & 1 ;
    z=y-(int)y ;
    for(i=17;i<=60;i++)
    {
        z=z*2;
        a[i]=(int) z;
        if(z>=1) z=z-1;
    }
    printf("\n가수부 : ");
    k=16-ex;    n=0;
    for(i=k;i<=k+23;i++)
    {
        printf("%1d",a[i]);
        n++;
        if(n-n/4*4==0) printf(" ");
    }
    printf("\n\n\n\n            유동소수점 출력\n\n");
    printf("12345678901234567890123456789012 <- 칼럼\n\n");
    for(i=0;i<=9;i++)
         printf("%1d",b[i]);
    for(i=k;i<=k+21;i++)
         printf("%1d",a[i]);
    printf("\n");
}
```

<< 프로그램 1-6 >> 방법 1 사용 프로그램

```
#include "stdafx.h"
#include "stdio.h"
```

```
#include "math.h"
#include "stdlib.h"
int main( )
{
    int i ;
    double a=1, b=1, c=1, d, x, new_x ;
    printf("------------------------------------------------------\n");
    printf("          n           식 (1-15)              식 (1-16)       \n") ;
    printf("------------------------------------------------------\n");
    for(i=1; i<=10; i++)
    {
        b = b*10 ;
        d = b*b - 4*a*c ;
        x = (-b+sqrt(d))/(2*a) ;
        new_x = 2*c / (-b-sqrt(d)) ;
        printf("%15.lf  %20.15lf  %20.15lf \n", b, x, new_x) ;
    }
    printf("------------------------------------------------------\n");
}
```

<< 프로그램 1-7 >>

```
#include "stdafx.h"
#include "stdio.h"
#include "math.h"
#include "stdlib.h"

int main()
{
    double tr, approx ; int n ;
    approx=0.367879; tr=exp(-1.) ;
    printf("\n");
    printf("------------------------------------------\n");
    printf("  n           참   값           근 사 값\n") ;
    printf("------------------------------------------\n");
    for(n=1;n<=10;n++)
    {
      printf("  %2d %18.10f %18.10f\n", n, tr, approx) ;
      tr=1-(n+1)*tr ;
      approx=1-(n+1)*approx ;
    }
    printf("------------------------------------------\n");
}
```

<<프로그램 1-8 >> 미분계수 구하기

```
#include "stdafx.h"
#include "stdio.h"
#include "math.h"
#include "stdlib.h“

float f(float x) {return (x*x);}
int main()
{
    double delta, d;
    int n;
    printf("\n");
    printf("---------------------------------\n");
    printf("       간   격           미분계수\n");
    printf("---------------------------------\n");
    for(n=1;n<=9;n++)
    {
        delta=pow(10.,-n);
        d=( f(1+delta) - f(1) ) / delta;
        printf("%15.10f   %15.10f\n",delta, d);
    }
    printf("---------------------------------\n\n");
}
```

제2장 방정식의 해법

학습목표

· 반복법의 개념을 학습한다.
· 방정식의 해를 구하기 위한 여러 가지의 수학 정리를 학습한다.
  - Rolle의 정리
  - 중간치 정리
  - 평균치 정리
· 선형방정식의 해를 구하는 여러 가지의 반복법을 소개한다.
  - 고정점 반복법
  - 2분법
  - 정할법
  - Newton-Raphson 방법
· 다항식의 모든 근을 구하는 방법에 대하여 다루어본다.
  - Birge-Vieta 방법
  - Bairstow 방법

제1절 반복법이란 무엇인가?

요즘은 각종 패키지(package)가 보급되어 있으므로 사용자들은 문제의 성격에 맞는 패키지를 구하여 문제를 해결할 수 있다. 하지만 해결하고자 하는 문제에 적합한 패키지를 구할 수 없다면 어떻게 문제를 풀 수 있을까? 또한 패키지를 구하였다고 하더라도 사용법을 익히는 데에 많은 시간이 소요됨은 불문가지(不問可知)이다.

이 장에서는 방정식의 해법을 다루고 있으므로 어떻게 근(根 root)을 구하는가에 대하여 알아보기로 한다. 방정식의 근을 구하는 방법은 직접법(direct method)과 반복법(iterative method)으로 크게 나눌 수 있다.

직접법이란 근을 직접 구하는 방법이고 반복법은 동일한 방법을 되풀이하여 근을 찾는 것을 말한다.

2차 방정식은 근의 공식을 이용하여 근을 구할 수 있다. 또한 3차 방정식의 근은 Cardano의 공식을 사용하여 구할 수 있다. 이러한 방법을 직접법이라고 한다. 하지만 고차방정식 또는 초월함수 형태의 비선형방정식의 근은 직접 구할 수가 없으므로 반복법으로 근을 구하여야 한다.

【예제 2-1】 4의 제곱근을 구하여라. 단, $x_0 = 1$ 이다.

【해】 일반적으로 양의 실수 A의 제곱근은 다음 반복식을 사용하면 구할 수 있다.

$$x_{n+1} = \frac{1}{2}(x_n + \frac{A}{x_n}) \quad (2\text{-}1)$$
[1]

이제 $n = 0,1,2,3,\ldots$을 식 (2-1)의 양변에 대입하면

$$x_1 = \frac{1}{2}(x_0 + \frac{4}{x_0}) = \frac{1}{2}(1 + \frac{4}{1}) = 2.5$$

$$x_2 = \frac{1}{2}(2.5 + \frac{4}{2.5}) = 2.05$$

1) 이 식은 다음에 소개될 Newton - Raphson 방법으로 유도된다.

이러한 과정을 반복하면 그림 2-1처럼 2에 수렴한다. 4의 제곱근은 2이므로 반복법에 의한 결과와 일치함을 알 수 있다. 다음은 << 프로그램 2-1 >>을 사용한 것이다. ■

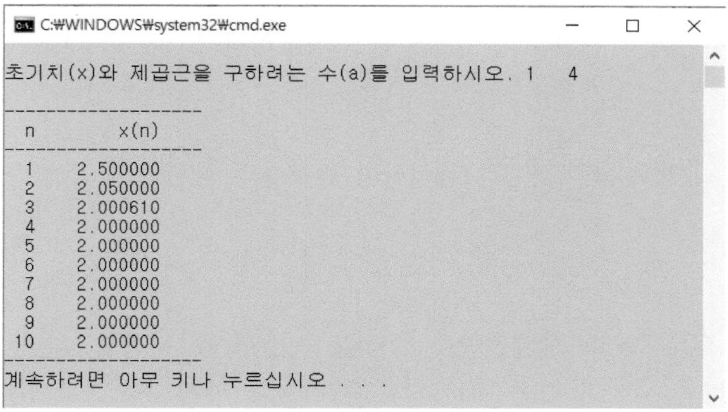

```
C:\WINDOWS\system32\cmd.exe

초기치(x)와 제곱근을 구하려는 수(a)를 입력하시오. 1    4
--------------------
  n        x(n)
--------------------
  1     2.500000
  2     2.050000
  3     2.000610
  4     2.000000
  5     2.000000
  6     2.000000
  7     2.000000
  8     2.000000
  9     2.000000
 10     2.000000
--------------------
계속하려면 아무 키나 누르십시오 . . .
```

그림 2-1 4의 제곱근 구하기

위의 예제는 제곱근의 계산에 반복법이 쓰인 것을 보인 것이다. 우리가 유념할 것은 반복법을 이용하는 것은 제곱근의 계산뿐만 아니라 여러 가지가 가능하다는 것이다.

♣ 연습문제 ♣

1. 직접법으로 2차 방정식 $ax^2 + bx + c = 0\,(a \neq 0)$ 의 근을 구하려 한다. 실근 및 허근까지 구하는 C 프로그램을 작성하라.

2. 제곱근을 구하는 식 (2-1)과 관련하여 반복법의 장점과 단점에 관하여 설명하라.

3. 임의의 실수 A의 세제곱근을 구하는 반복식은 다음과 같다. 초기치를 $x_0 = 1$ 로 하여 $\sqrt[3]{4}$의 값을 구하여라. 단, $n = 3$ 까지 구하기로 한다.

$$x_{n+1} = x_n - \frac{x_n^3 - A}{3x_n^2}$$

제2절 수학의 기본사항

이 절에서는 수치해석과 관련하여 기본적으로 알아야 수학적인 사항들을 중심으로 정리해 놓았다. 또한 이곳에서 누락된 내용 중 이론적인 전개가 필요한 부분은 해당 분야에서 따로 다루기로 한다.

【정리 2-1】 $a_n \to A$, $c_n \to A$ 이면서 $a_n \leqq b_n \leqq c_n$ 이면 $b_n \to A$ 이다.

【정리 2-2】 이항정리

$$(a+b)^n = \sum_{r=0}^{n} \binom{n}{r} a^r b^{n-r} \tag{2-2}$$

이항정리와 관련된 증명은 대다수의 수학 교재에서 많이 다루고 있으므로 여기서는 증명을 생략한다.

【예제 2-2】 $\frac{1}{\sqrt[3]{999}}$ 을 소수점 이하 9자리까지 계산하라.

【해】 $(1+x)^n = \sum_{r=0}^{n} \binom{n}{r} x^r 1^{n-r}$

$$= \binom{n}{0}x^0 + \binom{n}{1}x^1 + \binom{n}{2}x^2 + \cdots + \binom{n}{n}x^n$$

$$= 1 + nx + \frac{n(n-1)}{2!}x^2 + \frac{n(n-1)(n-2)}{3!}x^3 + \cdots$$

이다. 그런데 주어진 식은

$$\frac{1}{\sqrt[3]{999}} = \frac{1}{\sqrt[3]{1000}\sqrt[3]{1-10^{-3}}} = \frac{1}{10}(1-10^{-3})^{-\frac{1}{3}}$$

이므로 윗 식의 우변의 마지막 항을 이항전개하면 된다.

$$(1-10^{-3})^{-\frac{1}{3}} = 1 - \frac{1}{3}(-10^{-3}) + \frac{-\frac{1}{3}(-\frac{1}{3}-1)}{2!}(-10^{-3})^2$$

$$+ \frac{-\frac{1}{3}(-\frac{4}{3})(-\frac{7}{3})}{3!}(-10^{-3})^3 + \cdots$$

$$= 1 + 0.000333333 + 0.000000222 + \cdots$$

$$\simeq 1.000333555$$

$$\therefore \ \frac{1}{\sqrt[3]{999}} = \frac{1}{10} \times (1.000333555) = 0.100033356 \ \blacksquare$$

다음은 방정식의 해법을 구하는데 자주 등장하는 정리를 몇 가지만 소개하기로 한다. 증명은 생략하기로 한다.

【정리 2-3】 Rolle의 정리

두 개의 실수 a, b에 대하여 $f(a) = f(b)$ 이고 미분가능(differentiable)[2] 이면 임의의 $x_0 \in [a, b]$ 에 대하여 $f'(x_0) = 0$ 을 만족하는 x_0는 적어도 1개 존재한다.

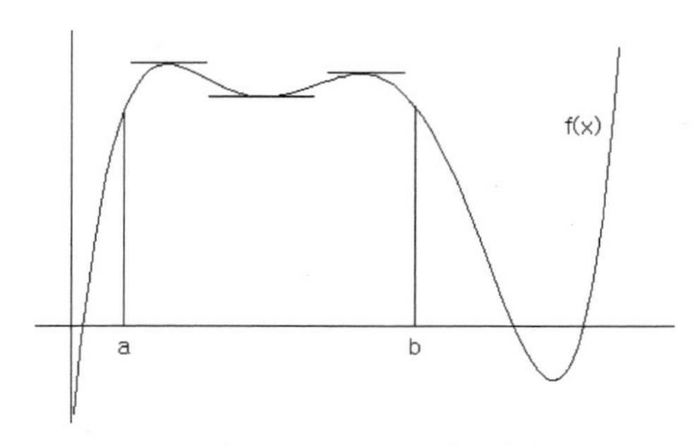

그림 2-2 Rolle의 정리

2) 미분계수를 구하는 곳의 왼쪽과 오른쪽 미분계수의 값이 같고, 연속이면 미분가능이라고 한다.

Rolle의 정리에서는 미분가능(differentiable)이라는 조건이 필요하다. 다음의 함수 $f(x)$는 $x=1$ 에서 미분가능이 아니므로 Rolle의 정리가 적용되지 않는다.

$$f(x)=\begin{cases} x & ,0 \leqq x < 1 \\ 2-x & ,1 \leqq x \leqq 2 \end{cases}$$

【정리 2-4】 중간치정리(intermediate value theorem)

$f(x)$가 구간 $[a,b]$에서 연속이고 $m=inf\ f(x)$, $M=sup\ f(x)$[3] 로 놓으면 $m' \in [m, M]$ 인 m' 에 대하여

$$f(c) = m'$$

를 만족하는 c가 구간 $[a,b]$내에 적어도 하나 존재한다.

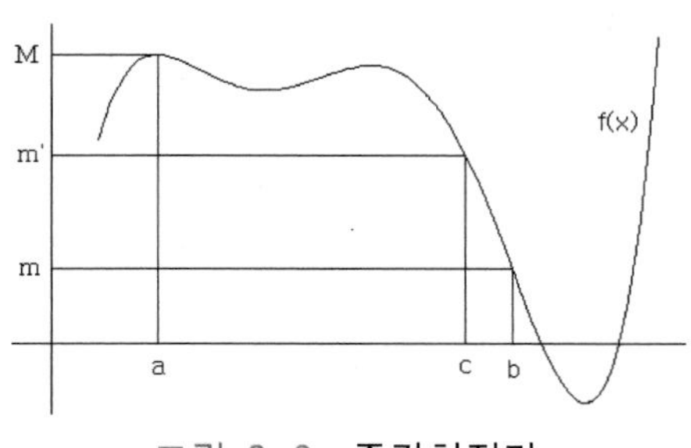

그림 2-3 **중간치정리**

중간치정리는 함수가 연속이라는 조건이 필요하다. 다음 함수는 중간치정리가 성립하지 않는다.

$$f(x)=\begin{cases} 0\ , & x < 0 \\ 1\ , & x \geqq 0 \end{cases}$$

3) infimum, supremum의 앞글자이며 최대하계(greater lower bound), 최소상계(least upper bound)로 정의한다. 간단히 하한과 상한이라고 부르기도 한다.

【예제 2-3】 $f(x)=x^3-3$의 근은 구간 $[0,2]$ 사이에 존재함을 보여라.
【해】 함수 $f(x)$는 주어진 구간 $[0,2]$ 내에서 연속이고 $m=f(0)=-3$, $M=f(2)=5$ 이므로 m과 M을 연결하면 반드시 함숫값이 영(zero)인 지점을 지나야 한다. '근은 함숫값이 영인 x 좌표'이므로 함수 $f(x)$는 $[0,2]$ 사이에 근이 존재한다. ■

【정리 2-5】 **평균치정리(mean value theorem)**
함수 $f(x)$가 주어진 구간 $[a,b]$ 내에서 연속이고 미분가능이면

$$\frac{f(b)-f(a)}{b-a}=f'(\psi) \tag{2-3}$$

를 만족하는 ψ가 구간 (a,b) 내에 적어도 하나 존재한다.

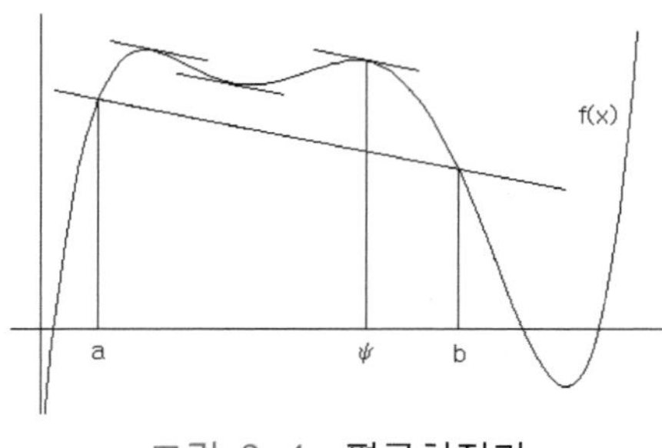

그림 2-4 **평균치정리**

<증명> 두 점 $(a,f(a)),(b,f(b))$ 를 지나는 직선의 식은

$$y-f(a)=\frac{f(b)-f(a)}{b-a}(x-a)$$

우변의 관계식을 좌변으로 이항시켜 음함수 $F(x)$를 만들면

$$F(x)\equiv y-\frac{f(b)-f(a)}{b-a}(x-a)-f(a)$$

이며 (a, b) 에서 미분가능이다. $F(a) = F(b) = 0$ 이므로 Rolle의 정리로부터

$$F'(\psi) = f(\psi) - \frac{f(b) - f(a)}{b - a} = 0$$

을 만족하는 ψ는 개구간 (a, b)내에 적어도 1개 존재한다. ■

Rolle의 정리에서와 마찬가지로 평균치정리에서도 미분가능이라는 조건이 필요하다. 다음의 함수 $f(x)$는 구간 [0 , 2] 내에서 연속이지만 $x = 1$에서 미분가능이 아니므로 평균치정리가 적용될 수 없다.

$$f(x) = \begin{cases} x^2, & 0 \leqq x < 1 \\ 1 - x^2, & 1 \leqq x \leqq 2 \end{cases}$$

평균치정리를 변형하고 【정리 2-1】을 적용하면[4] 다음과 같은 식을 얻게 되며, 이 식은 근사 값을 계산하는 데 많이 사용되고 있다.

$$f(x + h) = f(x) + hf'(\psi), \quad \psi \in [x, x + h] \qquad (2\text{-}4)$$

【예제 2-4】 $t = 1.00002$일 때, $f(t) = t^3 - 2t^2 + 1$의 값을 구하여라.

【해】 $x = 1, h = 0.00002$이고 $f'(t) = 3t^2 - 4t$ 이므로 식 (2-4)에 대입하면

$$\begin{aligned} f(1.00002) &= f(1 + 0.00002) \\ &\simeq f(1) + 0.00002 \times f'(1) = -0.00002 \end{aligned}$$ ■

【예제 2-5】 평균치정리를 사용하여 $\sqrt[3]{28}$ 을 계산하라.

【해】 $f(x) = x^{1/3}$ 이라 하면 $f'(x) = \frac{1}{3}x^{-2/3}$ 이다. $x = 27, h = 1$로 놓으면

---

4) 평균치정리에서 $b = x + h, a = x$ 로 놓고 정리한 식이다.

$$\sqrt[3]{28} = f(27+1) = f(27) + 1 \times f'(\psi)$$

$$= 3 + \frac{1}{3}(\psi)^{-2/3}, \quad 27(=x) < \psi < 28(=x+h)$$

$$\simeq 3 + \frac{1}{27} = 3.03703704$$

이다. 실제로 $\sqrt[3]{28}$ 의 참값은 3.03658897...이므로 약간의 오차가 발생하였음을 알 수 있다. ■

다음에 소개되는 Maclaurin의 정리는 이후의 수치해석을 설명하는 데 상당히 중요한 역할을 한다. Maclaurin의 정리는 연속이고 미분가능인 함수 $f(x)$를 x에 관하여 멱급수전개(power series expansion)하는 것이다.

【정리 2-6】 Maclaurin의 정리

함수 $f(x)$는 연속이고 미분가능이라 하면

$$f(x) = f(0) + xf'(0) + \frac{x^2}{2!}f''(0) + \frac{x^3}{3!}f^{(3)}(0) + \cdots \tag{2-5}$$

와 같이 급수전개 된다.

<증명> 함수 $f(x)$는 다음과 같은 멱급수 전개를 한다고 하자.

$$f(x) = a_0 + a_1x + a_2x^2 + a_3x^3 + a_4x^4 + a_5x^5 + \cdots \tag{2-6}$$

여기서 미지수 $a_i\,(i=1,2,3,\ldots)$의 값을 구하여 원 식에 대입하여 함수 $f(x)$를 구하는 것이다. $f(x)$는 미분가능이므로 함수를 연속적으로 미분하면

$$\begin{cases} f'(x) = a_1 + 2a_2x + 3a_3x^2 + 4a_4x^3 + 5a_5x^4 + \cdots \\ f''(x) = 2a_2 + 6a_3x + 12a_4x^2 + 20a_5x^3 + \cdots \\ f^{(3)}(x) = 6a_3 + 24a_4x + 60a_5x^2 + \cdots \\ f^{(4)}(x) = 24a_4 + 120a_5x + \cdots \\ \cdots \quad \cdots \quad \cdots \quad \cdots \end{cases} \tag{2-7}$$

주어진 다항식과 식 (2-7)의 각각의 양변에 $x=0$을 대입하면

$$\begin{cases} f(0) &= a_0 \\ f'(0) &= a_1 \\ f''(0) &= 2a_2 \\ f^{(3)}(0) &= 6a_3 \\ f^{(4)}(0) &= 24a_4 \\ \cdots & \cdots \end{cases}$$

가 된다. 이 식을 미지수 $a_i\,(i=1,2,3,...)$에 관하여 정리하면 다음과 같으며

$$\begin{cases} a_0 = f(0) \\ a_1 = f'(0) \\ a_2 = \dfrac{f''(0)}{2!} \\ a_3 = \dfrac{f^{(3)}(0)}{3!} \\ a_4 = \dfrac{f^{(4)}(0)}{4!} \\ \cdots \quad \cdots \end{cases}$$

이 값을 식 (2-5)에 대입하면【정리 2-6】의 결과를 얻게 된다.

【예제 2-6】 $f(x)=\sin(x)$ 를 Maclaurin 급수 전개하라.
【해】 주어진 함수를 연속 미분하고 $x=0$ 일 때의 값을 계산하면 다음과 같다.

$$\begin{cases} f(x) &= \sin(x) \\ f'(x) &= \cos(x) \\ f''(x) &= -\sin(x) \\ f^{(3)}(x) &= -\cos(x) \\ f^{(4)}(x) &= \sin(x) \\ \cdots & \cdots \end{cases} \quad \text{--->} \quad \begin{cases} f(0) &= 0 \\ f'(0) &= 1 \\ f''(0) &= 0 \\ f^{(3)}(0) &= -1 \\ f^{(4)}(0) &= 0 \\ \cdots & \cdots \end{cases}$$

$$\therefore \quad f(x)=\sin(x)=x-\frac{x^3}{3!}+\frac{x^5}{5!}-\frac{x^7}{7!}+\frac{x^9}{9!}-\cdots \ ■$$

【예제 2-7】 Maclaurin 급수 전개하여 sin(0.1)을 소수점 아래 9자리까지 계산하라.

【해】 $\sin(0.1) = 0.1 - \frac{1}{3!}(0.1)^3 + \frac{1}{5!}(0.1)^5 - \frac{1}{7!}(0.1)^7 + \cdots$

$$= 0.1 - 0.000166667 + 0.000000083 + \cdots$$

$$\simeq 0.099833417$$ ■

실제로 sin(0.1)을 소수점 아래 15자리에서 계산한 값은 0.099833416646828 이며, 소수점 아래 열 번째 자리에서 반올림한 것은 Maclaurin 급수 전개하여 계산한 값과 일치하며 << 프로그램 2-5 >> 로 확인할 수 있다.

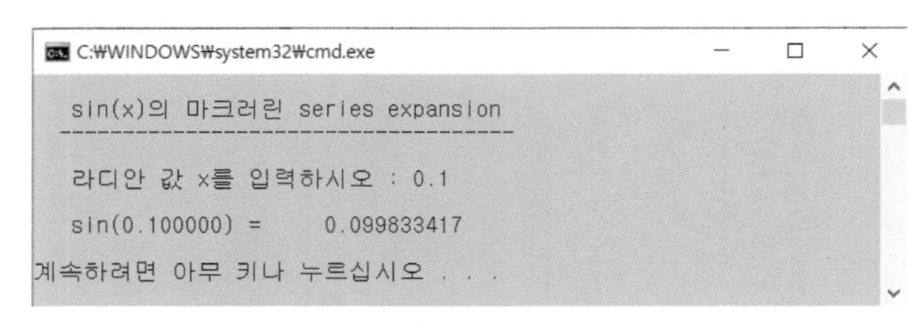

그림 2-5 $\sin(x)$의 Maclaurin 급수전개

【예제 2-8】 $f(x) = e^x$ 를 Maclaurin 급수 전개하라.

【해】 위에서와 동일한 방식으로 함수를 미분하고 $x = 0$을 대입하면

$$f(x) = f'(x) = f''(x) = f^{(3)}(x) = f^{(4)}(x) = \cdots = e^x$$

$$\therefore\ f(0) = f'(0) = f''(0) = f^{(3)}(0) = f^{(4)}(0) = \cdots = 1$$

따라서

$$e^x = 1 + x + \frac{x^2}{2!} + \frac{x^3}{3!} + \frac{x^4}{4!} + \cdots$$

가 된다. ■

【예제 2-9】 다음의 지수함수를 점화식으로 표현하라.

$$e^{x} = 1 + x + \frac{x^{2}}{2!} + \frac{x^{3}}{3!} + \frac{x^{4}}{4!} + \cdots$$

【해】 만일 $K_{n} = \frac{x^{n}}{n!}$ 이라고 놓으면 $K_{0} = 1$이 된다. 그런데

$$K_{n} = \frac{x}{n} \times \frac{x^{n-1}}{(n-1)!} = \frac{x}{n} K_{n-1}$$

의 관계식이 성립하므로 e^{x}는 다음과 같은 점화식으로 표현된다.

$$e^{x} = 1 + \sum_{n=1}^{\infty} K_{n} = 1 + \sum_{n=1}^{\infty} \frac{x}{n} K_{n-1} \quad \blacksquare \tag{2-8}$$

이처럼 e^{x}를 점화식으로 나타내는 방식을 사용하면 계승(factorial)의 값을 계산하지 않고도 e^{x}의 값을 구할 수 있다.

【예제 2-10】 임의의 x를 입력하여 e^{x} 의 값을 구하는 프로그램을 작성하라.
【해】 앞에서 전개한 내용으로 흐름 도를 만들고, 이를 프로그래밍 하였다.

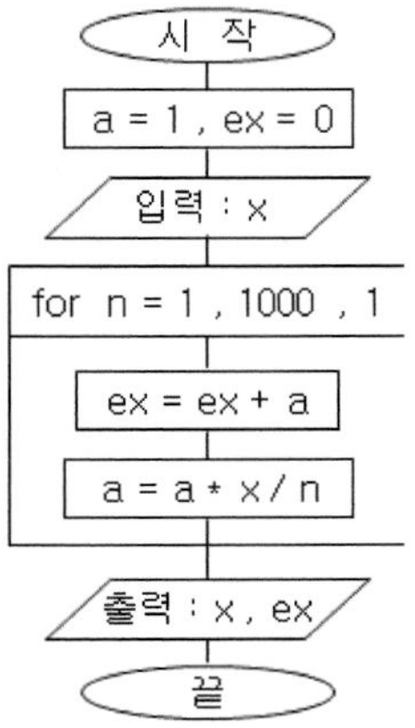

시 작
a = 1 , ex = 0
입력 : x
for n = 1 , 1000 , 1
ex = ex + a
a = a * x / n
출력 : x , ex
끝

```
#include "stdafx.h"
#include "stdio.h“
int main( )
{
    int n ;  float a = 1, x, ex = 0 ;
    scanf("%f", &x) ;
    for(n=1; n<=1000; n++)
    {
        ex = ex + a ;
        a = a * x / n ;
    }
    printf("exp(%5.2f) = %f\n", x, ex) ;
}
```

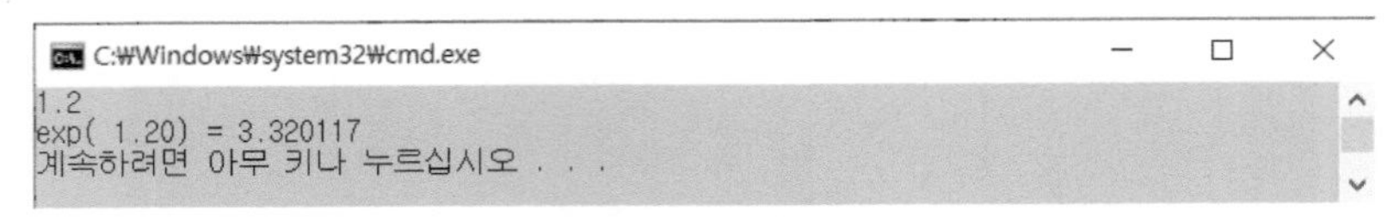

그림 2-6 점화식을 이용한 지수함수 계산

고대 그리스의 수학자인 아르키메데스가 고안한 원주율 계산 방법은 원에 내접/외접하는 정다각형들의 둘레를 구해 원의 둘레가 그 사이에 있다는 것을 이용한 것이다. 이를 활용하여 다각형의 수를 늘리면서 원주율 π를 구하기 위한 도전은 거의 2,000년 동안 이루어졌다. 하지만 Newton은 무한급수를 사용하여 원주율을 계산하는 방법을 제안하였다. 이와 관련하여 다음 예제를 다뤄보자.

【예제 2-11】 $\int \frac{1}{1+x^2}\,dx = Tan^{-1}x$ 임을 보여라.

【해】 이제 다음과 같은 직각삼각형을 고려해보자.

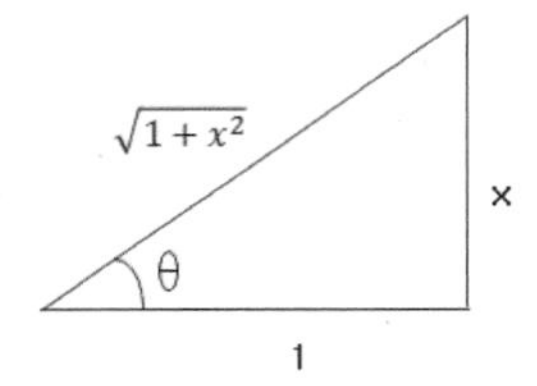

$\tan\theta = x$ 이므로 역삼각함수를 구하면 $\theta = Tan^{-1}x$ 인 관계식을 얻을 수 있다. 또한 $\tan\theta = x$ 의 양변을 전미분(total derivative)하면 $\sec^2\theta d\theta = dx$ 가 된다. 따라서 주어진 수식으로부터

$$
\begin{aligned}
\text{좌변} = \int \frac{1}{1+x^2}\,dx = \int \frac{1}{1+\tan^2\theta}\sec^2\theta\,d\theta &= \int \frac{1}{\sec^2\theta} sec^2\theta\,d\theta \\
&= \int 1\,d\theta \\
&= \theta = Tan^{-1}x \quad \blacksquare
\end{aligned}
$$

참고로, $\tan(45°)=1$ 이므로 역삼각함수를 구하면 $Tan^{-1}(1)=45°$가 된다, 양변에 4를 곱하면 $4\times Tan^{-1}(1)=4\times 45°=180°=\pi$ 의 관계식이 만들어진다.

【예제 2-12】 $Tan^{-1}(x)$를 마크러린 급수 전개하라.
【해】 미분을 사용하지 않고도 $Tan^{-1}(x)$의 무한급수를 계산할 수 있다.

$$\frac{1}{1+x^2}=1-x^2+x^4-x^6+\cdots$$ 5)

이므로

$$\begin{aligned} Tan^{-1}(x) &= \int \frac{1}{1+x^2}dx \\ &= \int (1-x^2+x^4-x^6+\cdots)dx \\ &= x-\frac{x^3}{3}+\frac{x^5}{5}-\frac{x^7}{7}+\cdots \end{aligned}$$ ■

지금까지의 Maclaurin 정리는 $x=0$에서 함수를 멱급수 전개한 것이다. 이제 소개할 Taylor의 정리는 Maclaurin의 정리를 일반화하여 임의의 x_0에서 함수를 멱급수 전개한 것이다. 여기서는 Taylor 정리의 증명을 생략한다.[6]

【정리 2-7】 Taylor의 정리

함수 $f(x)$는 연속이고 미분가능이라 하면, 임의의 x_0에 대하여

$$f(x)=f(x_0)+(x-x_0)f'(x_0)+\frac{(x-x_0)^2}{2!}f''(x_0)+\cdots \tag{2-9}$$

와 같이 급수 전개된다.

---

5) 직접 나눗셈을 하여 계산한 것이다.

6) $f(x)=a_0+a_1(x-x_0)+a_2(x-x_0)^2+a_3(x-x_0)^3+a_4(x-x_0)^4+\cdots$ 로 표시된다고 가정하고 Maclaurin 정리에서와 동일한 방법으로 증명한다.

【예제 2-13】 $f(x)=\log(x)$를 $x=1$에서 Taylor 급수 전개하라.
【해】 $f(x)=\log(x)$ 의 양변을 x 에 관하여 연속적으로 미분하고 $x=1$ 을 대입하면

$$\begin{cases} f(x) = \log(x) \\ f'(x) = x^{-1} \\ f''(x) = -x^{-2} \\ f^{(3)}(x) = 2x^{-3} \\ f^{(4)}(x) = -6x^{-4} \\ \cdots \quad \cdots \quad \cdots \end{cases} \quad \text{--->} \quad \begin{cases} f(1) = 0 \\ f'(1) = 1 \\ f''(1) = -1 \\ f^{(3)}(1) = 2 \\ f^{(4)}(1) = -6 \\ \cdots \quad \cdots \quad \cdots \end{cases}$$

이 된다. 따라서

$$\log(x) = 0+(x-1)\times 1+\frac{(x-1)^2}{2!}\times(-1)+\frac{(x-1)^3}{3!}\times 2+\frac{(x-1)^4}{4!}\times(-6)+\cdots$$

$$= (x-1)-\frac{(x-1)^2}{2}+\frac{(x-1)^3}{3}-\frac{(x-1)^4}{4}+\frac{(x-1)^5}{5}-\cdots$$

$$\therefore \ \log(x+1) = x-\frac{x^2}{2}+\frac{x^3}{3}-\frac{x^4}{4}+\frac{x^5}{5}-\cdots \ \blacksquare \qquad (2\text{-}10)$$

Taylor의 정리에 따라 식 (2-10)의 결과를 얻었지만 이것을 직접 프로그래밍 하여 사용할 수는 없다. 만일 $x>1$ 이면 $\log(x+1)$ 의 값은 발산하게 된다. 따라서 $x>1$ 인 경우에는 밑변환 공식과 같은 일련의 조작을 통해 $\log(x+1)$ 의 값을 계산해야 한다.

만일 $x>1$이면 주어진 식은

$$\log(x+1) = \log[\frac{x+1}{e^n}e^n] = \log(\frac{x+1}{e^n})+\log e^n$$
$$= n+\log(\frac{x+1}{e^n})$$

으로 바꾸어 처리할 수 있다. 여기서 n은 진수(眞數, antilogarithm)의 값을 0~2 사이로 만드는 정수 값이다.

예를 들어, $\log(78.115)$의 계산을 수행하여 보자.

$$\log 78.115 = \log(\frac{78.115}{e^4}e^4) = \log(\frac{78.115}{e^4}) + \log(e^4) = 4 + \log(1.43073)$$

으로 바꿀 수 있다. 여기서 진수가 1.43073이므로 프로그램을 사용할 수 있게 된다. 즉 무한급수에 $x = 0.43073$을 대입하면

$$\begin{aligned}\log(1+0.43073) &= (0.43073) - \frac{(0.43073)^2}{2} + \frac{(0.43073)^3}{3} - \frac{(0.43073)^4}{4} + \cdots \\ &= 0.358179\end{aligned}$$

가 되고, 여기에 4를 더하면 $\log(78.115) = 4.35818$ 라는 값을 얻게 된다. 하지만 $1+x$의 값이 2보다 큰 경우에는 방법을 변경해야 한다.

예를 들어, $\log(120)$인 경우는

$$\log(120) = \log[\frac{120}{e^4}e^4] = 4 + \log(2.19788)$$

로 변형되는데 진수의 값이 2를 초과하게 된다. 따라서 수식을 다음과 같이 변형해야 한다.

$$\log(120) = \log[\frac{120}{e^5}e^5] = 5 + \log(0.808554) = 5 + \log(1 - 0.191446)$$

로 바꿀 수 있으므로 $x = -0.191446$를 무한급수에 대입하면 된다.

$$\begin{aligned}\log(1-0.191446) &= (-0.191446) - \frac{(-0.191446)^2}{2} + \frac{(-0.191446)^3}{3} - \frac{(-0.191446)^4}{4} + \cdots \\ &= -0.212508\end{aligned}$$

이므로

$$\log(120) = 5 + \log(1 - 0.191446) = 5 - 0.212508 = 4.78749$$

가 된다. 실제로 $\log(120) = 4.78749$이며 무한급수 전개한 값과 일치한다.[7)]

【예제 2-14】 log(120)의 값을 프로그램으로 확인하라.
【해】 << 프로그램 2-3 >>을 실행시켜보면 다음과 같은 결과를 얻는다.

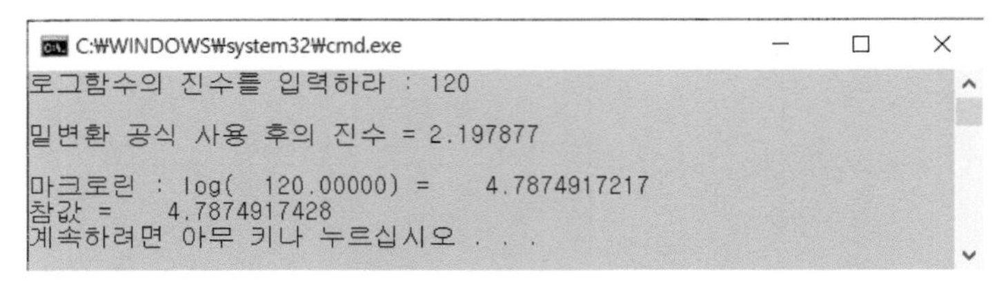

그림 2-7 마크로린 급수로 계산한 log(120)

【정리 2-8】 2차원 Taylor 정리

2개의 독립변수 x, y의 함수 $f(x, y)$는 임의의 점 (a, b)에 관해 다음과 같이 급수 전개된다.

$$f(x,y) = f(a,b) + \left[(x-a)\frac{\partial}{\partial x} + (y-b)\frac{\partial}{\partial y}\right] f(a,b)$$

$$+ \frac{1}{2!}\left[(x-a)\frac{\partial}{\partial x} + (y-b)\frac{\partial}{\partial y}\right]^2 f(a,b)$$

$$+ \frac{1}{3!}\left[(x-a)\frac{\partial}{\partial x} + (y-b)\frac{\partial}{\partial y}\right]^3 f(a,b)$$

$$+ \cdots$$

7) 파이썬에서 사인(sine)함수, 지수함수 및 로그값을 계산하는 프로그램

```
import numpy as np
print( np.sin( 0.1) )
print( np.exp(1) )
print( np.log(120) )
```

♣ 연습문제 ♣

1. 다음 계산을 하여라.

(1) $\sqrt{26}$ (2) $(1.002)^{25}$

(3) $\log(0.99)$ (4) $\sin(0.5)$

2. $f(x) = x^3 + x^2 + 6x + 1$ 은 단지 하나의 실근만을 가짐을 보여라.

3. $\frac{85}{28} \leqq \sqrt[3]{28} \leqq \frac{82}{27}$ 임을 보여라.

4. $x = 0.9998$일 때, $f(x) = x^5 + x^3 + 1$ 의 값을 구하여라.

5. $\cos(x)$를 Maclaurin 급수 전개하라.

6. $f(x) = e^{-x}$를 Maclaurin 급수 전개하라.

7. Maclaurin 급수 전개하여 π(원주율)의 값을 소수점 아래 8자리까지 계산하는 프로그램을 작성하라.

8. $f(x) = e^{-x}$를 $x = 1$에서 Taylor 급수 전개하라.

제3절 함수의 그림

방정식의 근을 구하는 여러 가지 방법 중에 어떠한 방법을 사용할 것인가는 전적으로 사용자의 선택에 달려 있다. 하지만 함수의 근을 구하기 전에 '우선 함수의 그림을 그려보라'라고 제안하고 싶다. 그렇게 해야만 방정식의 근이 어디에 존재하는지, 혹은 근의 개수가 몇 개인지를 알 수 있기 때문이다.

【예제 2-15】 $x \in [-5,25]$ 에서 $f(x) = x^3 - 23x^2 + 62x - 40$ 의 그림을 그려 보라.

【해】 그림을 그리기 위한 파이썬 프로그램은 다음과 같다.

```
import matplotlib.pyplot as plt
import numpy as np
x = np.arange(-5,25,0.5) # 간격은 0.5
y = x**3 -23*x**2 + 62*x - 40
plt.axhline(color="black")
plt.axvline(color="black")
plt.plot(x,y)
plt.savefig('d:/fig3')
plt.show()
```

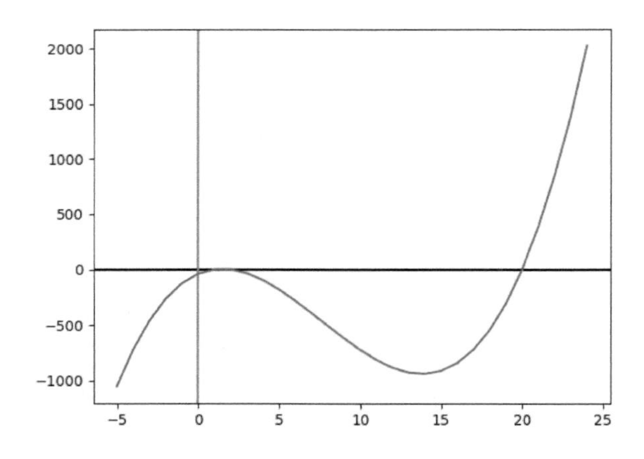

그림 2-8 $f(x) = x^3 - 23x^2 + 62x - 40$ 의 그래프

그림 2-8 을 살펴보면 구간 $[0,5]$ 사이에서는 근이 존재하는지를 알 수 없다.(그림에서는 중근이 있는 것처럼 보임) 이를 확인하기 위해 구간 $[0,5]$ 에서의 함수의 그래프를 확대하여 보기로 한다.

【예제 2-16】 앞의 【예제 2-15】의 함수 그래프를 $x \in [0,5]$, $y \in [-20,20]$ 에서 다시 그려보아라.
【해】 그래프를 그리는 파이썬 프로그램에서 간격을 0.1로 변경하여 그리면 된다.

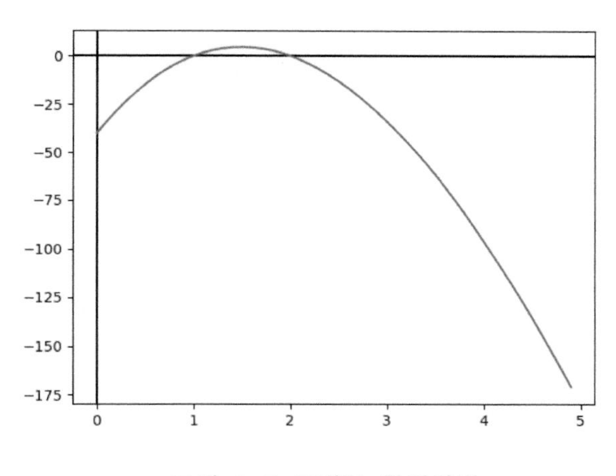

그림 2-9 그래프 확대하기

♣ 연습문제 ♣

1. 다음 함수의 실근이 몇 개인가? 그래프로 확인하여라.

(1) $y = x^6 - 21x^5 + 175x^4 - 735x^3 + 1624x^2 - 1764x + 720$

(2) $y = x^5 + 11x^4 - 21x^3 - 10x^2 - 21x - 5$

(3) $y = 10x^3 - 8.3x^2 + 2.295x - 0.21141$

2. 다음 함수의 그래프를 그려보아라. 단, 구간은 $-5 \leqq x \leqq 5$ 로 하라.

(1) $y = x^2 + x + 1$ (2) $y = \dfrac{e^x}{\sin(x)}$

제4절 반복법에 의한 해법

1. 고정점 반복법(fixed point iteration)

【정의 2-1】 $f(p)=p$ 이면 p 를 함수 f 의 고정점(fixed point)이라 한다.

방정식 $F(x)=0$ 의 해를 구하려면 $F(x)=0$ 으로부터 반복함수 $x=f(x)$ 를 유도한 다음, 초기치를 반복함수에 대입하여 새로운 근사 값을 얻어 근에 수렴시키는 방법을 고정점반복법이라 한다. 예를 들면

$$f(x)=x^2-2x-3 \tag{2-11}$$

의 근을 구하려면 $x^2-2x-3=0$ 로 만들어 계산해야한다. 이 식을 변형하면

$$x=\frac{1}{2}(x^2-3) \tag{2-12}$$

식 (2-12)의 우변을 $g(x)$라고 하자. 그러면 $g(-1)=-1$이므로 $x=-1$은 정의에 의하여 고정점이다. 또한 $g(3)=3$이므로 $x=3$도 정의에 의하여 고정점이 된다. 실제로 $x=-1$과 $x=3$은 함수 $f(x)=x^2-2x-3$의 두 근이다.

【예제 2-17】 반복함수 $g(x)=x^2-4x+6$의 고정점을 구하여라.
【해】 반복함수를 $g(x)$라고 하였으므로 고정점의 정의로부터

$$x=g(x)=x^2-4x+6 \quad \rightarrow \quad x^2-5x+6=0$$

따라서 고정점은 $x=2, x=3$이다. 실제로 $g(2)=2$임을 확인할 수 있다. ■

$p_{n+1}=g(p_n)$에 의하여 해를 구하는 방식을 고정점 반복법이라고 한다. 만일 반복계열 $\{p_n\}$이 p 로 수렴한다고 하자. 즉, $\lim_{n\to\infty} p_n=p$ 이므로

$$g(p) = g(\lim_{n\to\infty} p_n) = \lim_{n\to\infty} g(p_n) = \lim_{n\to\infty} p_{n+1} = p$$

인식을 얻게 된다. 정의에 의하여 p는 고정점이므로 근이 된다. 즉, 고정점 반복법에 의한 계산 결과가 어느 값으로 수렴하면 그 값은 방정식의 해가 된다.

반복계열 $\{p_n\}$이 항상 근으로 수렴하는 것은 아니므로 이제부터는 고정점 반복법의 수렴조건에 대하여 알아보기로 한다.

【정리 2-9】 폐구간 $[a,b]$ 에서 연속이며 미분 가능인 함수 $f(x)$에 대하여 $a \leqq f(x) \leqq b$ 이고, 두 점 $(a,f(a)),(b,f(b))$가 직선 $y=x$ 의 반대편에 놓이면 $x=f(x)$ 는 적어도 하나의 근을 갖는다.

<증명> 1) $f(a)=a$ 이면 a는 정의에 따라 고정점이 되며 , 따라서 a는 함수 $f(x)$의 근이다.

2) $a < f(a)$, $f(b) < b$ 이면 두 점$(a,f(a)),(b,f(b))$ 는 직선 $y=x$의 반대편에 놓이게 된다. 만일 $h(x)$를

$$h(x) = f(x) - x$$

로 놓으면 $h(a) > 0, h(b) < 0$ 이므로 중간치정리에 의해 $h(x)=0$을 만족시키는 x가 개구간 (a, b) 내에 적어도 하나 존재한다. ■

【정리 2-10】 폐구간 $[a,b]$내의 두 점 x,y 에 대하여

$$|f(x)-f(y)| \leqq k \times |x-y|, \quad (0 < k \leqq 1) \tag{2-13}$$

가 성립하면 고정점은 1개 뿐이다.

<증명> 두 개의 고정점 x,y 가 존재한다고 가정하면 고정점의 정의에 의하여 $x=f(x)$, $y=f(y)$가 성립한다. 따라서

$$x-y=f(x)-f(y) \tag{2-14}$$

이므로 식(2-14)의 양변에 절대값을 취하여 전개시키면

$$|x-y|=|f(x)-f(y)| \leq k|x-y| \quad \text{(조건에서)}$$
$$< |x-y| \quad (k\text{의 범위로부터})$$

와 같이 되어 모순이다. 따라서 두 개의 고정점이 존재한다는 가정은 모순이므로 고정점은 하나뿐이다. ■

【정리 2-11】 함수 $f(x)$가 구간 $[a,b]$ 에서 연속이고 미분 가능이며 모든 $x\in[a,b]$ 에 대하여 $a\leq f(x)\leq b$ 라고 하자. 그리고

$$\lambda=\max|f'(x)|< 1 \quad (a\leq x\leq b) \tag{2-15}$$

이면 고정점은 1개 뿐이다.

<증명> 두 개의 고정점 x,y 가 존재한다고 가정하면 식 (2-14)로부터

$$|x-y|=|f(x)-f(y)| \tag{2-16}$$

가 얻어진다. 평균치정리에 의하여

$$f(x)-f(y)=f'(\psi)\times(x-y), \quad \psi\in(x,y) \tag{2-17}$$

의 관계식이 얻어지므로 식 (2-17)을 식 (2-16)에 대입하면

$$\begin{aligned}|x-y| &= |f'(\psi)\times(x-y)| \\ &= |f'(\psi)|\times|x-y| \\ &\leq \max|f'(x)|\times|x-y| \quad (\because |f'(\psi)|\leq \max|f'(x)|) \\ &= \lambda|x-y| < |x-y|\end{aligned}$$

이것은 모순이다. 따라서 두 개의 고정점이 존재한다는 가정은 모순이므로 고정점은 하나뿐이다. 즉, 구간 (x,y) 내의 임의의 점 ψ 에 대하여

$$|f'(\psi)| < 1 \tag{2-18}$$

이면 고정점은 유일(unique)하다. ■

다음은 고정점 반복법에서 미분계수와 관련된 그림이다. 식 (2-18)을 만족하는 경우는 수렴하지만 <u>미분계수가 1보다 크거나 -1보다 작은 경우에는 발산</u>함을 알 수 있다.

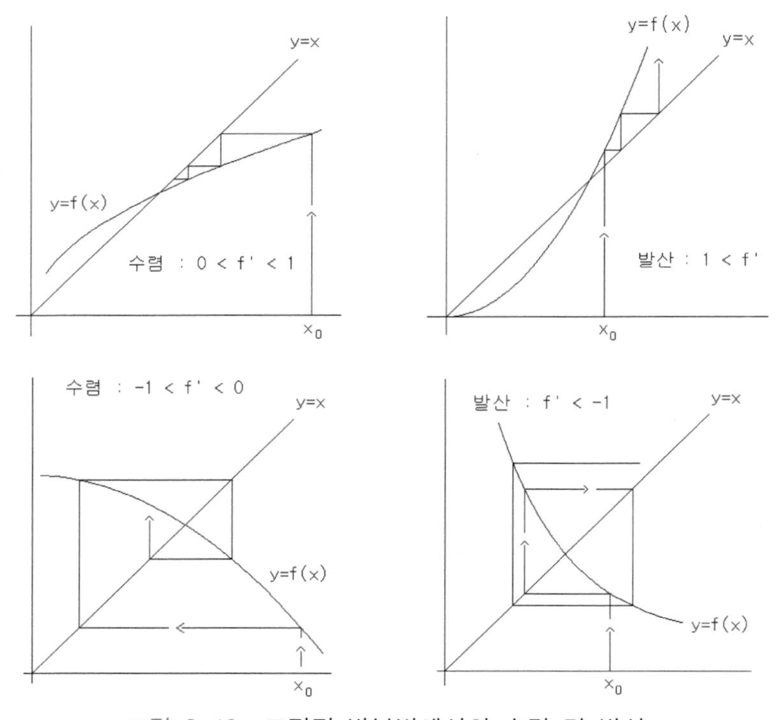

그림 2-10 **고정점 반복법에서의 수렴 및 발산**

【정리 2-12】 $f(x)$가 구간 [a , b] 에서 연속이고 미분가능이며 $x \in [a,b]$ 에 대하여 $a \leqq f(x) \leqq b$ 라고 하자. 그리고 $\psi \in (a,b)$ 에 대하여

$$|f'(\psi)| \leqq k < 1$$

이라 하자. 만일 p_0 는 구간 [a , b] 내의 임의의 점이라고 하면

$$p_n = g(p_{n-1}), \ n \geqq 1$$

에 의하여 생성된 수열 $\{p_n\}$은 수렴하며 그 값은 유일하다.

【예제 2-18】 다음의 반복식은 수렴하는가? 단, 초기치는 $x_0 = a$이다.

$$x_{n+1} = x_n + 5$$

【해】 $\lim_{n \to \infty} x_n = x$ 라고 하면 반복식은 $x = x + 5$가 된다. 여기서 $f(x) = x + 5$ 이므로 $f'(x) = 1$ 이다. 따라서 주어진 반복식은 발산한다. 실제로

$$x_1 = a + 5$$
$$x_2 = (a+5) + 5 = a + 10$$
$$x_3 = (a+10) + 5 = a + 15$$
$$\cdots \quad \cdots \quad \cdots$$
$$x_n = a + 5n \ \to \infty, \quad n \text{ 이 증가할 때} \ \blacksquare$$

【예제 2-19】 다음 반복식은 수렴하는가 ? 단, 초기치는 $x_0 = 10$ 이다.

$$x_{n+1} = \frac{3}{4}x_n + 5$$

【해】 앞에서와 마찬가지 방법으로 고정점 반복식을 만들면 $f(x) = \frac{3}{4}x + 5$ 이다. $f'(x) = \frac{3}{4} < 1$ 이므로 식 (2-15)를 만족하며, 따라서 반복식은 수렴한다. 다음 그림에서 보는 바와 같이 실제로 n 이 증가하면 $x = 20$ 에 수렴한다. ■

```
C:₩WINDOWS₩system32₩cmd.exe
초기치를 입력하시오 : 10
----------------------
    n        x(n)
----------------------
    1   12.500000
    2   14.375000
    3   15.781250
    4   16.835938
    5   17.626953
    6   18.220215
    7   18.665161
    8   18.998871
    9   19.249153
   10   19.436865
   11   19.577648
   12   19.683235
   13   19.762426
   14   19.821819
   15   19.866364
----------------------
계속하려면 아무 키나 누르십시오 . . .
```

그림 2-11 고정점 반복법

【예제 2-20】 다음 반복식은 수렴하는가?

$$x_{n+1} = x_n^2 - 2$$

【해】 앞에서와 마찬가지의 절차를 밟으면 $f(x) = x^2 - 2$ 이다. 따라서 $f'(x) = 2x$ 이며, 반복식이 수렴하기 위해서는 【정리 2-11】의 식 (2-15)를 만족해야 한다. 이로부터

$$-0.5 < x_0 < 0.5 \tag{2-19}$$

가 얻어진다. 그리고 【정의 2-1】로부터 $-0.5 < f(x_0) < 0.5$ 인 조건을 동시에 만족시켜야 한다. 즉,

$$1.5 < x_0^2 < 2.5 \tag{2-20}$$

이다. 식 (2-19)와 식 (2-20)을 동시에 만족시키는 x_0는 존재하지 않으므로 반복식은 수렴하지 않는다. ■

결과를 확인하기 위해 임의의 초기 치에 대하여 << 프로그램 2-4 >> 를 적용시킨 계산한 값은 -2 와 2 사이에서 진동•발산하고 있음을 알 수 있다.

표 2-1

반복	초 기 치			
	-1.800000	-0.450000	0.000000	1.628000
1	1.240000	-1.797500	-2.000000	0.650384
2	-0.462401	1.231006	2.000000	-1.577001
3	-1.786186	-0.484624	2.000000	0.486931
4	1.190459	-1.765140	2.000000	-1.762898
5	-0.582806	1.115719	2.000000	1.107810
10	-1.998601	1.992229	2.000000	1.995900
15	0.730221	-1.898668	2.000000	-0.921082
20	1.643489	-1.385945	2.000000	-1.847819
30	0.812483	0.301178	2.000000	1.994143

표 2-1에서 확인할 수 있듯이 초기치를 잘 선택하면(여기서는 0) 고정점은 2로 수렴하는 것을 알 수 있다. 하지만 이러한 우연을 기대하기는 어렵다.

이 예제는 $x = x^2 - 2$ 의 근을 구하는 문제이므로 식을 다음처럼 변형할 수도 있다.

$$x^2 = x + 2$$

고정점의 정의에 따라 $f(x) = \sqrt{x+2}$ 가 된다. 식 (2-15)로부터

$$|f'(x_0)| = |\frac{1}{2\sqrt{x_0+2}}| < 1, \quad -2 < x_0$$

가 성립하며, 부등식을 만족하는 x_0의 범위는 $x_0 > -1.75$ 이다. 이제 임의의 구간 (-1.75 , 1000)을 고려해보자. $f(-1.75) = 0.5$, $f(1000) = 31.654$ 이고 함수 $f(x)$는 단조증가함수(monotone increasing function)이므로 주어진 구

간 내에서

$$-1.75 < f(x) < 1000$$

이다. 따라서 【정리 2-12】의 조건을 모두 만족한다. 이제 $x_0 = 3$ 으로 하여 << 프로그램 2-4 >> 를 실행시키면 $x = 2$ 로 수렴함을 알 수 있다.[8)]

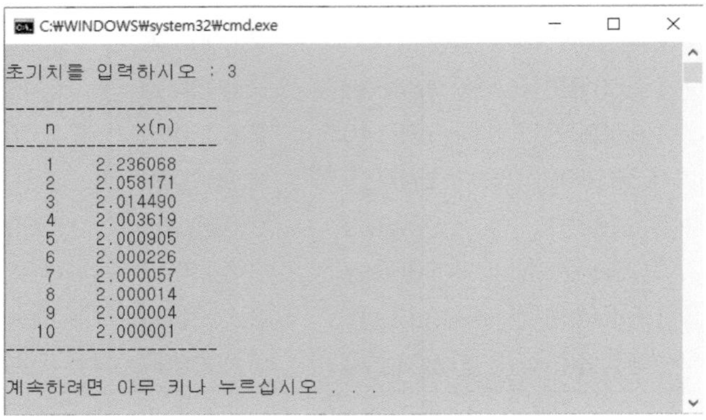

```
C:\WINDOWS\system32\cmd.exe
초기치를 입력하시오 : 3
----------------------
    n        x(n)
----------------------
    1     2.236068
    2     2.058171
    3     2.014490
    4     2.003619
    5     2.000905
    6     2.000226
    7     2.000057
    8     2.000014
    9     2.000004
   10     2.000001
----------------------
계속하려면 아무 키나 누르십시오 . . .
```

그림 2-12

고정점반복법은 반복식을 제대로 만드는 것이 관건이다. 예를 들어 $x^3 + 4x^2 - 10 = 0$ 은 구간 [1,2]에서 근을 갖는다. 이러한 방정식을 $x = f(x)$ 의 형태로 변형시키는 방법은 무수히 많다. 그 중에서 몇 가지만 적어보면

① $x = x - x^3 - 4x^2 + 10$　　② $x = \sqrt{\dfrac{10}{x} - 4x}$

③ $x = \dfrac{1}{2}\sqrt{10 - x^3}$　　④ $x = \sqrt{\dfrac{10}{4 + x}}$

이들 4 개의 방정식에 초기치를 $x_0 = 1.5$ 로 하여 반복법을 적용하면 ③, ④ 만이 해 $x = 1.36523$ 으로 수렴하게 된다.

8) << 프로그램 2-4 >>에서 함수를 float f(float x) { return (sqrt(x+2)) ; } 로 바꿔야한다.

고정점반복법은 반복법을 이용하여 근을 찾는다는 개념을 제공하지만 동일한 방정식에 대해서도 반복식을 어떻게 구성하는 가에 따라 수렴 또는 반복하므로 비선형 방정식의 해를 구하는 방법으로는 다른 방법을 사용하는 것이 적절하다.

2. 이분법 (bisection method)

【예제 2-21】 길이가 10미터인 전기줄의 어딘 가가 끊어져 있어서 전선을 이용하지 못하고 있다고 하자. 어떻게 하면 전선을 최대로 활용할 수 있는가 ?
【해】 우선 전선을 5미터씩 이등분하고 전원에 연결시켜 보면 한쪽은 전기가 통하고 다른 한 쪽은 전기가 흐르지 않을 것이다. 다음엔 전기가 통하지 않은 전선을 2.5미터씩 이등분하고 전기를 흘려보내면 어느 한 쪽만 전류가 흐르게 된다. 따라서 앞에서 전류가 통한 5미터와 지금의 2.5미터는 사용할 수 있다. 이상의 과정을 반복하면 끊어진 전선을 최대로 활용할 수 있다. ■

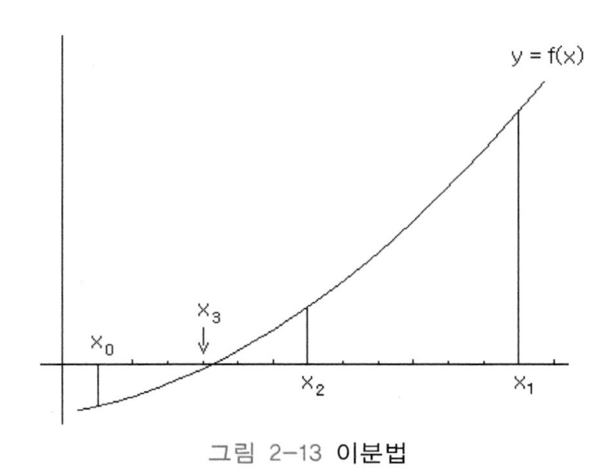

그림 2-13 이분법

이제 그림 2-13 처럼 함수 $f(x)$는 구간 $[x_0, x_1]$ 에서 연속이고 $f(x_0)f(x_1) < 0$ 인 조건을 만족한다고 하자. 그러면 중간치정리에 의해 구간 $[x_0, x_1]$ 내에 함수의 근이 반드시 존재한다. 구간 $[x_0, x_1]$ 의 중점을 x_2 라 하고 $f(x_0)f(x_2)$, $f(x_1)f(x_2)$의 부호를 계산해보면 어느 한 쪽은 양(陽)이고 다른 한쪽은 음(陰)이 될 것이다. 그런데 부호가 음인 구간에는 반드시 근이

존재하므로, 이러한 구간을 새로이 $[x_0, x_1]$ 으로 놓은 뒤, 위의 절차를 반복하면 방정식의 근으로 수렴하게 된다.

이분법을 이용하면 근을 확실하게 찾을 수 있다는 장점을 갖는다. 하지만, 이분법의 단점은 계산 량이 많은 것이고, 중간치정리를 적용할 수 있는 구간을 선택하는 것이다.

【예제 2-22】 $f(x) = x^3 - 9x + 1$ 의 제일 큰 근을 2분법으로 구하여라.
【해】 그림 2-15를 보면 구간 [2 , 4] 사이에 최대근이 존재한다. 중점은 3이며, 다시 $f(2)f(3) < 0$, $f(3)f(4) > 0$ 이 되므로 [2 , 3] 사이에 근이 존재한다. 이상의 과정을 계속하면 $x = 2.94282$ 로 수렴하며 이것이 방정식의 근이다. ■

```
C:\WINDOWS\system32\cmd.exe

구간 [a,b] 값을 입력하시오 : 2  4
---------------------------------------
  n         a     (a+b)/2         b
---------------------------------------
  1   2.00000    3.00000    4.00000
  2   2.00000    2.50000    3.00000
  3   2.50000    2.75000    3.00000
  4   2.75000    2.87500    3.00000
  5   2.87500    2.93750    3.00000
  6   2.93750    2.96875    3.00000
  7   2.93750    2.95313    2.96875
  8   2.93750    2.94531    2.95313
  9   2.93750    2.94141    2.94531
 10   2.94141    2.94336    2.94531
 11   2.94141    2.94238    2.94336
 12   2.94238    2.94287    2.94336
 13   2.94238    2.94263    2.94287
 14   2.94263    2.94275    2.94287
 15   2.94275    2.94281    2.94287
 16   2.94281    2.94284    2.94287
 17   2.94281    2.94283    2.94284
 18   2.94281    2.94282    2.94283
 19   2.94282    2.94282    2.94283
 20   2.94282    2.94282    2.94282
---------------------------------------
계속하려면 아무 키나 누르십시오 . . .
```

그림 2-14 이분법

다음 그림은 파이썬으로 프로그램을 작성하여 그린 것이다.

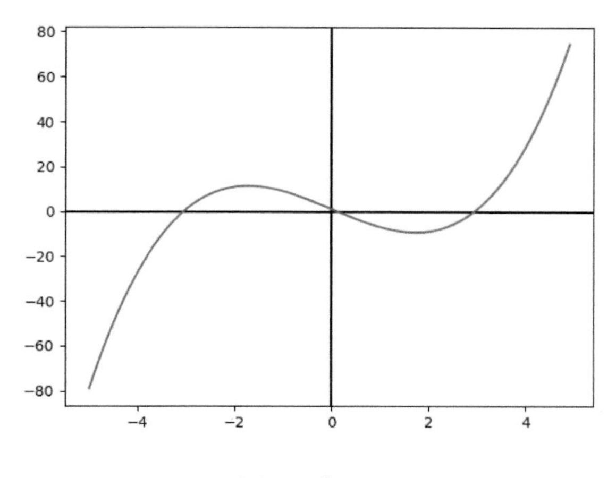

그림 2-15 $f(x) = x^3 - 9x + 1$ 의 그래프

3. 정할법(secant method)

그림 2-16 과 같이 함수 상의 두 점 $(x_0, f(x_0)), (x_1, f(x_1))$ 을 지나는 직선이 x축과 만나는 점을 x_2라고 하면 x_2는 방정식 $f(x) = 0$ 의 개선된 근사해가 될 것이다.

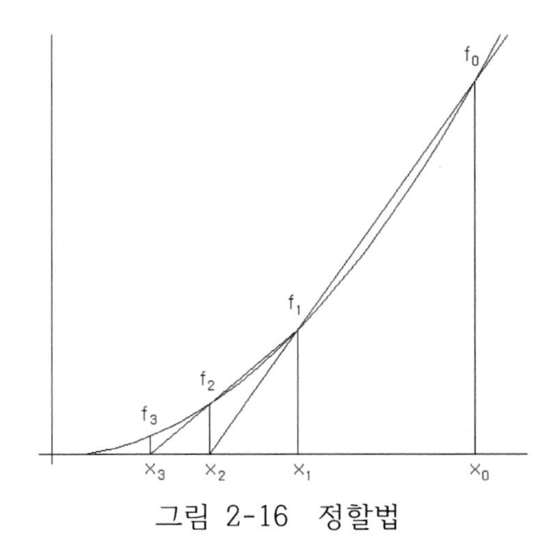

그림 2-16 정할법

새로운 구간 $[x_1, x_2]$ 에 대응하는 두 점 $(x_1, f(x_1))$, $(x_2, f(x_2))$ 를 지나는 직선이 x축과 만나는 점을 x_3이라고 하면 x_3은 x_2보다는 개선된 근사해가 된다. 이와 같은 방법을 계속 적용시키면서 얻은 수열 $\{x_n\}$ 은 방정식의 근에 수렴한다.

이제 반복식을 만들어 보기로 한다. $(x_0, f(x_0))$, $(x_1, f(x_1))$ 을 지나는 직선의 식은

$$y - f(x_0) = \frac{f(x_1) - f(x_0)}{x_1 - x_0}(x - x_0)$$

이므로 $y = 0$ 을 대입하여 x축 절편의 좌표를 구한 것이 새로운 근사값 x_2가 된다.

$$x = x_0 - f(x_0)\frac{x_1 - x_0}{f(x_1) - f(x_0)} = x_2$$

가 된다. 이상의 과정을 반복하면 다음과 같은 정할법의 반복식이 얻어진다.

$$x_{n+1} = x_n - f(x_n)\frac{x_n - x_{n-1}}{f(x_n) - f(x_{n-1})} \qquad n = 0,1,2,3,\ldots \qquad (2\text{-}21)$$

정할법에서 근을 찾을 수 없는 경우는 다음과 같다.

$$\begin{cases} f(x_j) \simeq f(x_{j+1}) & \text{모든 } j\text{에 대하여} \\ \text{허근이 존재할 때} & \end{cases}$$

【예제 2-23】 정할법을 사용하여 $y = x^2 - 5$ 의 근을 구하여라. 초기치는 $x_0 = 5$, $x_1 = 10$ 이다.

【해】 5의 제곱근을 구하는 문제이다. $f(5) = 20$, $f(10) = 95$ 이므로

$$x_2 = x_0 - f(x_0)\frac{x_1 - x_0}{f(x_1) - f(x_0)} = 5 - 20\frac{10 - 5}{95 - 20} = 3.666667$$

가 된다. 이후의 과정에 << 프로그램 2-6 >> 을 적용하면 $x = 2.236068$ 으로 수렴하고 있는 데 이것은 5의 제곱근이다.

```
C:\WINDOWS\system32\cmd.exe

초기치 X1 , X2 를 입력하시오 : 5 10
     정 할 법
------------------
반복          X
------------------
   1   3.666667
   2   3.048780
   3   2.409201
   4   2.261848
   5   2.237024
   6   2.236073
   7   2.236068
   8   2.236068
------------------
계속하려면 아무 키나 누르십시오 . . .
```

그림 2-17 정할법으로 해 구하기

직선의 식을 이용하여 근을 찾는 유사한 방법으로 Regula-Falsi 방법[9] 이 있다. Regula-Falsi 방법은 중간치정리를 사용하여 근을 찾는 방법이며 함수값의 부호가 반대인 구간을 새로운 초기치로 설정한다. 참고로 Regula-Falsi 방법의 반복식은 다음과 같다.

$$x_{n+1} = \frac{x_{n-1} \times f(x_n) - x_n \times f(x_{n-1})}{f(x_n) - f(x_{n-1})} \tag{2-22}$$

【예제 2-24】 $f(x) = x^3 - 9x + 1$ 의 근을 Regula-Falsi 법으로 구하여라. 단, 초기치는 $x_0 = -3.5$, $x_1 = 4$ 로 한다.

【해】 식 (2-22)로부터 제 2 근사값 x_2를 계산하면

$$x_2 = \frac{-3.5 \times (4^3 - 9 \times 4 + 1) - 4 \times \{(-3.5)^3 - 9 \times (-3.5) + 1\}}{(4^3 - 9 \times 4 + 1) - \{(-3.5)^3 - 9 \times (-3.5) + 1\}} = -1.523810$$

여기서 $f(-1.523810) = 11.176079 > 0$ 이므로 근이 존재하는 구간은 새로이

9) Regula-Falsi 방법은 가위치법(false position method)이라고도 부른다.

$[-3.5, -1.523810]$ 으로 된다. 이 값으로부터

$$x_3 = \frac{-3.5 \times \{-1.52381^3 + 9 \times (1.52381) + 1\} + 1.52381 \times \{-3.5^3 + 9 \times (3.5) + 1\}}{\{(-1.523810)^3 - 9 \times (-1.523810) + 1\} - \{(-3.5)^3 - 9 \times (-3.5) + 1\}}$$

$$= -2.548630$$

이상의 과정을 반복하면 다음의 그림 2-18 과 같으며, 주어진 3차 함수의 근인 $x = -3.054084$ 로 수렴한다.

```
C:\WINDOWS\system32\cmd.exe
초기치 X1 , X2 를 입력하시오 : -3.5  4

 Regula - Falsi
------------------
반복          X
------------------
   1    -1.523810
   2    -2.548630
   3    -2.944168
   4    -3.033135
   5    -3.050202
   6    -3.053368
   7    -3.053952
   8    -3.054060
   9    -3.054080
  10    -3.054083
------------------

계속하려면 아무 키나 누르십시오 . . .
```

그림 2-18 Regula-Falsi 방법

4. Newton - Raphson 방법

다음의 그림 2-19 에서 초기치를 x_0라고 하면 $(x_0, f(x_0))$ 에서의 접선의 방정식은

$$y - f(x_0) = f'(x_0)(x - x_0)$$

이다. 이 접선은 $(x_1, 0)$을 지나므로 다음 식을 만족한다.

$$0 - f(x_0) = f'(x_0)(x_1 - x_0)$$

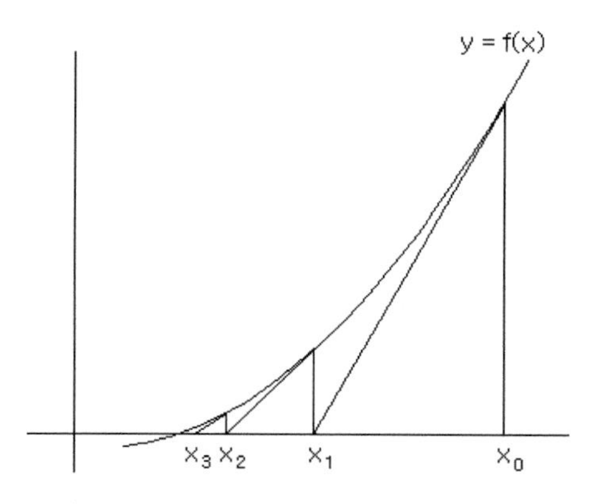

그림 2-19 Newton - Raphson 방법

이 식을 x_1 에 관하여 정리하면 다음의 관계식을 얻을 수 있다.

$$x_1 = x_0 - \frac{f(x_0)}{f'(x_0)}$$

x_1은 방정식의 근사해이며 위와 같은 과정을 반복하여 얻은 수열 $\{x_n\}$은 일정한 값으로 수렴한다.

일반적으로, Newton - Raphson 방법의 반복식은 다음과 같다.

$$x_{n+1} = x_n - \frac{f(x_n)}{f'(x_n)} \qquad n = 0, 1, 2, 3, \ldots \tag{2-23}$$

【예제 2-25】 $f(x) = x^2 - A$ 의 근을 구하는 Newton - Raphson 반복식을 구하여라. 단, $A > 0$ 이다.

【해】 $f'(x) = 2x$ 이므로 식 (2-23)으로부터

$$\begin{aligned} x_{n+1} &= x_n - \frac{x_n^2 - A}{2x_n} \\ &= \frac{1}{2}(x_n + \frac{A}{x_n}) \qquad n = 0, 1, 2, 3, \ldots \ \blacksquare \end{aligned}$$

【예제 2-26】 2의 세제곱근($\sqrt[3]{2}$)을 구하여라. 단, $x_0 = 1$ 이다.

【해】 2의 세제곱근은 $y = x^3 - 2$ 의 근 중의 하나이다. 여기서 $y' = 3x^2$ 이므로 Newton - Raphson 반복식은

$$x_{n+1} = x_n - \frac{x_n^3 - 2}{3x_n^2} \qquad n = 0, 1, 2, 3, \ldots$$

이다. << 프로그램 2-8 >>을 사용한 계산결과는 다음과 같다. 따라서 2의 세제곱근은 1.259921 이다. ■

```
C:\WINDOWS\system32\cmd.exe

초기치를 입력하시오 : 1

 Newton-Raphson 방법
 ----------------------
   i          x(i)
 ----------------------
   1        1.333333
   2        1.263889
   3        1.259933
   4        1.259921
 ----------------------

계속하려면 아무 키나 누르십시오 . . .
```

그림 2-20 Newton - Raphson 방법으로 해 구하기

【예제 2-27】 $f(x) = x^3 - 4x + 1$ 의 근을 구하여라. 단, $x_0 = 1$ 이다.

【해】 $f'(x) = 3x^2 - 4$ 이므로 식 (2-23)에 대입하면 반복식은 다음과 같다.

$$x_{n+1} = x_n - \frac{x_n^3 - 4x_n + 1}{3x_n^2 - 4} \qquad n = 0, 1, 2, 3, \ldots$$

<< 프로그램 2-8 >>을 사용하여 계산한 결과, 반복수 n 이 증가함에 따라 $x = 1.8608059$ 로 수렴함을 알 수 있다. 이 값은 함수의 한 근이다. ■

```
C:\WINDOWS\system32\cmd.exe

초기치를 입력하시오 : 1

 Newton-Raphson 방법
 ---------------------
     i          x(i)
 ---------------------
     1       -1.000000
     2        3.000000
     3        2.304348
     4        1.967489
     5        1.869470
     6        1.860871
     7        1.860806
     8        1.860806
     9        1.860806
    10        1.860806
 ---------------------
계속하려면 아무 키나 누르십시오 . . .
```

그림 2-21 Newton - Raphson 방법으로 해 구하기

비선형 방정식의 근을 빠른 속도로 구할 수 있다는 장점이 있지만 다음 경우에는 Newton - Raphson 방법으로 근을 구할 수 없다.

$$\begin{cases} f'(x_k) \approx 0 & \text{임의의 } k \text{ 에 대하여} \\ x_k, x_{k+j} \text{가 무한 } loop \text{를 만들 때}, & j = 1,2,3,\ldots \end{cases}$$

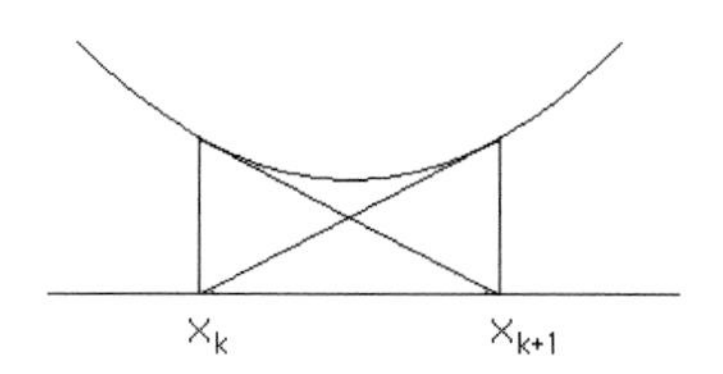

그림 2-22 무한 loop 를 형성($j = 1$ 인 경우)

이 외에도 무한 루프는 생성하지 않지만 Newton - Raphson 방법으로 근을 구할 수 없는 예제를 소개한다.

【예제 2-28】 $f(x) = \sqrt[3]{x}$ 의 근을 구하여라. 단, 초기치는 $x_0 = 1$ 이다.

【해】 $f'(x) = \frac{1}{3}x^{-\frac{2}{3}}$ 이므로 반복식은 다음과 같다.

$$x_{n+1} = x_n - \frac{x_n^{\frac{1}{3}}}{\frac{1}{3}x_n^{-\frac{2}{3}}} = -2x_n$$

초기치 x_0를 대입하면 x_1의 값을 계산할 수 있는 것처럼 보인다. 하지만 주어진 함수는 음(-)의 영역에서는 복소수의 값을 갖기 때문에 함수를 만족하는 근을 구할 수 없다. ■

실제로 $f(x) = \sqrt[3]{x}$ 의 그림은 다음과 같으며, 음(-)인 x의 근은 복소수이므로 그래프를 그릴 수 없다.[10)]

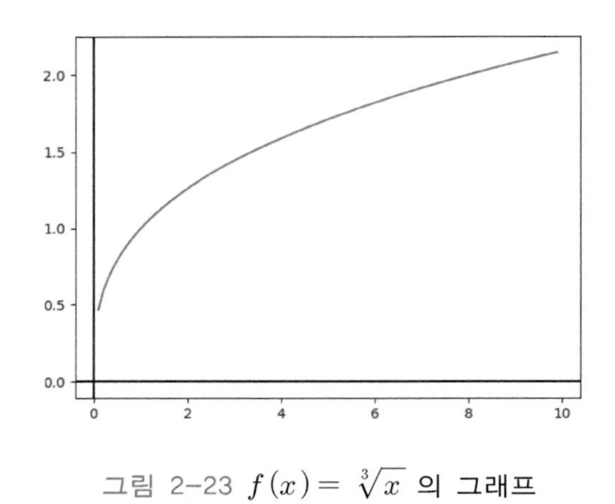

그림 2-23 $f(x) = \sqrt[3]{x}$ 의 그래프

【예제 2-29】 함수 $f(x) = x^2 - x - 3$ 에 대하여 고정점 반복법, 2분법, 정할법, Newton - Raphson 방법으로 수렴속도를 비교하라. 단, $x_0 = 0, x_1 = 3$ 이다.

---

10) $(-1)^{1/3}$의 값은 $x^3 = -1$을 만족하는 x값 중의 하나이다. 이 값을 구하기 위해서는 $x^3 + 1 = 0$ 을 풀면 된다. 즉, $(x+1)(x^2 - x + 1) = 0$ 의 해를 구하는 것과 동일하다. 여기서 x값 중의 하나는 $(-1)^{1/3} = 0.5 + \frac{\sqrt{3}}{2}i$ 이다. 자세한 내용은 제2장의 부록을 참조하라.

【해】 고정점 반복법의 반복식은 값을 수렴시키기 위해 $x = \sqrt{x+3}$ 으로 만들었다. 각각의 프로그램을 사용하면 표 2-3의 결과를 얻는다.

표 2-3

반복	고정점반복법	2 분법	정할법	N-R 법
1	3.0000000	0.0000000	0.0000000	3.0000000
2	2.4494897	3.0000000	3.0000000	2.4000000
3	2.3344142	1.5000000	1.5000000	2.3052631
4	2.3096351	2.2500000	2.1428570	2.3027774
5	2.3042645	2.6250000	2.3513512	2.3027757
6	2.3030989	2.4375000	2.3005526	2.3027757
7	2.3028458	2.3437500	2.3027460	
8	2.3027909	2.2968750	2.3027756	
9	2.3027789	2.3203125	2.3027756	
10	2.3027764	2.3085937		
15	2.3027756	2.3031005		
20		2.3027687		
30		2.3027756		

Newton - Raphson 방법은 다른 방법에 비하여 수렴속도가 빠르다. 그리고 초기치 설정에도 특별한 제약이 없지만, 초월함수 등이 포함되어 있어 도함수를 구하기 힘든 경우는 식 (2-23)을 직접 사용할 수 없다.[11)]

11) 제7장의 수치미분을 이용하면 이러한 문제점을 해소할 수 있다.

♣ 연습문제 ♣

1. $f(x) = x^2 - 3$ 의 근을 다음의 반복식을 사용하여 고정점 반복법으로 구하고, 어느 반복식을 사용하여야 수렴하는가를 보여라. 단, 초기치는 $x_0 = 2$ 로 한다.

   (1) $x = \frac{3}{x}$　　(2) $x = \frac{1}{x}(x + \frac{3}{x})$　　(3) $x = x^2 + x - 3$

2. 반복함수 $g(x) = x + 2c(x-2)$ 가 수렴하도록 c 를 결정하라.

3. 다음 방정식 각각에 대하여 고정점 반복식이 수렴하기 위한 구간을 결정하라.

   (1) $x = \frac{2 - e^x + x^2}{3}$　　(2) $x = \frac{5}{x^2} + 2$

4. 방정식 $x^2 - 3x - 2 = 0$ 의 [3,4] 사이에 있는 근을 구하기 위한 반복함수를 정하고 고정점 반복법으로 그 근을 구하여라.

5. 방정식 $f(x) = x^2 - 9x + 1 = 0$ 의 구간 [0 , 1] 사이에 있는 근을 이분법으로 구하여라. 단, 정도는 10^{-6}으로 한다.

6. 이분법으로 다음 방정식의 해를 구하여라. 단, 초기치는 임의로 결정하라.

   (1) $x - 2^{-x} = 0$　　(2) $x^2 + 10\cos(x) = 0$

   (3) $x = e^{-x}$　　(4) $x = \sin(\pi x)$

7. 4의 제곱근을 이분법으로 구하여라. 단, 초기치는 $x_0 = 1$, $x_1 = 10$ 으로 하라.

8. 방정식 $f(x) = x^2 - 1.75x - 0.86 = 0$ 의 근을 정할법으로 구하여라.
단, 초기치는 임의로 설정하라.

9. 정할법으로 $f(x) = x^6 - x - 1$ 의 근을 구하여라. 단, $x_0 = 1$, $x_1 = 2$ 이다.

10. $xe^x - 1 = 0$ 의 근을 정할법으로 구하여라. 단, $x_0 = 5, x_1 = 10$ 이다.

11. 다음 함수의 근을 Regula - Falsi 법으로 구하여라. 초기치는 임의로 설정하라.

(1) $f(x) = 0.5e^{-x} - \sin(x)$
(2) $f(x) = \log(1+x) - x^2$
(3) $f(x) = e^x - 5x^2$
(4) $f(x) = \sqrt{x+2}$

12. $f(x) = x^2 - x - 3 = 0$ 의 구간 [2 , 3] 내에 있는 근을 Newton - Raphson 방법으로 구하여라. 단, 정도는 10^{-5} 으로 하라.

13. Newton - Raphson 방법으로 342의 제곱근을 초기치 $x_0 = 10, 20, 25$ 로 두어 구하여라. 단, 정도는 10^{-5} 으로 하라.

14. Newton - Raphson 방법으로 다음 방정식의 근을 구하여라. 초기치는 $x_0 = 5.678$ 로 한다.

(1) $x^3 - 2x^2 - 5 = 0$
(2) $4\cos(x) = e^x$
(3) $3x^2 - e^{-x} = 0$
(4) $2^{-x} + 2\cos(x) - 5 = 0$

15. 초기치가 $x_0 = 5$ 일 때, $y = \sqrt{x}$ 의 근을 Newton - Raphson 방법으로 구할 수 있는가를 설명하라.

제5절 다항식의 근

다항식끼리의 나눗셈을 다항식으로 나타낼 수 있다. << 프로그램 2-9 >>를 사용하여 3차 다항식 $x^3 - x + 1$을 $(x - 1.5)$로 나눈 몫과 나머지를 구한 것이다.

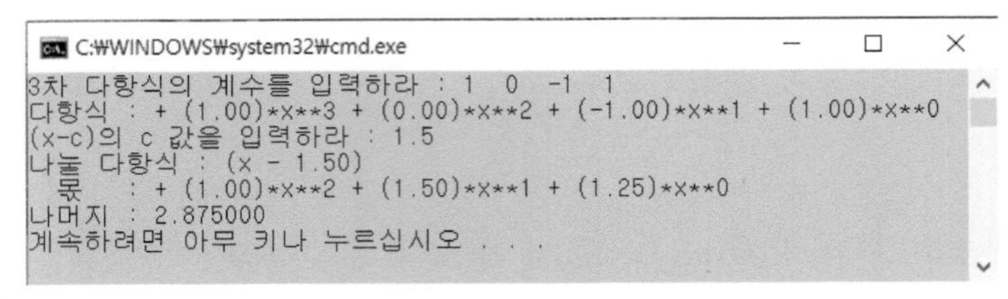

그림 2-24 **다항식 나눗셈의 몫과 나머지**

이러한 다항식의 나눗셈을 통해 방정식의 근을 구하는 방법에 대해 다루어 보기로 한다.

1. Birge - Vieta 방법

버즈-비에타(Birge - Vieta)방법은 n차 다항식에서만 적용할 수 있다. 이제 n차 다항식 $f(x)$를 $(x - x_0)$로 나누었을 때의 몫을 $Q(x)$, 나머지를 R_1이라 하면

$$f(x) = (x - x_0) \times Q(x) + R_1 \qquad (2\text{-}24)$$

이 된다. $Q(x)$를 $(x - x_0)$로 다시 나누었을 때의 몫을 $P(x)$, 나머지를 R_2라 하면

$$Q(x) = (x - x_0) \times P(x) + R_2 \qquad (2\text{-}25)$$

가 된다. 식 (2-25)를 식 (2-24)에 대입하면

$$f(x) = (x - x_0)\{(x - x_0) \times P(x) + R_2\} + R_1 \qquad (2\text{-}26)$$
$$= (x - x_0)^2 \times P(x) + (x - x_0) \times R_2 + R_1$$

식 (2-26)의 양변을 미분하면

$$f'(x) = 2(x - x_0) \times P(x) + (x - x_0)^2 \times P'(x) + R_2 \qquad (2\text{-}27)$$

이 된다. 식 (2-26)과 식 (2-27)로부터

$$\begin{cases} f(x_0) = R_1 \\ f'(x_0) = R_2 \end{cases} \qquad (2\text{-}28)$$

가 성립한다. 여기에 Newton - Raphson 방법을 적용하면 제 1 근사 값은

$$x_1 = x_0 - \frac{f(x_0)}{f'(x_0)} = x_0 - \frac{R_1}{R_2}$$

이 된다.

일반적으로 다음과 같은 반복식이 얻어지며, 이와 같이 방정식의 근을 계산하는 방법을 버즈-비에타 방법이라고 한다. 여기서 주목할 것은 Newton-Raphson 방법을 이용하므로 계산 결과는 Newton-Raphson 방법으로 구한 해와 동일하다.

$$x_{n+1} = x_n - \frac{R_1}{R_2} \qquad n = 0, 1, 2, 3, \ldots \qquad (2\text{-}29)$$

버즈-비에타 방법으로 방정식의 근을 계산할 때는 필연적으로 나머지를 계산하여야 한다.

다음의 호너(Horner) 알고리즘은 조립제법의 원리를 이용하여 나머지를 계산하는 방법이다.[12]

---

12) William G. Horner가 1819년에 발표하였다.

Horner 알고리즘

$$a_1x^n + a_2x^{n-1} + a_3x^{n-2} + \cdots + a_nx + a_{n+1}$$
$$= (x-c) \cdot (b_1x^{n-1} + b_2x^{n-2} + \cdots + b_{n-1}x + b_n) + b_{n+1}$$

일 때, 미지의 $b_i(i=1,2,\cdots,n+1)$는 다음과 같이 계산된다.

$$\begin{cases} b_1 = a_1 \\ \vdots \quad \vdots \\ b_{n+1} = a_{n+1} + c \cdot b_n, \; n = 1,2,3,\ldots \end{cases}$$

<증명> 주어진 다항식을

$$\begin{aligned} & a_1x^n + a_2x^{n-1} + a_3x^{n-2} + \cdots + a_nx + a_{n+1} \\ & = \underline{(x-c) \times (b_1x^{n-1} + b_2x^{n-2} + \cdots + b_{n-1}x + b_n)} + b_{n+1} \end{aligned} \quad (2\text{-}30)$$

로 표시된다고 할 때, 미지 상수 $b_i(i=1,2,3,\ldots,n+1)$의 값을 구하여 보자. 먼저 식 (2-29)의 밑줄 친 부분을 직접 전개하면

$$\begin{array}{rl} & b_1x^{n-1} + \ b_2x^{n-2} + \ b_3x^{n-3} + \cdots + \ b_{n-1}x \ + \ b_n \\ \times) & x \ - \ c \\ \hline & b_1x^n \ + \ b_2x^{n-1} \ + \ b_3x^{n-2} + \cdots + \ b_{n-1}x^2 + \ b_nx \\ & \quad - c \cdot b_1x^{n-1} - \ c \cdot b_2x^{n-2} - \cdots - c \cdot b_{n-2}x^2 - \ c \cdot b_{n-1}x \ - c \cdot b_n \\ \hline & b_1x^n + (b_2 - c \cdot b_1)x^{n-1} + (b_3 - c \cdot b_2)x^{n-2} + \cdots + \ (b_n - c \cdot b_{n-1})x - c \cdot b_n \end{array}$$

이므로 식 (2-30)은

$$\begin{aligned} & a_1x^n + a_2x^{n-1} + a_3x^{n-2} + \cdots + a_nx + a_{n+1} \\ & = b_1x^n + (b_2 - c \cdot b_1)x^{n-1} + (b_3 - c \cdot b_2)x^{n-2} + \cdots + (b_{n+1} - c \cdot b_n) \end{aligned} \quad (2\text{-}31)$$

이 되며, 식 (2-31)의 양변을 계수 비교하여 미지의 $b_i\,(i=1,2,\ldots,n+1)$를 구할

수 있다.

$$\begin{cases} a_1 &= b_1 \\ a_2 &= b_2 - c \cdot b_1 \\ \cdots & \cdots \\ a_n &= b_n - c \cdot b_{n-1} \\ a_{n+1} &= b_{n+1} - c \cdot b_n \end{cases} \quad \text{--->} \quad \begin{cases} b_1 &= a_1 \\ b_2 &= a_2 + c \cdot b_1 \\ \cdots & \cdots \\ b_n &= a_n + c \cdot b_{n-1} \\ b_{n+1} &= a_{n+1} + c \cdot b_n \end{cases}$$

【예제 2-30】 $(x^3 - x - 1)$을 $(x-1)$로 나눈 몫과 나머지를 구하여라.

【해】 3차 다항식 $(x^3 - x - 1)$에 호너의 알고리즘을 적용하는 문제로서 $c=1$ 인 경우이다. 따라서

$$\begin{aligned} b_1 &= a_1 = 1 \\ b_2 &= a_2 + c \cdot b_1 = 0 + 1 \times 1 = 1 \\ b_3 &= a_3 + c \cdot b_2 = -1 + 1 \times 1 = 0 \\ b_4 &= a_4 + c \cdot b_3 = -1 + 1 \times 0 = -1 \end{aligned}$$

$$\therefore \quad x^3 - x - 1 = (x-1)\,(1 \cdot x^2 + 1 \cdot x + 0) - 1 \ \blacksquare$$

(↑ c, ↑ b_1, ↑ b_2, ↑ b_3, ↑ b_4)

<< 프로그램 2-10 >>의 호너 알고리즘을 이상의 예제에 적용시킨 결과는 다음과 같으며 【예제 2-30】의 풀이와 동일함을 알 수 있다.

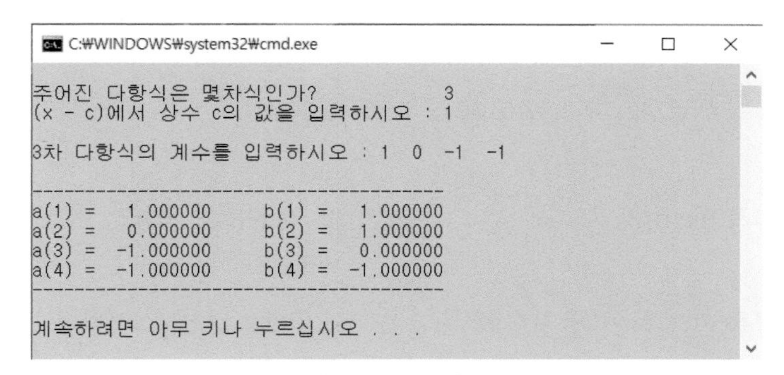

그림 2-25 조립제법

【예제 2-31】 Horner 알고리즘으로 $f(x) = x^3 - x + 1$ 의 근을 구하여라. 단 초기치는 $x_0 = 1.628$이다.

【해】 식 (2-30)에서 $a_1 = 1, a_2 = 0, a_3 = -1, a_4 = 1$ 인 경우이다. 다음 계산결과는 Horner의 방법으로 2회의 나머지 계산을 한 것이지만 여기서는 조립제법으로 계산한 것처럼 표현하였음을 밝혀둔다.

1.628	1	0	-1	1
		1.628000	2.650384	2.686825
1.628	1.000000	1.628000	1.650384	3.686825
		1.628000	5.300768	
	1.000000	3.256000	6.951152	

따라서 $R_1 = 3.686825$, $R_2 = 6.951152$ 이므로

$$x_1 = 1.628 - \frac{3.686825}{6.951152} = 1.628 - 0.530391 = 1.097610$$

이다. 이제 $x_1 = 1.097610$을 이용하여 x_2를 계산하여 본다.

1.097610	1	0	-1	1
		1.097610	1.204747	0.224732
1.097610	1.000000	1.097610	0.204747	1.224732
		1.097610	2.409493	
	1.000000	2.195219	2.614240	

따라서 $R_1 = 1.224732, R_2 = 2.614240$ 이므로

$$x_2 = 1.097610 - \frac{1.224732}{2.614240} = 1.097610 - 0.468485 = 0.629125$$

이상의 과정을 반복하면 방정식의 해인 $x = -1.324718$로 수렴한다. 다음 그림은 << 프로그램 2-11 >>을 실행시킨 결과이다. ■

```
C:\WINDOWS\system32\cmd.exe

다항식은 몇차식인가?  3
초기치는 얼마인가?     1.628
다항식의 계수를 입력하시오 : 1  0  -1  1

------------------------------------------------------------
반복        R1            R2           R1/R2            X
------------------------------------------------------------
 1      3.68683       6.95115       0.53039       1.09761
 2      1.22473       2.61424       0.46848       0.62912
 3      0.61988       0.18739       3.30792      -2.67879
 4    -15.54399      20.52776      -0.75722      -1.92157
 5     -4.17372      10.07732      -0.41417      -1.50740
 6     -0.91781       5.81679      -0.15779      -1.34962
 7     -0.10866       4.46439      -0.02434      -1.32528
 8     -0.00238       4.26908      -0.00056      -1.32472
 9     -0.00000       4.26464      -0.00000      -1.32472
------------------------------------------------------------
계속하려면 아무 키나 누르십시오 . . .
```

그림 2-26 Birge-Vieta 방법으로 근 구하기

Birge-Vieta 방법은 n차 다항식이어야 한다는 제약 외에도, 식 (2-28)의 R_2 가 영(zero)에 가까울 때는 근으로 수렴하지 않는다.[13]

【예제 2-32】 $y = x^2 + x + 1$ 의 근을 구하여라. 단, $x_0 = 0.7$로 한다.

【해】 함수 $y = x^2 + x + 1$ 은 실근을 갖지 않는다. << 프로그램 2-11 >> 을 적용시킨 결과를 살펴보면 수열 $\{x_n\}$ 은 진동·발산함을 알 수 있다.

```
선택 C:\WINDOWS\system32\cmd.exe

다항식은 몇차식인가?  2
초기치는 얼마인가?     0.7
다항식의 계수를 입력하시오 : 1  1  1

------------------------------------------------------------
반복        R1            R2           R1/R2            X
------------------------------------------------------------
 5      2.51750       2.65895       0.94680      -0.11733
10      5.61969      -4.41347      -1.27330      -1.43343
15      2.35868       2.53668       0.92983      -0.16149
20      7.51832       5.20320       1.44494       0.65666
25      1.30985       1.49647       0.87530      -0.62706
30      1.42779      -1.64656      -0.86714      -0.45614
35      1.43093      -1.65037      -0.86704      -0.45815
40      1.53925      -1.77679      -0.86631      -0.52209
45      4.76413       4.00706       1.18893       0.31460
50      3.39288       3.25139       1.04352       0.08218
------------------------------------------------------------
계속하려면 아무 키나 누르십시오 . . .
```

그림 2-27 Birge-Vieta 방법으로 근 구하기(발산)

13) 【예제 1-16】을 참조하라.

2. Bairstow 방법

n차 다항식의 근은 허근을 포함하여 모두 n개이다. 그렇다면 모든 근을 어떻게 찾을 수 있을까? 앞에서 소개한 방법들은 실근을 찾는 것이었다. 하나의 근이 구해지면 원 식을 인수분해 하는 방법을 계속적으로 실행함으로써 모든 실근이 구해진다. 하지만 허근이 존재한다면 이러한 방법도 소용이 없다. 여기서는 n차 다항식의 모든 근을 구하는 방법에 대하여 알아보려 한다.

【예제 2-33】 $x^3 - 4x + 1 = 0$ 을 일차식의 곱으로 분해하라.
【해】 초기치를 $x_0 = 0$ 이라 하고, <<프로그램 2-8>>의 Newton-Raphson 방법으로 근을 계산하면

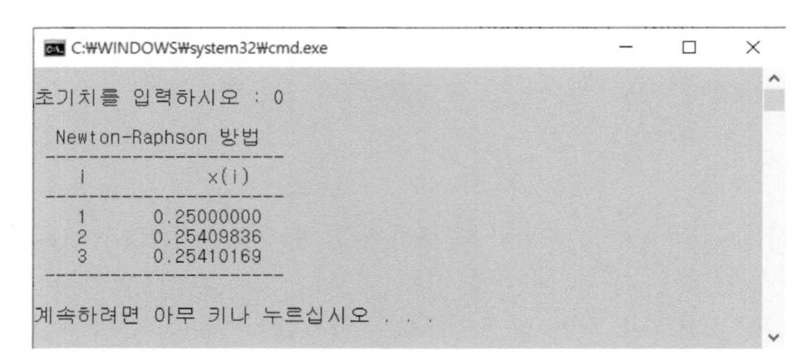

그림 2-28 방정식의 하나의 근

이므로 $x = 0.25410169$는 함수 $f(x)$의 하나의 실근이다. 따라서 조립제법을 사용하면

0.25410169	1	0	-4	1
		0.25410169	0.06456766	-1
	1	0.25410169	-3.93543234	0

이므로 주어진 방정식은

$$x^3 - 4x + 1 = (x - 0.25410169) \times (x^2 + 0.25410169x - 3.93543234)$$

로 인수분해 된다. 여기서 $(x^2+0.25410169x-3.93543234)$은 근의 공식에 의하여 분해할 수 있으므로

$$x^3-4x+1=(x-0.25410169)\times(x-1.86080585)\times(x+2.11490754)$$ ■

【예제 2-33】은 모두 실근인 경우이므로 함수 $f(x)$에 Newton-Raphson 방법과 조립제법을 계속하여 적용시키면 다항식을 인수분해 할 수 있다. 하지만 다항식이 허근을 포함하는 경우는 위와 같은 방법으로는 함수를 인수분해 할 수 없다.

Bairstow 방법은 방정식에서 2차식의 인수를 찾는 방법이다. 주어진 다항식을 2차식으로 분해할 수 있다면 근의 공식을 적용하여 모든 근을 구할 수 있게 된다.

지금부터는 Bairstow 방법을 전개하여 보기로 한다. 이제 다음과 같은 n차 다항식

$$f(x)=a_1x^n+a_2x^{n-1}+a_3x^{n-2}+\cdots+a_nx+a_{n+1} \tag{2-32}$$

을 2차식

$$p(x)=x^2-rx-s \tag{2-33}$$

로 나눈 몫을 $Q(x)$, 나머지를 $R(x)$라고 하면

$$f(x)=p(x)\times Q(x)+R(x) \tag{2-34}$$

가 된다. 여기서 미지의 계수 r, s를 구하면 함수 $f(x)$의 2차식 인수를 얻을 수 있다. 이제부터는 r, s를 구하는 절차에 대하여 알아보기로 한다.

이제 함수 $Q(x)$, $R(x)$를

$$Q(x)=b_1x^{n-2}+b_2x^{n-3}+\cdots+b_{n-2}x+b_{n-1} \tag{2-35}$$

$$R(x)=b_n\times(x-r)+b_{n+1} \tag{2-36}$$

이라 하자. 식 (2-35)와 식 (2-36)을 식(2-34)에 대입하고 전개시켜 보기로 한다. 먼저 식 (2-34)의 $p(x)\times Q(x)$를 계산하면

$$
\begin{array}{lllllll}
 & b_1 & b_2 & b_3 & \cdots & b_{n-1} & & \\
\times) & 1 & -r & -s & & & & \\
\hline
 & b_1 & b_2 & b_3 & \cdots & b_{n-1} & & \\
 & & -rb_1 & -rb_2 & \cdots & -rb_{n-2} & -rb_{n-1} & \\
 & & & -sb_1 & \cdots & -sb_{n-3} & -sb_{n-2} & -sb_{n-1} \\
\hline
 & b_1 & (b_2-rb_1) & (b_3-rb_2-sb_1) & \cdots & \cdots & (-rb_{n-1}-sb_{n-2}) & -sb_{n-1}
\end{array}
$$

이므로 식 (2-35), 식 (2-36)으로부터

$$
\begin{aligned}
f(x) &= p(x)Q(x)+R(x) \\
&= b_1x^n+(b_2-rb_1)x^{n-1}+\cdots+(b_n-rb_{n-1}-sb_{n-2})x+(b_{n+1}-rb_n-sb_{n-1})
\end{aligned}
$$

이 되며, 식 (2-32)의 양변을 계수비교를 하고 $b_i(i=1,2,...,n+1)$ 에 관하여 정리하면

$$
\begin{cases}
a_1=b_1 \\
a_2=b_2-r\cdot b_1 \\
a_3=b_3-r\cdot b_2-s\cdot b_1 \\
\cdots\ \cdots \\
a_n=b_n-r\cdot b_{n-1}-s\cdot b_{n-2} \\
a_{n+1}=b_{n+1}-r\cdot b_n-s\cdot b_{n-1}
\end{cases}
\rightarrow
\begin{cases}
b_1=a_1 \\
b_2=a_2+r\cdot b_1 \\
b_3=a_3+r\cdot b_2+s\cdot b_1 \\
\cdots\ \cdots \\
b_n=a_n+r\cdot b_{n-1}+s\cdot b_{n-2} \\
b_{n+1}=a_{n+1}+r\cdot b_n+s\cdot b_{n-1}
\end{cases}
\qquad (2\text{-}37)
$$

인 관계식이 얻어지므로 미지의 $b_i(i=1,2,3,...,n+1)$를 구할 수 있다.

b_i에 대하여 조립제법을 다시 적용시키면 $c_i(i=1,2,...,n)$의 값을 구할 수 있다. 그런데, 이상의 과정을 반복하여 계산할 필요 없이 다음과 같은 방법을 사용하면 미지의 $c_i(i=1,2,...,n)$을 구할 수 있다. 즉

$$
\begin{cases}
b_i \ \rightarrow \ c_i \\
a_i \ \rightarrow \ b_i
\end{cases}
\quad \text{모든 } i \text{ 에 대하여}
$$

로 치환하면 간단히 다음과 같은 새로운 반복식을 얻는다.

$$\begin{cases} c_1 = b_1 \\ c_2 = b_2 + r \cdot c_1 \\ c_3 = b_3 + r \cdot c_2 + s \cdot c_1 \\ \cdots \quad \cdots \\ c_n = b_n + r \cdot c_{n-1} + s \cdot c_{n-2} \\ c_{n+1} = b_{n+1} + r \cdot c_n + s \cdot c_{n-1} \end{cases} \tag{2-38}$$

식 (2-38)로부터

$$\begin{cases} b_n = c_n - r \cdot c_{n-1} - s \cdot c_{n-2} \\ b_{n+1} = c_{n+1} - r \cdot c_n - s \cdot c_{n-1} \end{cases}$$

인 관계식이 얻어진다.

식 (2-36)에서 나머지가 영이면, 즉 $b_n(x-r)+b_{n+1}=0$ 이면 항등식의 원리에 의하여 $b_n=0, b_{n+1}=0$ 이며 함수 $f(x)$는 2차식 $p(x)$의 인수를 갖게 된다. b_n, b_{n+1}은 (r,s)의 함수이며 근사해와 증분을 각각 (r',s'), (dr,ds)라 하자. 그러면

$$dr = r - r', \; ds = s - s' \tag{2-39}$$

이고, b_n, b_{n+1}을 (r,s)에 관하여 Taylor 급수전개하면

$$0 = b_n(r',s') = b_n(r-dr, s-ds) \tag{2-40}$$
$$\cong b_n(r,s) - \frac{\partial b_n}{\partial r}dr - \frac{\partial b_n}{\partial s}ds$$

$$0 = b_{n+1}(r',s') = b_{n+1}(r-dr, s-ds) \tag{2-41}$$
$$\cong b_{n+1}(r,s) - \frac{\partial b_{n+1}}{\partial r}dr - \frac{\partial b_{n+1}}{\partial s}ds$$

이다. 식 (2-38)에서 (r,s)로 편미분한 값을 식 (2-40)과 식 (2-41)에 대입하면

$$\begin{cases} 0 = b_n - c_{n-1}dr - c_{n-2}ds \\ 0 = b_{n+1} - c_n dr - c_{n-1}ds \end{cases} \quad (2\text{-}42)$$

가 된다. 따라서 이 연립방정식을 풀면

$$\begin{cases} dr = \dfrac{c_{n-1}b_n - c_{n-2}b_{n+1}}{c_n c_{n-2} - c_{n-1}^2} \\ \\ ds = \dfrac{c_{n-1}b_{n+1} - c_n b_n}{c_n c_{n-2} - c_{n-1}^2} \end{cases} \quad (2\text{-}43)$$

인 관계식을 얻을 수 있으므로, 반복식

$$r_{k+1} = r_k + dr \quad , \quad s_{k+1} = s_k + ds \quad (2\text{-}44)$$

로부터 수열 $\{(r_n, s_n) \mid n > 0\}$ 이 만들어진다. 이것은 일정한 값 r, s 로 수렴하므로 식 (2-33)의 $p(x)$가 얻어진다.

초기치 r_0, s_0는 다음과 같은 방법으로 구할 수 있지만, 임의의 값을 주고 계산하여도 방정식의 근은 동일하다.

$$r_0 = -\frac{a_n}{a_{n-1}}, \quad s_0 = -\frac{a_{n+1}}{a_{n-1}} \quad (2\text{-}45)$$

【예제 2-34】 $f(x) = x^5 - 4.5x^4 + 4.55x^3 + 2.675x^2 - 3.3x - 1.4375$ 을 Bairstow 방법으로 분해하라.

【해】 식 (2-45)로부터 계산된 초기치는

$$r_0 = -\frac{3.3}{2.675} = 1.233645, \quad s_0 = -\frac{-1.4375}{2.675} = 0.537383$$

이므로 조립제법을 사용하여 $b_i, c_i\,(i = 1,2,3,\ldots,n+1)$의 값을 계산하면

$a_i \rightarrow$	1	-4.5	4.55	2.675	-3.3	-1.4375
r_0 = 1.2336		1.2336	-4.0295	1.3050	2.7445	0.0161
s_0 = 0.5374			0.5374	-1.7553	0.5685	1.1955
$b_i \rightarrow$	1	-3.2664	1.0579	2.2247	0.0130	-0.2259
r_0 = 1.2336		1.2336	-2.5076	-1.1256	0.0084	
s_0 = 0.5374			0.5374	-1.0923	-0.4903	
$c_i \rightarrow$	1	-2.0327	-0.9124	0.0068	-0.4689	

이상의 결과를 정리하면 다음의 표 2-4를 얻게 된다. 이제 식 (2-43)으로부터 dr, ds를 계산하여 보자. $n=5$ 이며 1단계의 $b_i, c_i\,(i=1,2,3,\ldots,6)$의 값을 정리하면

표 2-4

i	$b(i)$	$c(i)$
1	1.000000	1.000000
2	-3.266355	-2.032710
3	1.057861	-0.912398
4	2.224740	0.006820
5	0.013016	-0.468877
6	-0.225904	-0.800667

따라서 식 (2-43)으로부터

$$dr = \frac{c_4 b_5 - c_3 b_6}{c_5 c_3 - c_4^2} = \frac{(0.0130)(0.0068)-(-0.2259)(-0.9124)}{(-0.4689)(-0.9124)-(0.0068)^2} = -0.481640$$

$$ds = \frac{c_4 b_6 - c_5 b_5}{c_5 c_3 - c_4^2} = \frac{(0.0068)(-0.2259)-(-0.4689)(0.0130)}{(-0.4689)(-0.9124)-(0.0068)^2} = 0.010666$$

가 얻어진다. 식 (2-44)에 따라 r_1, s_1을 계산하고

$$\begin{cases} r_1 = r_0 + dr = 0.75200 \\ s_1 = s_0 + ds = 0.54805 \end{cases}$$

정리하면 다음의 표 2-5를 얻는다.

표 2-5

dr	ds	r	s
-0.481644	0.010666	0.752001	0.548049

표 2-4, 표 2-5는 << 프로그램 2-12 >>를 실행시켜 얻을 수 있으며, 다음은 1단계의 결과만 출력한 것이다.

```
C:\WINDOWS\system32\cmd.exe

      1 단계
---------------------------
i       b(i)        c(i)
---------------------------
1    1.000000    1.000000
2   -3.266355   -2.032710
3    1.057861   -0.912398
4    2.224740    0.006820
5    0.013016   -0.468877
6   -0.225904   -0.800667
---------------------------

---------------------------------------------
    dr          ds          r           s
---------------------------------------------
-0.481644   0.010666    0.752001    0.548049
---------------------------------------------
```

그림 2-29 1단계 다항식의 계수와 r, s

이제 $r = 0.752, s = 0.5481$로 놓고 동일한 방법으로 조립제법을 쓰면

a_i -->	1	-4.5	4.55	2.675	-3.3	-1.4375
$r_0 = 0.7520$ |		0.7520	-2.8185	1.7142	1.7560	-0.2216
$s_0 = 0.5481$ |			0.5481	-2.0541	1.2493	1.2798
b_i -->	1	-3.7480	2.2795	2.3351	-0.2947	-0.3793
$r_0 = 0.7520$ |		0.7520	-2.2530	0.4321	0.8462	
$s_0 = 0.5481$ |			0.5481	-1.6420	0.3149	
c_i -->	1	-2.9960	0.5746	1.1253	0.8665	

이상의 결과를 정리하고 식 (2-43)을 이용하여 dr, ds를 계산하면

$$dr = \frac{(-0.2947)(1.1253)-(-0.3793)(0.5746)}{(0.8665)(0.5746)-(1.1253)^2} = 0.14788$$

$$ds = \frac{(-0.3793)(1.1253)-(-0.2947)(0.8665)}{(0.8665)(0.5746)-(1.1253)^2} = 0.22323$$

가 구해진다. 이 값들을 식 (2-44)에 대입하면

$$\begin{cases} r_2 = r_1 + dr = 0.89988 \\ s_2 = s_1 + ds = 0.77128 \end{cases}$$

를 얻는다. 이상의 결과를 요약하면 다음과 같다. 다음 그림은 2단계의 r,s를 계산한 것이다.

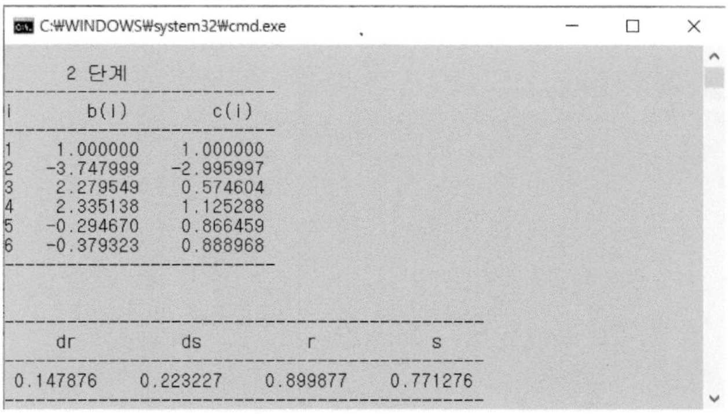

C:\WINDOWS\system32\cmd.exe

2 단계

i	b(i)	c(i)
1	1.000000	1.000000
2	-3.747999	-2.995997
3	2.279549	0.574604
4	2.335138	1.125288
5	-0.294670	0.866459
6	-0.379323	0.888968

dr	ds	r	s
0.147876	0.223227	0.899877	0.771276

그림 2-30 2단계에서의 다항식의 계수와 r , s

이러한 절차를 반복하면 11단계에서 r,s를 구할 수 있으며, $r = -1$, $s = -0.25$ 로 수렴함을 알 수 있다.

```
C:\WINDOWS\system32\cmd.exe
      11 단계
--------------------------
i       b(i)        c(i)
--------------------------
1    1.000000    1.000000
2   -5.500000   -6.500000
3    9.800000   16.050000
4   -5.750000  -20.175000
5    0.000000   16.162500
6    0.000000  -11.118750
--------------------------

------------------------------------------------
    dr          ds          r           s
------------------------------------------------
 0.000000    0.000000   -1.000000   -0.250000
------------------------------------------------
```

그림 2-30 11단계에서의 다항식의 계수와 r , s

따라서 식 (2-33)의 함수 $f(x)$는

$$p_1(x) = x^2 - (-1)x - (-0.25) = x^2 + x + 0.25 \qquad (2\text{-}46)$$

의 인수를 가지며, 근은 $x_1 = -0.5$, $x_2 = -0.5$ 이다.

```
C:\WINDOWS\system32\cmd.exe
주어진 함수는 몇차 다항식인가? 차수를 입력하시오 : 5
----------------------------------------------------
단계     dr          ds          r           s
----------------------------------------------------
  1  -0.481644    0.010666    0.752001    0.548049
  2   0.147876    0.223227    0.899877    0.771276
  3   0.523493    0.151259    1.423370    0.922534
  4  -0.082804   -0.764747    1.340565    0.157788
  5   0.607708    0.332458    1.948274    0.490246
  6  -2.804114   -0.650627   -0.855840   -0.160381
  7  -0.151443   -0.079073   -1.007283   -0.239454
  8   0.007662   -0.009906   -0.999620   -0.249360
  9  -0.000380   -0.000640   -1.000000   -0.250000
 10   0.000000    0.000000   -1.000000   -0.250000
 11   0.000000    0.000000   -1.000000   -0.250000
----------------------------------------------------
함수는 다음의 인수를 갖는다.
x**2 -(-1.000000)*x -(-0.250000) = 0
따라서 방정식의 근은 다음과 같다.
x1 = -0.500000      x2 = -0.500000

이것으로부터 Q(x)의 계수를 구해보면 다음과 같다.
  1.0000  -5.5000   9.8000  -5.7500
```

그림 2-31 다항식의 분해

그림에서 보듯이 Horner 알고리즘을 이용하여 계산한 $Q(x)$는 다음과 같다.[14)]

14) $Q(x)$는 주어진 $f(x)$를 $p_1(x)$로 나눈 몫이며, 하단에 $Q(x)$의 계수를 출력하였다.

$$Q(x) = x^3 - 5.5x^2 + 9.8x - 5.75 \tag{2-47}$$

이제 $Q(x)$ 를 $f(x)$ 로 놓고 다시 Bairstow 방법을 적용하여 보자. 식 (2-45)로부터 $r_0 = 1.781818$, $s_0 = -1.045454$ 이지만 반드시 이 값을 넣어야 하는 것은 아니다. 앞과 동일한 방법으로 계수 b_i , c_i 의 값을 구하면 다음과 같다.

```
C:\WINDOWS\system32\cmd.exe

      1 단계
--------------------------
i       b(i)        c(i)
--------------------------
1     1.000000    1.000000
2    -3.718182   -1.936364
3     2.129421   -2.366281
4     1.931432   -0.260470
```

그림 2-32 3차 다항식의 계수

식 (2-43)으로부터 계산된 dr, ds [15]는 $dr = 0.99002$, $ds = -0.21238$ 이므로 식 (2-44)로부터 $r_1 = r_0 + dr = 2.7718$, $s_1 = s_0 + ds = -1.2578$ 이 된다. 이러한 과정을 반복하면 다음과 같은 결과를 얻는다.

다음의 결과로부터 식 (2-47)의 $Q(x) = x^3 - 5.5x^2 + 9.8x - 5.75$ 는

$$p_2(x) = x^2 - (3)x - (-2.3) = x^2 - 3x + 2.3 \tag{2-48}$$

의 인수를 갖게 된다. 따라서 함수 $f(x)$는

$$f(x) = (x^2 + x + 0.25)(x^2 - 3x + 2.3)(x - 2.5)$$

로 분해되므로 함수의 근은 -0.5 , $1.5 \pm 0.2236i$, 2.5 [16] 가 된다. ■

15) 3차 다항식이므로 $n = 3$ 인 경우이다.
16) 5차 함수이므로 허근을 포함하여 모두 5개의 근을 갖아야 한다. 하지만 근의 개수가 4개인 것은 $x = -0.5$ 가 중근이기 때문이다. 여기서 $i = \sqrt{-1}$ 이다.

```
C:\WINDOWS\system32\cmd.exe
------------------------------------------------------------
함수는 다음의 인수를 갖는다.
x**2 -(-1.000000)*x -(-0.250000) = 0
따라서 방정식의 근은 다음과 같다.
x1 = -0.500000      x2 = -0.500000

이것으로부터 Q(x)의 계수를 구해보면 다음과 같다.
  1.0000  -5.5000   9.8000  -5.7500

------------------------------------------------------------
단계      dr          ds           r           s
------------------------------------------------------------
  1   0.990023   -0.212377    2.771841   -1.257832
  2   2.243038   -1.078125    5.014879   -2.335957
  3   0.444746   -7.045811    5.459625   -9.381768
  4  -0.598229    3.044154    4.861396   -6.337614
  5  -0.449044    1.538340    4.412352   -4.799273
  6  -0.316615    0.851010    4.095737   -3.948263
  7  -0.946690    2.447746    3.149047   -1.500517
  8   0.090709   -0.968616    3.239756   -2.469133
  9  -0.609631    0.588913    2.630125   -1.880220
 10   0.324401   -0.293875    2.954525   -2.174095
 11   0.050581   -0.125926    3.005106   -2.300021
 12  -0.005182    0.000086    2.999924   -2.299935
 13   0.000076   -0.000065    3.000000   -2.300000
 14   0.000000   -0.000000    3.000000   -2.300000
 15   0.000000   -0.000000    3.000000   -2.300000
------------------------------------------------------------
함수는 다음의 인수를 갖는다.
x**2 -(3.000000)*x -(-2.300000) = 0
따라서 방정식의 근은 다음과 같다.
x1 = 1.500000 + I* 0.223607      x2 = 1.500000 - I* 0.223607

이것으로부터 Q(x)의 계수를 구해보면 다음과 같다.
  1.0000  -2.5000
```

그림 2-33 방정식의 모든 근

【예제 2-35】 $f(x) = x^6 - 21x^5 + 175x^4 - 735x^3 + 1624.5x^2 - 1764x + 720$ 을 2차식의 곱으로 분해하라.
【해】 다음의 그림 2-34 에서 보는 바와 같이 $r = 6.7346,\ s = -5.7547$ 에 각각 수렴하므로 함수 $f(x)$는 다음과 같은 2차식의 인수를 갖는다.

$$p_1(x) = x^2 - 6.7346x + 5.7547 \qquad (2\text{-}49)$$

$f(x)$를 $p_1(x)$로 나눈 몫 $Q_1(x)$는 Horner 알고리즘으로부터

$$Q_1(x) = x^4 - 14.2654x^3 + 73.1737x^2 - 160.1130x + 125.1161$$

가 된다.[17)]

17) 그림 2-34 의 하단에 계수가 출력되어 있다.

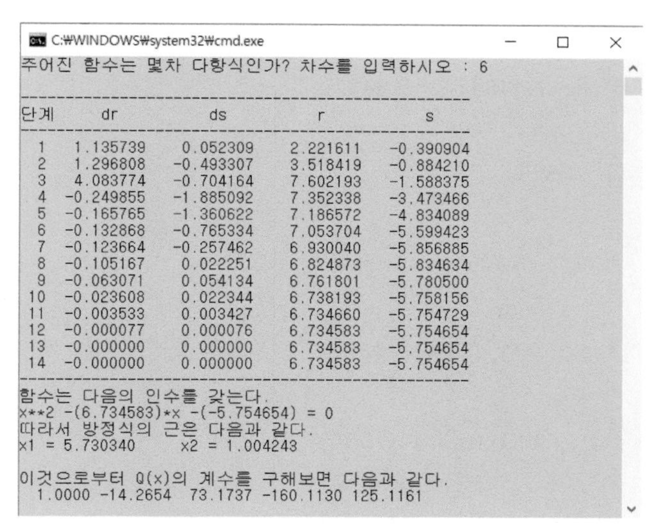

```
C:\WINDOWS\system32\cmd.exe
주어진 함수는 몇차 다항식인가? 차수를 입력하시오 : 6
---------------------------------------------------------
단계     dr            ds            r            s
---------------------------------------------------------
  1   1.135739    0.052309     2.221611    -0.390904
  2   1.296808   -0.493307     3.518419    -0.884210
  3   4.083774   -0.704164     7.602193    -1.588375
  4  -0.249855   -1.885092     7.352338    -3.473466
  5  -0.165765   -1.360622     7.186572    -4.834089
  6  -0.132868   -0.765334     7.053704    -5.599423
  7  -0.123664   -0.257462     6.930040    -5.856885
  8  -0.105167    0.022251     6.824873    -5.834634
  9  -0.063071    0.054134     6.761801    -5.780500
 10  -0.023608    0.022344     6.738193    -5.758156
 11  -0.003533    0.003427     6.734660    -5.754729
 12  -0.000077    0.000076     6.734583    -5.754654
 13  -0.000000    0.000000     6.734583    -5.754654
 14  -0.000000    0.000000     6.734583    -5.754654
---------------------------------------------------------
함수는 다음의 인수를 갖는다.
x**2 -(6.734583)*x -(-5.754654) = 0
따라서 방정식의 근은 다음과 같다.
x1 = 5.730340      x2 = 1.004243

이것으로부터 Q(x)의 계수를 구해보면 다음과 같다.
  1.0000 -14.2654  73.1737 -160.1130 125.1161
```

그림 2-34 6차 다항식에서 2차 다항식 추출

$Q_1(x)$ 에 다시 Bairstow 공식을 적용하여 r,s 를 구하여 보면 그림 2-35 에서 보듯이 $r = 7.449444$, $s = -10.645088$ 로 수렴한다.

```
C:\WINDOWS\system32\cmd.exe
---------------------------------------------------------
단계     dr            ds            r            s
---------------------------------------------------------
  1   1.846776   -0.087111     4.034899    -1.796961
  2   3.650762   -1.328918     7.685661    -3.125879
  3  -0.238223   -3.830324     7.447438    -6.956203
  4  -0.074805   -2.104920     7.372633    -9.061123
  5   0.020379   -1.079639     7.393012   -10.140762
  6   0.044938   -0.433910     7.437950   -10.574672
  7   0.011250   -0.069014     7.449200   -10.643685
  8   0.000244   -0.001402     7.449444   -10.645087
  9   0.000000   -0.000001     7.449444   -10.645088
 10   0.000000   -0.000000     7.449444   -10.645088
---------------------------------------------------------
함수는 다음의 인수를 갖는다.
x**2 -(7.449444)*x -(-10.645088) = 0
따라서 방정식의 근은 다음과 같다.
x1 = 5.521515      x2 = 1.927929

이것으로부터 Q(x)의 계수를 구해보면 다음과 같다.
  1.0000  -6.8160  11.7534
```

그림 2-35 4차 다항식에서 2차 다항식 추출

따라서 함수 $Q_1(x)$는

$$p_2(x) = x^2 - 7.4494x + 10.645 \tag{2-50}$$

의 인수도 갖는다. 따라서

$$Q_1(x) = (x^2 - 7.4494x + 10.645) \times p_3(x)$$

이다. 그런데 $p_3(x)$는 2차식이며 Horner의 알고리즘을 이용하여 계산해보면

$$p_3(x) = x^2 - 6.8160x + 11.7534 \tag{2-51}$$

따라서 $f(x)$는 다음과 같이 세 개의 2차식으로 분해된다.

$$\begin{aligned} f(x) &= x^6 - 21x^5 + 175x^4 - 735x^3 + 1624.5x^2 - 1764x + 720 \\ &= (x^2 - 6.7346x + 5.7547) \times (x^2 - 7.4494x + 10.645) \times (x^2 - 6.8160x + 11.7534) \end{aligned}$$

♣ 연습문제 ♣

1. 다음 방정식을 $(x-c)$로 나누었을 때의 몫과 나머지를 구하여라.
   (1) $2x^5-2x^3+x-4=0\ , c=2$
   (2) $x^4-5x-7=0,\ c=-1$
   (3) $4x^3-3x^2+2x+3=0,\ c=1$
   (4) $2x^4-3x^2+x-4\ ,\quad c=1$

2. Birge - Vieta 방법으로 다음 방정식의 해를 구하여라. 단, $x_0=2.3$ 이다.
   (1) $x^2-5=0$　　(2) $x^3-5=0$
   (3) $x^3-10x-4=0$　　(4) $x^4-10x^3+35x^2-50x+24=0$

3. Bairstow의 방법을 사용하여 다음의 초기치로 $f(x)=x^3-14x^2-6$ 의 근을 2 단계까지 구하여라.
   (1) $r_0=1\ , s_0=2$　　(2) $r_0=-3.5\ , s_0=1.4$

4. 다음 방정식을 2차식의 곱으로 나타내라. 초기치는 $r_0=1.5$, $s_0=2.7$로 하라.
   (1) $x^4-1.1x^3+2.2x^2-3x-4.2=0$
   (2) $x^5+x^4-14x^3+22x^2-13x+2=0$
   (3) $x^6-4x^2-3x-2=0$

5. Bairstow의 방법으로 다음 방정식의 모든 근을 구하여라.
   (1) $x^4-3x^3-2x^2+12x-8=0$
   (2) $x^5-6x^3+12x^2-19x-12=0$
   (3) $x^6-5x^5-12x+1=0$

프로그램 모음

<< 프로그램 2-1 : 실수의 제곱근 구하기 >>

```
#include "stdafx.h"
#include "stdio.h"
#include "math.h"
#include "stdlib.h"
int main( )
    float a, x;
    int    n;
    printf("\n");
    printf("초기치(x)와 제곱근을 구하려는 수(a)를 입력하시오.\n");
    scanf("%f %f", &x, &a);
    printf("\n--------------------\n");
    printf("  n          x(n)\n");
    printf("--------------------\n");
    for(n=1;n<=10;n++){
    x=0.5*(x+a/x);
    printf("%3d      %f\n",n,x);}
    printf("--------------------\n");
}
```

<< 프로그램 2-2 : sin(x)의 마크러린 급수전개 >>

```
#include "stdafx.h"
#include "stdio.h"
#include "math.h"
#include "stdlib.h"
float fac(int n)
{
    int i ; float  fa=1;
    for(i=1;i<=n;i=i+1)
       fa=fa*i;
    return(fa);
}
int main( )
{
    float x, f=0 ;
    int i, j=-1, y;
    printf("\n    sin(x)의 마크러린 series expansion    ") ;
    printf("\n  --------------------------------------\n") ;
```

```
    printf("\n    라디안 값 x를 입력하시오 : ") ;
    scanf("%f",&x);
    y = x / ( 2*4*atan(1.) ) ; // x를 2pi로 나눈값
    x = x - y*( 2*4*atan(1.) ) ;
    for(i=1;i<=33;i+=2)
    {
        j=-j;
        f=f+j*pow(x,i)/fac(i);
    }
    printf("\n    sin(%f) = %f\n\n",x, f);
}
```

<< 프로그램 2-3 : $\log(x+1)$ 의 테일러 전개 >>

```
#include "stdafx.h"
#include "stdio.h"
#include "math.h"
#include "stdlib.h"
int main( )
{
    double x, y, f=0 ;
    int i, j=-1, n, k ;
    printf("로그함수의 진수를 입력하라 : ") ;
    scanf("%lf", &x) ;
    for(n=0; n<=100; n++)
    {
          k = (x+1) / exp( (float)n ) ;
          if ( k < 1 ) break ;
    }
    n = n-1 ;
    y =  x/exp( (float)n ) ;
    printf("\n") ;
    printf("밑변환 공식 사용 후의 진수 = %f \n", y) ;
    if( y>=2 ) { n=n+1; y=x/exp( (float)n ); y=y-1; }
    else y = y-1 ;
    for(i=1;i<=1000;i++)
    {
          j = -j ;
          f = f + j*pow(y,i)/i ;
    }
    printf("\n") ;
    printf("마크로린 : log( %10.5lf) = %15.10lf\n", x, n+f) ;
```

```
    printf("참값 = %15.10lf \n", log(x)) ;
}
```

<< 프로그램 2-4 : $f(x)=\frac{3}{4}x+5$ 의 고정점 반복법 >>

```
#include "stdafx.h"
#include "stdio.h"
#include "math.h"
#include "stdlib.h"
float f(float x) { return (3*x/4 + 5); }
int main()
{
int i;
float x;
    printf("\n");
    printf("초기치를 입력하시오 : ");
    scanf("%f",&x);
    printf("\n");
    printf("---------------------\n");
    printf("    n         x(n)\n");
    printf("---------------------\n");
    for(i=1;i<=15;i++){
       x=f(x)  ;
       printf("%5d  %10.6f\n",i,x);
       }
    printf("---------------------\n\n");
}
```

<< 프로그램 2-5 : 2분법 >>

```
#include "stdafx.h"
#include "stdio.h"
#include "math.h"
#include "stdlib.h"
float f(float x) { return (pow(x,3)-9*x +1); }
int main()
{
float fa, fb, fab, fc, fac, a, b, c, x;
```

```
int i;
    printf("\n");
    printf("구간 [a,b] 값을 입력하시오 : ");
    scanf("%f %f",&a,&b);
    printf("\n");
    printf("-------------------------------------\n");
    printf("   n          a     (a+b)/2            b  \n");
    printf("-------------------------------------\n");
    for(i=1;i<=20;i++){
        c=(a+b)/2;
        printf(" %3d   %8.5f     %8.5f     %8.5f\n",i,a,c,b);
        fa=f(a);
        fb=f(b);
        fc=f(c);
        fac=fa*fc;
        if(fac<0) b=c;       if(fac>0) a=c;
        }
    printf("-------------------------------------\n\n");
}
```

<< 프로그램 2-6 : 정할법 >>

```
#include "stdafx.h"
#include "stdio.h"
#include "math.h"
#include "stdlib.h"
float f(float x) { return ( x*x - 5 ); }
int main()
{
float x1, x2, x3, y1, y2;
int i;
    printf("\n");
    printf("초기치 X1 , X2 를 입력하시오 : ");
    scanf("%f %f",&x1,&x2);
    printf("\n");
    printf("       정 할 법 \n");
    printf("-----------------\n");
    printf(" 반복            X \n");
    printf("-----------------\n");
        for(i=1;i<20;i=i+1){
            y1=f(x1);
            y2=f(x2);
            x3=x1-y1*(x2-x1)/(y2-y1);
```

```
            x1=x2;
            x2=x3;
            printf("%4d     %f\n",i,x2);
            if( fabs(x1-x2) < 1e-6) break;
        }
    printf("-----------------\n\n");
}
```

```
<<프로그램 2-7 : Regula - Falsi 법 >>
#include "stdafx.h"
#include "stdio.h"
#include "math.h"
#include "stdlib.h"
float f(float x) { return (pow(x,3)-9*x +1); }
int main()
{
float x1, x2, x3, y1, y2, y3;
int i;
    printf("\n");
    printf("초기치 X1 , X2 를 입력하시오 : ");
    scanf("%f %f",&x1,&x2);
    printf("\n");
    printf("  Regula - Falsi \n");
    printf("-----------------\n");
    printf(" 반복           X \n");
    printf("-----------------\n");
        for(i=1;i<=10;i=i+1){
            y1=f(x1);
            y2=f(x2);
            x3=(x1*y2 - x2*y1)/(y2-y1);
            y3=f(x3);
            if(y1*y3 <= 0) x2=x3;
            else  x1=x3;
            printf("%4d     %f\n",i,x2);
            if(x1==x3) break;
        }
    printf("-----------------\n\n");
}
```

<< 프로그램 2-8 : Newton - Raphson 방법 >>

```
#include "stdafx.h"
#include "stdio.h"
#include "math.h"
#include "stdlib.h"
float f(float t) { return ( pow(t,3) - 2 ) ; }
float df(float t) { return ( 3*pow(t,2) ) ; }
int main()
{
    float x, x0, x1;
    int i;
    printf("\n");
    printf("초기치를 입력하시오 : ");
    scanf("%f",&x0);
    printf("\n");
    printf("  Newton-Raphson 방법 \n");
    printf(" ----------------------\n") ;
    printf("    i           x(i)  \n") ;
    printf(" ----------------------\n") ;
    for(i=1;i<=10;i=i+1){
        x1 = x0 - f(x0)/df(x0);
        x = fabs(x1-x0);
        if(df(x0)==0 || x < 1e-7) break;
        x0 = x1;
    printf(" %4d        %f\n",i, x1);
    }
    printf(" ----------------------\n\n") ;
}
```

<< 프로그램 2-9 >> 다항식의 나눗셈

```
#include "stdafx.h"
#include "stdio.h"
#include "math.h"
#include "stdlib.h"
int main()
{
    float a[10], b[10], c ;
    int i, n ;
    printf("몇 차 다항식인가? ") ;
    scanf("%d", &n) ;
    printf("%d차 다항식의 계수를 입력하라 : ", n) ;
```

```
    for(i=1; i<=n; i++)
        scanf("%f", &a[i]) ;
    printf("다항식 : ") ;
    for(i=1; i<=n; i++)
        printf("+ (%.2f)*x**%d ", a[i], n-i) ;
    printf("\n") ;
    printf("(x-c)의 c 값을 입력하라 : ") ;
    scanf("%f", &c) ;
    printf("나눌 다항식 : (x - %.2f) \n", c) ;
    b[0]=0 ;
    for(i=1; i<=n; i++)
        b[i] = a[i] + c * b[i-1] ;
    printf("  몫   : ") ;
    for(i=1; i<=n-1; i++)
    printf("+ (%.2f)*x**%d ", b[i], n-i-1) ;
    printf("\n") ;
    printf("나머지 : %f \n", b[n]) ;
}
```

<< 프로그램 2-10 : Horner 알고리즘 >>

```
#include "stdafx.h"
#include "stdio.h"
#include "math.h"
#include "stdlib.h"
int main()
{
    float a[100], b[100], c;
    int i, n;
    printf("\n주어진 다항식은 몇차식인가?            ");
    scanf("%d",&n);
    printf("(x - c)에서 상수 c의 값을 입력하시오 : ");
    scanf("%f",&c);
    printf("\n%d차 다항식의 계수를 입력하시오 : ", n);
    n=n+1;
       for(i=1;i<=n;i=i+1)
           scanf("%f",&a[i]);
       printf("\n");
           b[1]=a[1];
       for(i=2;i<=n;i=i+1)
           b[i]=a[i]+c*b[i-1];
```

```
    printf("----------------------------------------\n");
    for(i=1;i<=n;i=i+1)
        printf("a(%d) = %10.6f       b(%d) = %10.6f\n", i, a[i], i, b[i]);
    printf("----------------------------------------\n\n");
}
```

<< 프로그램 2-11 : Birge - Vieta 방법 >>

```
#include "stdafx.h"
#include "stdio.h"
#include "math.h"
#include "stdlib.h"
int main()
{
    float a[100],b[100],c[100],d,r,x;
    int i,j,n;
    printf("\n");
    printf("다항식은 몇차식인가?   ");
    scanf("%d",&n);
    printf("초기치는 얼마인가?      ");
    scanf("%f",&d);
    n=n+1;
    printf("다항식의 계수를 입력하시오 : ");
    for(i=1;i<=n;i=i+1)
        scanf("%f",&a[i]);
    printf("\n");
    printf("------------------------------------------------------------\n");
    printf(" 반복           R1            R2          R1/R2              X\n");
    printf("------------------------------------------------------------\n");
    b[1]=a[1];
    for(j=1;j<=30;j=j+1)
    {
        for(i=2;i<=n;i=i+1)
            b[i]=a[i]+d*b[i-1];
        c[1]=b[1];
        for(i=2;i<=n;i=i+1)
            c[i]=b[i]+d*c[i-1];
        r=b[n]/c[n-1];
        d=d-r;
    if( j%5==0 ) { printf("%3d   %10.5f   %10.5f    ", j, b[n], c[n-1]);
                   printf("%10.5f    %10.5f\n",  r, d); }
    if(-0.000001<r && r<0.000001) break;
```

```
    }
    printf("------------------------------------------------------\n\n");
}
```

<< 프로그램 2-12 : Bairstow 방법 >>

```
#include "stdafx.h"
#include "stdio.h"
#include "math.h"
#include "stdlib.h"

double calc1(double a[30], double b[30], double c[30], double *root, double
*r, double *s, int n, int k);
void calc2(double a[30], double r, double s);
void calc3(double a[30], double b[30], double c[30], double *r, double *s,
int *n);
double a[30], b[30], c[30], fa[30], remin, root, r, s ;
int main( )
{
          double high, x[100] ; int  i, j, k=0, n, nn ;
//        double a[] = { 0, 1, 2, 3 } ;
//        double a[] = { 0, 1, 0, -1, 1 } ;
//        double a[] = { 0, 1, -6, 11,-6, 0 } ;
//        double a[] = { 0, 1, -4.5, 4.55, 2.675, -3.3, -1.4375 } ;
          double a[] = { 0, 1, -21, 175, -735, 1624.5, -1764, 720 } ;
     printf("주어진 함수는 몇차 다항식인가? 차수를 입력하시오 : ");
     scanf("%d", &n);
     nn = n ;
     n=n+1;
     high = a[1];
          printf("\n") ;
     for(i=1; i<=n; i++)
          a[i]=a[i]/high;
n20: if( n<=2 ) goto n40 ;
     calc1(a, b, c, &root, &r, &s, n, k) ;
          printf("함수는 다음의 인수를 갖는다. \n") ;
          printf("x**2 -(%f)*x -(%f) = 0 \n", r, s) ;
          printf("따라서 방정식의 근은 다음과 같다. \n") ;
     x[n-1] = root ;
     calc2(a,r,s);
     if( n < 1  ) goto n40 ;
     calc3(a, b, c, &r, &s, &n);
```

```
        printf("이것으로부터 Q(x)의 계수를 구해보면 다음과 같다. \n") ;
        for(i=1; i<=n; i++)
            printf("%8.4f ", a[i]) ;
        printf("\n\n") ;
    if(n==2) printf("x = %f \n",  x[nn]) ;
    goto n20 ;
n40: ;
}

double calc1(double a[30], double b[30], double c[30], double *root, double
*r, double *s, int n, int k)
{
    double remin, dr, ds, det;
    int i, j, nn=0;
    printf("-----------------------------------------------------\n") ;
    printf("단계      dr           ds           r           s\n") ;
    printf("-----------------------------------------------------\n") ;
    remin=1;
    *root=remin;
    for(j=1 ; j<=30; j++)
    {
        b[1]=a[1];
        c[1]=b[1];
        for(i=2; i<=n; i++)
        {
            b[i]=a[i]+ *root*b[i-1];
            c[i]=b[i]+ *root*c[i-1];
        }
        if( c[n-1] == 0.0) goto n20;
        remin=b[n]/c[n-1];
        *root = *root- remin;
n20: if( fabs(remin) <= 1.e-10) goto n30;
    }
n30: if( fabs(*root) <= 1.e-10) *root=0 ;
    b[1]=a[1];
    c[1]=b[1];
    *r = - a[n-1]/a[n-2] ;
    *s = - a[n]/a[n-2] ;
n10: j=0; k++;
    b[2]=a[2]+b[1]* *r;
    c[2]=b[2]+c[1]* *r;
/*  printf("단계별로 조립제법 출력하기 \n") ;
    printf("      %d 단계\n", k) ;
    printf("-------------------------\n") ;
```

```
      printf("i          b(i)           c(i)\n") ;
      printf("--------------------------\n") ;
      printf("1    %9.6f    %9.6f\n", b[1], c[1]) ;
      printf("2    %9.6f    %9.6f\n", b[2], c[2]) ;
*/
      for(i=3; i<=n; i++)
      {
         b[i]=a[i]+*r*b[i-1]+*s*b[i-2];
         c[i]=b[i]+*r*c[i-1]+*s*c[i-2];
//       printf("%d    %9.6f    %9.6f\n", i, b[i], c[i] ) ;
      }
//    printf("--------------------------\n") ;
//    printf("\n\n") ;
      det=c[n-1]*c[n-3]-c[n-2]*c[n-2];
      dr=(b[n-1]*c[n-2]-b[n]*c[n-3])/det;
      ds=(b[n]*c[n-2]-b[n-1]*c[n-1])/det;
      *r=*r+dr;
      *s=*s+ds;
      printf("%3d  %9.6f    %9.6f    %9.6f    %9.6f\n", k, dr, ds, *r, *s) ;
//    printf("\n\n") ;
      j=j+1;
      fa[j]=*r;
      if( fabs(dr) <= 1.e-10  &&  fabs(ds) <= 1.e-10 ) goto n50;
      if( fabs(fa[j+1]-fa[j]) <= 1.e-10 ) goto n50;
      goto n10;
n50:
      if( fabs(*r) <= 0.000001) *r=0;
      if( fabs(*s) <= 0.000001) *s=0;
      printf("-----------------------------------------------------\n") ;
      return 0 ;
}

void calc2(double a[30], double r, double s)
{
    double  ei, b, c, disc, x, x1, x2, real, himage;
    ei=a[1];
    b=-r/a[1];
    c=-s/a[1];
    disc=b*b-4*ei*c;
    if( disc < 0 ) goto n30;
    else if( disc == 0) goto n20;
    else
       {
       x1=(-b+sqrt(disc))/(2*ei);
```

```
        x2=(-b-sqrt(disc))/(2*ei);
        printf("x1 = %f      ", x1);
        printf("x2 = %f\n", x2);
        goto n80;
        }
n20: x=-b/(2*ei);
     printf("x1 = %f      ", x); printf("x2 = %f\n", x);
     goto n80;
n30: himage=sqrt(-disc)/(2*ei);
     real=-b/(2*ei);
     printf("x1 = %f + i* %f      ", real,himage);
     printf("x2 = %f - i* %f\n", real,himage);
n80: printf("\n");
}

void calc3(double a[30], double b[30], double c[30], double *r, double *s,
int *n)
{
    int i, nn;
    nn=*n;
    for(i=2; i<=nn; i++)
    {
        b[i]= a[i]+ *r *b[i-1]+ *s *b[i-2];
        c[i]= b[i]+ *r *c[i-1]+ *s *c[i-2];
    }
    for(i=1; i<=nn; i++){
        a[i]=b[i];
        b[i]=0.;
    }
    *n=nn-2;
}
```

부 록

-1을 복소수 평면의 값으로 나타내면 -1=-1+0i 이고 복소수평면에 표시한다면 좌표는 (-1,0)이 된다. 오일러의 공식에 의해

$$-1 = e^{i\pi} = \cos\pi + i\sin\pi$$

의 관계식이 성립하며 양변에 x회 거듭제곱을 하면

$$(-1)^x = e^{i\pi x} = \cos x\pi + i\sin x\pi$$

이 식은 복소수평면에서 원점으로부터 길이가 1이며 각도가 $x\pi$인 위치의 점을 의미한다. 만일 $x = \frac{1}{3}$이라고 하면

$$(-1)^{\frac{1}{3}} = \cos\frac{\pi}{3} + i\sin\frac{\pi}{3} = 0.5 + \frac{\sqrt{3}}{2}i$$

이다.

다음은 (-5,5) 사이의 값에 대하여 $\sqrt[3]{x}$의 값을 계산하는 프로그램이다.

```
import matplotlib.pyplot as plt
import numpy as np
for i in range(-5,5) :
    print(i, (i)**(1/3) )
```

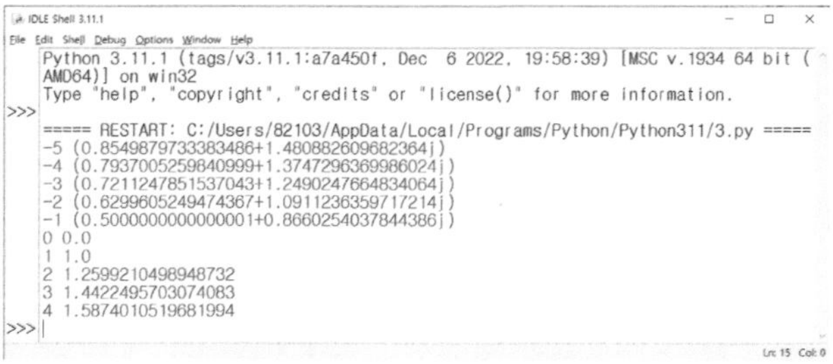

```
IDLE Shell 3.11.1
File Edit Shell Debug Options Window Help
Python 3.11.1 (tags/v3.11.1:a7a450f, Dec  6 2022, 19:58:39) [MSC v.1934 64 bit (
AMD64)] on win32
Type "help", "copyright", "credits" or "license()" for more information.
>>>
===== RESTART: C:/Users/82103/AppData/Local/Programs/Python/Python311/3.py =====
-5 (0.8549879733383486+1.480882609682364j)
-4 (0.7937005259840999+1.3747296369986024j)
-3 (0.7211247851537043+1.2490247664834064j)
-2 (0.6299605249474367+1.0911236359717214j)
-1 (0.5000000000000001+0.8660254037844386j)
0 0.0
1 1.0
2 1.2599210498948732
3 1.4422495703074083
4 1.5874010519681994
>>>
Ln: 15 Col: 0
```

제3장 보간법

학습목표

· 보간법의 기본 개념을 학습한다.
· 독립변수의 간격이 일정한 경우의 보간법에 대해 학습한다.
  - 직선의 식을 이용하기
  - 다항식에 의한 보간법
  - Newton의 전향계차 보간법
  - Newton의 후향계차 보간법
· 독립변수의 간격이 일정하지 않은 경우의 보간법에 대해 학습한다.
  - Aitken 보간법
  - Lagrange 보간법
  - 체비셰프 보간법

제1절 보간법이란 무엇인가?

$\sqrt{2}=1.414$이고 $\sqrt{3}=1.732$라고 할 때 $\sqrt{2.5}$의 값은 어떻게 구할 수 있을까? 구간 $[1.5 . 3.5]$에서 함수 $f(x)=\sqrt{x}$의 그래프를 그렸더니 직선처럼 보이는 것을 확인할 수 있다.[1] 따라서 $\sqrt{2.5}$의 값은 대략

$$1.414+\frac{1.732-1.414}{2}=1.573$$ [2]

이다. 이것은 두 점만 존재하므로 가장 단순한 형태의 보간법이라 할 수 있다.

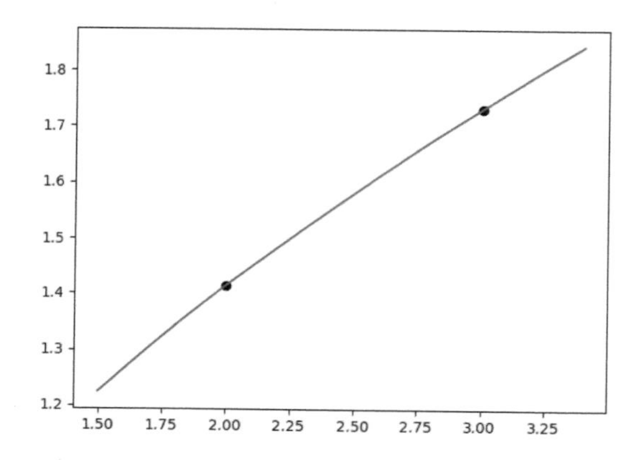

그림 3-1 구간 $[1.5 . 3.5]$ 에서의 $\sqrt{x}$ 의 그래프

```
import matplotlib.pyplot as plt
import numpy as np
x = np.arange(1.5, 3.5, 0.1)
y = x**(0.5)
plt.scatter(2, 2**0.5, color="black")
plt.scatter(3, 3**0.5, color="black")
plt.plot(x,y)
plt.show()
```

1) 실제는 곡선이다.

2) $\sqrt{2.5}=1.58114$ 이므로 보간법으로 계산된 값과는 약간의 차이가 있음을 알 수 있다.

이상의 예제를 일반화하여보자. 평면좌표 위에 몇 개의 좌표점이 주어져 있을 때, 이러한 점들을 지나는 함수를 구한다거나 혹은 임의의 x에 대한 y값을 찾는 방법을 보간법(interpolation)이라 한다.

다음과 같이 다섯 개의 좌표점이 주어졌다고 하자. $x=4$일 때의 y값은 어떻게 구할 수 있는가?

표 3-1

x	0	1	2	3	5
y	4	5	7	9	27

이 예제를 해결하는 가장 간단한 방법은 그래프를 이용하는 것이다. 다음의 그림처럼 다섯 개의 좌표점을 표시하고 매끄러운 곡선으로 연결함으로써 $x=4$에서의 근사 값을 구할 수 있다.[3)]

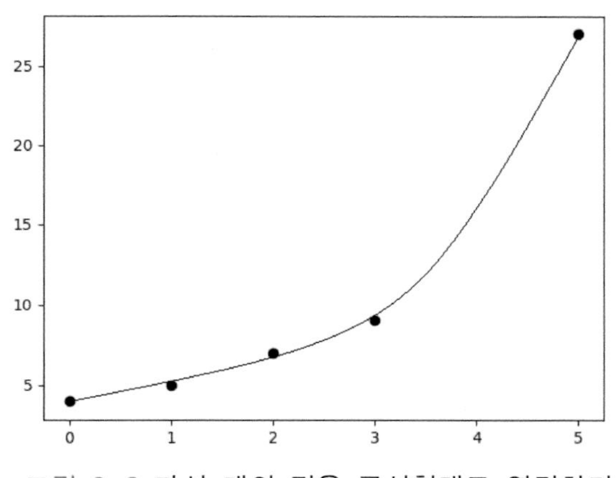

그림 3-2 다섯 개의 점을 곡선형태로 연결하기

주어진 좌표점을 지나는 함수는 다항식, 회귀함수(regression function), 스플라인 함수(spline function) 또는 후리에 급수(Fourier series) 등으로 나타낼 수 있지만, 이 중에서도 다항식 보간법(polynomial interpolation)이 가장

3) 매끄러운 곡선을 스플라인 곡선이라고 부른다. 따라서 두 점 (3,9) , (5,27)을 직선으로 연결하여 값을 구하는 것은 바람직하지 않다.

널리 쓰이는 방법이다. 자료의 개수가 적을 때는 주어진 좌표점을 이용하여 함수를 적합(fitting)시킬 수 있다. 하지만 자료의 수가 많을 때는 적합 시키는 함수를 구하는 것은 불가능하다.

제3장에서는 다항식 보간법, 회귀함수를 이용한 보간법에 관하여 논하고 그에 대한 응용문제도 다루어 보기로 한다.

보간법은 독립변수가 등간격인 경우와 등간격이 아닌 경우의 두 가지 방법으로 구분된다.

제2절 독립변수가 등간격일 때의 보간법

1. 선형보간법(linear interpolation)

임의의 두 점 $P_0(x_0, y_0), P_1(x_1, y_1)$을 지나는 직선의 식은 다음과 같다.

$$y = y_0 + \frac{y_1 - y_0}{x_1 - x_0}(x - x_0) \tag{3-1}$$

이 식을 y_0, y_1 에 관하여 정리하면

$$y = y_0\left(\frac{x - x_1}{x_0 - x_1}\right) + y_1\left(\frac{x - x_0}{x_1 - x_0}\right) \tag{3-2}$$ [4]

이 된다. 식 (3-1)은 임의의 x 에 대한 y 의 값을 제공하며, 이러한 방식으로 값을 구하는 방법을 선형보간법이라고 부른다.

선형보간법은 자료가 여러 개인 경우 또는 독립변수의 간격이 넓은 경우에 사용하는 데는 무리가 있다. 하지만 계산이 단순하므로 쉽게 이용할 수 있는 방법이다.

---

4) 이와 같이 식을 변형한 것은 다음 절에서 사용될 Lagrange 보간다항식의 표현법을 따른 것이다.

【예제 3-1】 함수 값의 자료가 다음과 같이 주어져 있다. 선형보간법으로 $f(0.48)$ 의 값을 구하여라.

x	0.4	0.5
$f(x) = \sin(x)$	0.38942	0.47943

【해】 식 (3-2)를 사용하여 계산하여 보면

$$f(0.48) = 0.38942(\frac{0.48-0.5}{0.4-0.5}) + 0.47943(\frac{0.48-0.4}{0.5-0.4}) = 0.46143 \blacksquare$$

실제 값은 $\sin(0.48) = 0.461779$ 이며 약간의 오차가 발생하였음을 알 수 있다.5)

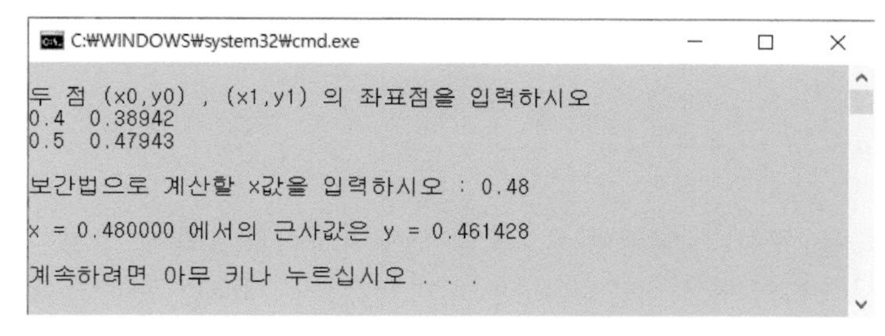

그림 3-3 **선형보간법**

5) 예제의 자료는 d:/py1.txt 에 저장되어 있고, 이를 보간법으로 처리하는 파이썬프로그램은 다음과 같다.

```
import numpy as np
import matplotlib.pyplot as plt
from scipy import interpolate
data = np.loadtxt("d:/py1.txt", dtype = np.float32)
x = data[:,0] #첫째 열 자료
y = data[:,1] #둘째 열 자료
f1 = interpolate.interp1d(x, y)
print( f1(0.48) )
```

2. 다항식에 의한 보간법

주어진 좌표점이 세 개이면 2차 함수로 간주하여 방정식을 계산하는 것이 타당하다. 이제 다음과 같이 $(n+1)$개의 점이 주어져 있다고 하자.

표 3-2

x	x_0	x_1	x_2	$\cdots$	x_n
y	y_0	y_1	y_2	$\cdots$	y_n

기존의 방식으로 $(n+1)$개의 점을 지나는 n차 다항식을 구하기 위해 연립방정식을 만들면 n이 클수록 계산 량이 급격히 늘어난다. 예를 들어, 3개의 점 $(-1,1)$, $(1,1)$, $(2,4)$를 지나는 다항식을 $y=ax^2+bx+c$라고 하면 다음과 같은 3원1차 연립방정식을 풀어야 한다.

$$\begin{cases} a - b + c = 1 \\ a + b + c = 1 \\ 4a + 2b + c = 4 \end{cases}$$

계수 a,b,c를 구하기 위해서는 2회의 연립방정식과 1회의 방정식을 풀어야 한다. 따라서 3회의 방정식을 풀어야 하며 각각의 계수를 구하기 위해 2회의 연산도 필요하다.

$(n+1)$개의 점을 지나는 n차 다항식을 풀기 위해서는 $\frac{n(n-1)}{2}$회의 연립방정식을 풀어야 하며, 이 외에도 $(n-1)$ 회의 계산을 별도로 해야 한다. 하지만 $(n+1)$개의 점들을 지나는 함수 $y=f(x)$를 다음과 같이 표시하면 계산량이 줄어들고 계산 또한 수월하다.

$$f(x)=a_0+a_1(x-x_0)+a_2(x-x_0)(x-x_1)+\cdots+a_n(x-x_0)(x-x_1)\cdots(x-x_{n-1}) \qquad (3\text{-}3)$$

【예제 3-2】 $f(x)=\cos(x^2)+x$ 로부터 얻은 세 개의 자료가 다음과 같을 때, 이러한 자료를 지나는 다항식을 구하고 $f(2.12)$의 값을 구하여라.[6]

---

6) 참값은 $f(2.12)=\cos(2.12^2)+2.12$ =1.90373 이다.

x	2.0	2.1	2.2
$f(x)=\cos(x^2)+x$	1.34636	1.80220	2.32726

【해】 세 점을 지나므로 2차 함수로 나타낼 수 있다. 이제 구하려는 2차 함수를

$$f(x)=a_0+a_1(x-2.0)+a_2(x-2.0)(x-2.1)$$

이라고 하면

$$f(2.0)=a_0=1.34636$$
$$f(2.1)=a_0+a_1(2.1-2.0)=1.80220$$
$$f(2.2)=a_0+a_1(2.2-2.0)+a_2(2.2-2.0)(2.2-2.1)=2.32726$$

인 관계식을 얻을 수 있다. 이를 $a_i\,(i=0,1,2)$에 관하여 정리하면

$$a_0=1.34636\ ,\ a_1=4.5584\ ,\ a_2=3.461$$

이므로 구하는 함수는 다음과 같다.[7]

$$f(x)=1.34636+4.5584(x-2.0)+3.461(x-2.0)(x-2.1)$$

$$\therefore f(2.12)=1.34636+4.5584\times(0.12)+3.461\times(0.12)(0.02)=1.90167$$ [8]

---

7) 연립방정식을 풀지 않고도 3회의 계산만으로 함수를 구할 수 있다.

8) 파이썬 프로그램으로 계산하기

```
import numpy as np
import matplotlib.pyplot as plt
from scipy import interpolate
data = np.loadtxt("d:/ex3_2.txt", dtype = np.float32)
x = data[:,0] #첫째 열 자료
y = data[:,1] #둘째 열 자료
f1 = interpolate.interp1d(x, y, kind='quadratic')
print( f1(2.12) )
```

예제의 자료는 ex3_2.txt라는 파일에 저장하였으며, 파이썬 프로그램을 실행시키면 다음과 같은 결과가 출력된다.

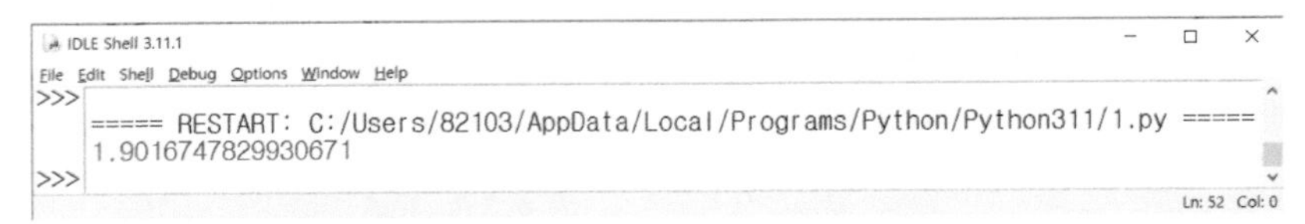

그림 3-4 파이썬으로 계산한 $f(2.12)$의 값

【예제 3-3】 다음 네 점을 지나는 함수를 구하여라.

x	0.1	0.2	0.3	0.4
y	1.302	1.616	1.954	2.328

【해】 네 점을 지나는 함수는 3차 다항식이라고 볼 수 있으므로 식 (3-3)의 표현법으로는 다음과 같이 표현할 수 있다.

$$f(x) = a_0 + a_1(x - x_0) + a_2(x - x_0)(x - x_1) + a_3(x - x_0)(x - x_1)(x - x_2)$$

여기서 $a_i\ (i = 0,1,2,3)$는 미지이지만, 네 점을 지나고 있으므로 다음과 같은 식을 만족한다.

$$\begin{cases} f(0.1) = a_0 = 1.302 \\ f(0.2) = 1.302 + a_1(0.2 - 0.1) = 1.616 \\ f(0.3) = 1.302 + a_1(0.3 - 0.1) + a_2(0.3 - 0.1)(0.3 - 0.2) = 1.954 \\ f(0.4) = 1.302 + a_1(0.4 - 0.1) + a_2(0.4 - 0.1)(0.4 - 0.2) \\ \qquad\qquad + a_3(0.4 - 0.1)(0.4 - 0.2)(0.4 - 0.3) = 2.328 \end{cases} \tag{3-4}$$

이 식을 $a_i\ (i = 0,1,2,3)$에 관하여 정리하면

$$a_0 = 1.302\,, \quad a_1 = 3.14\,, \quad a_2 = 1.2\,, \quad a_3 = 2.0 \tag{3-5}$$

따라서 이 값들을 주어진 다항식에 대입하면 함수 $f(x)$는

$$\begin{aligned} f(x) = & \ 1.302 + 3.14(x-0.1) + 1.2(x-0.1)(x-0.2) \\ & + 2.0(x-0.1)(x-0.2)(x-0.3) \\ = & \ 2x^3 + 3x + 1 \end{aligned} \qquad (3\text{-}6)$$

이다.[9]

3. Newton의 전향계차보간법 (forward difference interpolation)

이 방법은 독립변수의 간격이 일정할 때 사용할 수 있는 대표적인 보간법이다. 전향계차는 다음과 같이 정의된다.

【정의 3-1】 **전향계차**

$$\Delta y_i = y_{i+1} - y_i \qquad i = 0, 1, 2, \ldots \qquad (3\text{-}7)$$

식 (3-7)의 Δy_i는 관찰치 y_i에 관한 제 1 전향계차라고 부른다. 정의에 의하여 관찰치 y_i의 제 2 전향계차, 제 3 전향계차를 구하여보자.

$$\begin{aligned} \Delta^2 y_i = \Delta(\Delta y_i) &= \Delta(y_{i+1} - y_i) \\ &= \Delta y_{i+1} - \Delta y_i \\ &= y_{i+2} - 2y_{i+1} + y_i \end{aligned} \qquad (3\text{-}8)$$

---

9) 보간법은 근사 값을 구하는 것이므로 내림차순으로 정리할 필요는 없다. 내림차순으로 정리하는 파이썬 프로그램은 다음과 같다.

```
import sympy as sy
x = sy.symbols("x")
f = 1.302 + 3.14*(x-0.1) + 1.2*(x-0.1)*(x-0.2) + 2*(x-0.1)*(x-0.2)*(x-0.3)
print(sy.simplify(f))
```

$$\begin{aligned}\Delta^3 y_i = \Delta(\Delta^2 y_i) &= \Delta(y_{i+2} - 2y_{i+1} + y_i) \\ &= \Delta y_{i+2} - 2\Delta y_{i+1} + \Delta y_i \\ &= y_{i+3} - 3y_{i+2} + 3y_{i+1} - y_i\end{aligned} \quad (3\text{-}9)$$

$$\begin{aligned}\Delta^4 y_i = \Delta(\Delta^3 y_i) &= \Delta(y_{i+3} - 3y_{i+2} + 3y_{i+1} - y_i) \\ &= \Delta y_{i+3} - 3\Delta y_{i+2} + 3\Delta y_{i+1} - \Delta y_i \\ &= y_{i+4} - 4y_{i+3} + 6y_{i+2} - 4y_{i+1} + y_i\end{aligned} \quad (3\text{-}10)$$

....

식 (3-8)부터 식 (3-10)까지 살펴보면 전향계차의 계수는 $(y-1)^n$을 전개한 이항계수(binomial coefficient)와 일치함을 알 수 있다.[10] 이 식들로부터 관찰치 y_0에 대한 제 n 전향계차를 구해보면 다음과 같다.[11]

$$\begin{aligned}\Delta^n y_0 &= {}_nC_0\, y_n - {}_nC_1\, y_{n-1} + {}_nC_2\, y_{n-2} - \cdots + (-1)^n\, {}_nC_n\, y_0 \\ &= \sum_{i=0}^{n} (-1)^i \times {}_nC_i\, y_{n-i}\end{aligned} \quad (3\text{-}11)$$

다음에 소개하는 전향계차표는 주어진 자료의 계차를 쉽게 계산할 수 있는 유용한 방법이다.

표 3-3 전향계차표

i	x	f_i	Δf_i	$\Delta^2 f_i$	$\Delta^3 f_i$	$\Delta^4 f_i$	$\Delta^5 f_i$
0	x_0	f_0	Δf_0	$\Delta^2 f_0$	$\Delta^3 f_0$	$\Delta^4 f_0$	$\Delta^5 f_0$
1	x_1	f_1	Δf_1	$\Delta^2 f_1$	$\Delta^3 f_1$	$\Delta^4 f_1$	
2	x_2	f_2	Δf_2	$\Delta^2 f_2$	$\Delta^3 f_2$		
3	x_3	f_3	Δf_3	$\Delta^2 f_3$			
4	x_4	f_4	Δf_4				
5	x_5	f_5					

10) << 프로그램 3-2 >>는 이항계수를 출력하는 프로그램이다.
11) y_i에 관한 전향계차가 아니다.

【예제 3-4】 다음 자료의 전향계차표를 구하여라.

x	0	2	4	6	8
y	1	5	33	85	161

【해】 << 프로그램 3-3 >> 을 사용하여 전향계차표를 만들면 다음과 같다. ■

```
C:\WINDOWS\system32\cmd.exe
자료의 개수 n 을 입력하시오 : 5

x  y의 값을 차례로 입력하시오 :
 0    1
 2    5
 4   33
 6   85
 8  161

                    Newton  전향계차표
===================================================================
 i        x          y     제1계차   제2계차   제3계차   제4계차
===================================================================
 1      0.000      1.000     4.000    24.000     0.000     0.000
 2      2.000      5.000    28.000    24.000     0.000
 3      4.000     33.000    52.000    24.000
 4      6.000     85.000    76.000
 5      8.000    161.000
===================================================================
계속하려면 아무 키나 누르십시오 . . .
```

그림 3-5 **전향계차표**

이제부터 Newton의 전향계차 보간공식을 유도하여 보기로 하자. 독립변수의 간격이 일정(h)하므로

$$x_j = x_0 + jh, \qquad j = 1,2,3,..,n \tag{3-12}$$

가 된다. 식 (3-3)으로부터

$$\begin{cases} y_0 = a_0 \\ y_1 = a_0 + a_1(x_1 - x_0) = a_0 + a_1 h \\ y_2 = a_0 + a_1(x_2 - x_0) + a_2(x_2 - x_0)(x_2 - x_1) = a_0 + 2ha_1 + 2h^2 a_2 \\ y_3 = a_0 + 3ha_1 + 6h^2 a_2 + 6h^3 a_3 \\ \cdots \qquad \cdots \end{cases} \tag{3-13}$$

을 얻게 된다. 식 (3-13)을 $a_i\,(i=0,1,2,3,\ldots)$에 관하여 정리하면 다음과 같다.

$$\begin{cases} a_0 = y_0 \\ a_1 = \dfrac{y_1 - a_0}{h} = \dfrac{y_1 - y_0}{h} = \dfrac{\Delta y_0}{h} \\ a_2 = \dfrac{y_2 - a_0 - 2ha_1}{2h^2} = \dfrac{\Delta^2 y_0}{2h^2} \\ a_3 = \dfrac{y_3 - a_0 - 3ha_1 - 6h^2 a_2}{6h^3} = \dfrac{\Delta^3 y_0}{6h^3} \\ \cdots \quad \cdots \quad \cdots \end{cases} \tag{3-14}$$

일반적으로

$$a_n = \frac{\Delta^n y_0}{n!h^n} \qquad n = 0,1,2,\ldots \tag{3-15}$$

이며, 식 (3-15)를 식 (3-3)에 대입하면 다음과 같은 Newton의 전향계차 보간 공식이 얻어진다.

Newton의 전향계차 보간공식

$$\begin{aligned} f(x) = y_0 &+ \frac{\Delta y_0}{h}(x - x_0) + \frac{\Delta^2 y_0}{2h^2}(x - x_0)(x - x_1) + \cdots \\ &+ \frac{\Delta^n y_0}{n!h^n}(x - x_0)(x - x_1)\cdots(x - x_{n-1}) \end{aligned} \tag{3-16}$$

【예제 3-5】 다음 자료를 Newton의 전향계차 보간법으로 적합 시켜라.

x	0	3	6	9	12
y	15	51	393	1365	3291

【해】 << 프로그램 3-3 >>을 사용하여 전향계차표를 만들면 다음과 같다.

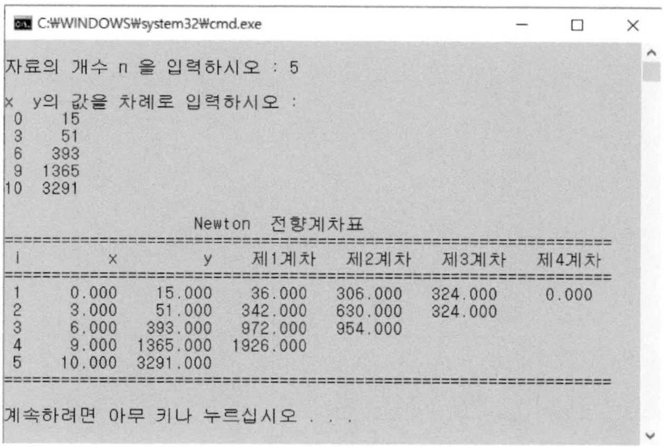

```
C:\WINDOWS\system32\cmd.exe

자료의 개수 n 을 입력하시오 : 5

x  y의 값을 차례로 입력하시오 :
 0    15
 3    51
 6   393
 9  1365
10  3291

                    Newton  전향계차표
=================================================================
 i        x         y      제1계차    제2계차    제3계차    제4계차
=================================================================
 1     0.000    15.000    36.000   306.000   324.000     0.000
 2     3.000    51.000   342.000   630.000   324.000
 3     6.000   393.000   972.000   954.000
 4     9.000  1365.000  1926.000
 5    10.000  3291.000
=================================================================

계속하려면 아무 키나 누르십시오 . . .
```

그림 3-6 **전향계차표**

제3계차 $\Delta^3 f_i$의 값이 일정하므로 다항식은 3차식이 된다. 식 (3-13)으로부터 함수 $f(x)$를 구하면 다음과 같다.[12]

$$f(x) = 15 + \frac{36}{3}(x-0) + \frac{306}{2 \cdot 3^2}(x-0)(x-3) + \frac{324}{3! \cdot 3^3}(x-0)(x-3)(x-6)$$
$$= 2x^3 - x^2 - 3x + 15 \quad {}^{13)}$$

---

12) 전향계차표에서 i의 값이 1인 곳의 계수를 사용한 것이다.
13) 5개의 점과 함수를 동시에 그리는 파이썬 프로그램은 다음과 같다.

```
import matplotlib.pyplot as plt
import numpy as np
data = np.loadtxt("d:/py4.txt", dtype = np.float32)
x1 = data[:,0] #첫째 열 자료
y1 = data[:,1] #둘째 열 자료
plt.scatter(x1, y1)
x = np.arange(0, 14)
y = 2*x**3 - x**2 -3*x + 15
plt.plot(x,y)
plt.show()
```

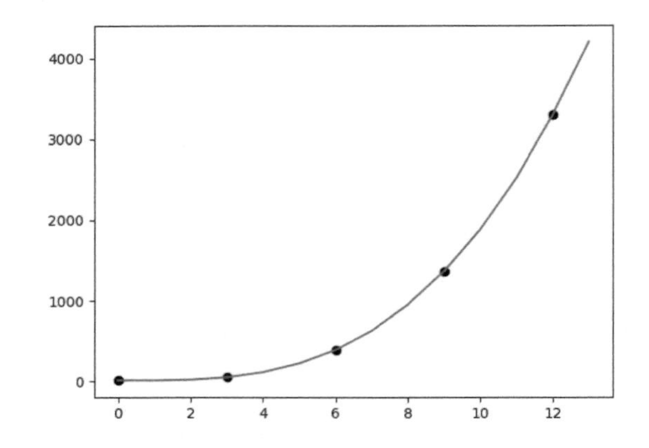

그림 3-7 점과 $f(x) = 2x^3 - x^2 - 3x + 15$ 의 그래프

【예제 3-6】 앞의 예제에서 $x = 5.5$일 때 y값을 Newton 전향계차 보간법으로 구하여라.

【해】 $f(5.5) = 2(5.5)^3 - (5.5)^2 - 3(5.5) + 15 = 301$ ■

4. Newton의 후향계차 보간법 (backward difference interpolation)

【정의 3-2】 **후향계차**

$$\nabla y_i = y_i - y_{i-1} \qquad i = 0, 1, 2, \ldots \tag{3-17}$$

식 (3-17)의 ∇y_i 는 관찰치 y_i 의 제 1후향계차라고 부른다. 【정의 3-2】에 의하여 제2 후향계차, 제3 후향계차 등을 구하여보자.

$$\begin{aligned} \nabla^2 y_i = \nabla(\nabla y_i) &= \nabla(y_i - y_{i-1}) \\ &= \nabla y_i - \nabla y_{i-1} \\ &= y_i - 2y_{i-1} + y_{i-2} \end{aligned} \tag{3-18}$$

$$\nabla^3 y_i = \nabla(\nabla^2 y_i) = \nabla(y_i - 2y_{i-1} + y_{i-2}) \qquad (3\text{-}19)$$
$$= \Delta y_i - 2\Delta y_{i-1} + \Delta y_{i-2}$$
$$= y_i - 3y_{i-1} + 3y_{i-2} - y_{i-3}$$
$$\nabla^4 y_i = \nabla(\nabla^3 y_i) = y_i - 4y_{i-1} + 6y_{i-2} - 4y_{i-3} + y_{i-4} \qquad (3\text{-}20)$$
$$\cdots\cdots \quad \cdots\cdots \quad \cdots\cdots \quad \cdots\cdots$$

후향계차의 계수는 $(1-y)^n$의 이항계수(binomial coefficient)와 일치함을 알 수 있다. 일반적으로 y_n에 대한 제 n 후향계차는 다음과 같다.

$$\nabla^n y_0 = {}_nC_0\, y_n - {}_nC_1\, y_{n-1} + {}_nC_2\, y_{n-2} - \cdots + (-1)^n\, {}_nC_n\, y_0 \qquad (3\text{-}21)$$
$$= \sum_{i=0}^{n} (-1)^i\, {}_nC_i\, y_{n-i}$$

식 (3-21)을 이용하여 후향계차를 계산할 수는 있으나, 다음의 후향계차표를 이용하면 주어진 자료의 계차를 쉽게 계산할 수 있다.

표 3-4 **후향계차표**

i	x	f_i	∇f_i	$\nabla^2 f_i$	$\nabla^3 f_i$	$\nabla^4 f_i$
0	x_0	f_0				
1	x_1	f_1	∇f_1			
2	x_2	f_2	∇f_2	$\nabla^2 f_2$		
3	x_3	f_3	∇f_3	$\nabla^2 f_3$	$\nabla^3 f_3$	
4	x_4	f_4	∇f_4	$\nabla^2 f_4$	$\nabla^3 f_4$	$\nabla^4 f_4$

【예제 3-7】 다음 자료에 대한 후향계차표를 작성하라.

x	2	4	6	8	10	12
y	-91	-141	-95	95	477	1099

【해】 << 프로그램 3-4 >>를 사용하여 후향계차표를 만들면 다음과 같다.[14)]

```
C:\WINDOWS\system32\cmd.exe

자료의 개수 n을 입력하시오 : 6

x  y 값을 차례로 입력하시오 :
 2    -91
 4   -141
 6    -95
 8     95
10    477
12   1099

                          후향계차표

==============================================================
 i        x          y    제1계차    제2계차    제3계차    제4계차
==============================================================
 1     2.000    -91.000
 2     4.000   -141.000    -50.000
 3     6.000    -95.000     46.000     96.000
 4     8.000     95.000    190.000    144.000     48.000
 5    10.000    477.000    382.000    192.000     48.000      0.000
 6    12.000   1099.000    622.000    240.000     48.000      0.000      0.000
==============================================================
계속하려면 아무 키나 누르십시오 . . .
```

그림 3-8 **후향계차표**

이제 Newton의 후향계차 보간공식을 구해보자. n차 다항식 $f(x)$를

$$f(x) = a_0 + a_1(x - x_n) + a_2(x - x_n)(x - x_{n-1}) + \cdots \\ + a_n(x - x_n)(x - x_{n-1})(x - x_{n-2}) \cdots (x - x_1) \tag{3-22}$$

라고 하자. 독립변수는 등간격이므로

$$x_j = x_0 + jh, \qquad j = 1,2,\ldots,n \tag{3-23}$$

가 성립한다. 식 (3-22)를 식 (3-23)에 대입하면

$$\begin{cases} y_n = a_0 \\ y_{n-1} = a_0 + a_1(x_{n-1} - x_n) = a_0 - a_1 h \\ y_{n-2} = a_0 + a_1(x_{n-2} - x_n) + a_2(x_{n-2} - x_n)(x_{n-2} - x_{n-1}) = a_0 - 2ha_1 + 2h^2 a_2 \\ y_{n-3} = a_0 - 3ha_1 + 6h^2 a_2 - 6h^3 a_3 \\ \quad \cdots\cdots \quad \cdots\cdots \quad \cdots\cdots \end{cases}$$

14) 실제 함수는 $f(x) = x^3 - 53x + 7$ 이다.

인 관계식을 얻을 수 있으며 $a_i\,(i=0,1,2,3,\ldots)$에 관하여 정리하면

$$\begin{cases} a_0 = y_0 \\ a_1 = \dfrac{y_{n-1}-a_0}{-h} = \dfrac{y_{n-1}-y_n}{-h} = \dfrac{Dely_0}{h} \\ a_2 = \dfrac{y_{n-2}-a_0-2ha_1}{2h^2} = \dfrac{\nabla^2 y_n}{2h^2} \\ a_3 = \dfrac{y_{n-3}-a_0-3ha_1-6h^2a_2}{-6h^3} = \dfrac{\nabla^3 y_n}{6h^3} \\ \cdots \quad \cdots \quad \cdots \end{cases} \tag{3-24}$$

이 된다. 일반적으로

$$a_n = \frac{\nabla^n y_n}{n!h^n} \qquad n=0,1,2,\ldots \tag{3-25}$$

이며 식 (3-25)를 식 (3-22)에 대입하면 다음과 같은 보간공식을 얻게 된다.

Newton의 후향계차 보간공식

$$f(x) = y_0 + \frac{\nabla y_n}{h}(x-x_n) + \frac{\nabla^2 y_n}{2h^2}(x-x_n)(x-x_{n-1}) + \cdots + \frac{\nabla^n y_n}{n!h^n}(x-x_n)(x-x_{n-1})\cdots(x-x_1) \tag{3-26}$$

【예제 3-8】 5개의 점을 지나는 함수를 Newton의 후향계차 보간법으로 적합시켜라.

x	-3	-1	1	3	5
y	-70	-8	-2	44	226

【해】 << 프로그램 3-4 >> 를 이용하여 후향계차표를 만들면 다음과 같으며 독립변수의 간격은 2로 일정하다.

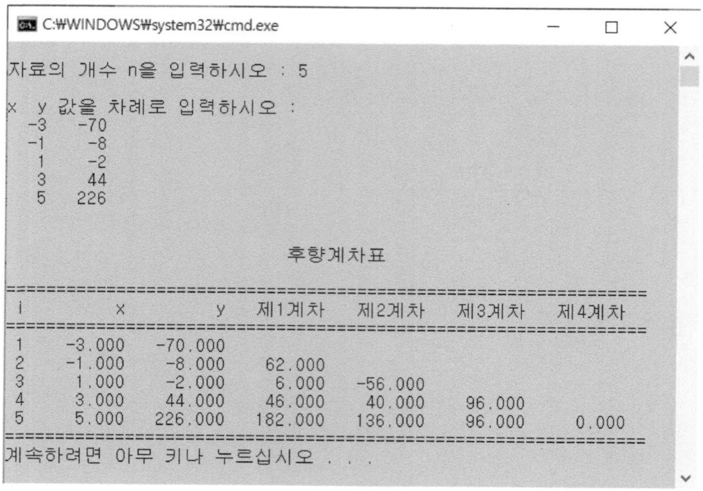

```
C:\WINDOWS\system32\cmd.exe

자료의 개수 n을 입력하시오 : 5

x  y 값을 차례로 입력하시오 :
  -3   -70
  -1    -8
   1    -2
   3    44
   5   226

                       후향계차표

=================================================================
 i        x          y    제1계차   제2계차   제3계차   제4계차
=================================================================
 1    -3.000    -70.000
 2    -1.000     -8.000    62.000
 3     1.000     -2.000     6.000   -56.000
 4     3.000     44.000    46.000    40.000    96.000
 5     5.000    226.000   182.000   136.000    96.000     0.000
=================================================================
계속하려면 아무 키나 누르십시오 . . .
```

그림 3-9 **후향계차표**

여기서 제3 후향계차인 $\nabla^3 f_i$의 값이 일정하므로 다항식은 3차식이 된다. 따라서 $P_n(x_n, y_n) = (3, 44)$라고 하면[15)]

$$f(x) = 44 + \frac{46}{2}(x-3) + \frac{40}{2! \cdot 2^2}(x-3)(x-1) + \frac{96}{3! \cdot 2^3}(x-3)(x-1)(x+1)$$
$$= 2x^3 - x^2 + x - 4 \quad ■$$

이상에서 논의한 방법들이 등간격일 때의 보간법이라 할 수 있다. 다음 절에서는 독립변수가 등간격이 아닐 때에 사용되는 보간법에 대하여 다루어본다.

---

15) 만일 $P_n(x_n, y_n) = (5, 226)$ 이라고 하면

$$f(x) = 226 + \frac{182}{2}(x-5) + \frac{136}{2 \cdot 2^2}(x-5)(x-3) + \frac{96}{3! \cdot 2^3}(x-5)(x-3)(x-1)$$
$$= 2x^3 - x^2 + x - 4$$

가 되며, 어느 값을 초기치로 하더라도 동일한 결과를 얻게 된다.

♣ 연습문제 ♣

1. 다음 표에서 $x = 1.23$일 때 y의 값을 선형보간법으로 구하여라.

x	1.02	1.25
y	1.22	1.45

2. $y = \log(x)$의 자료가 다음과 같이 주어져 있다. 이 자료로부터 $\log(4.5)$의 값을 다항식에 의한 보간법으로 구하여라.

x	4.0	4.2	4.4	4.6	4.8
y	0.60206	0.62325	0.64345	0.66276	0.68124

3. 다음 함수표는 몇 차 함수의 함수표인가 ?

(1)

x	0	1	2	3	4
y	1	2	5	10	17

(2)

x	-1	0	1	2	3	4	5
y	1	-1	1	19	89	271	649

4. 다음 함수표에서 $x = 2.4$일 때 Newton의 전향계차 보간공식, 후향계차 보간공식으로 y 의 값을 구하여라.

x	1	2	3	4	5	6	7
y	1	9	29	67	129	221	349

5. 다항식에 의한 보간법으로 함수 $y = \sin(x)$값의 표를 이용하여 $\sin 44°$, $\sin 52°$ 값을 구하여라.

x	30°	35°	40°	45°	50°	55°
y	0.5000	0.5736	0.6428	0.7071	0.7660	0.8192

6. 후향계차 보간법으로 다음의 자료에 대해 $x = 2.3$ 에서의 $y = x^2 - 1$ 의 값을 구하여라.

x	1.0	1.5	2.0	2.5	3.0
y	0.0	1.25	3.0	5.25	8.0

제3절 독립변수가 등간격이 아닐 때의 보간법

등간격이 아닌 점들에 관한 보간법이 필요한 경우는 우리 주변에 훨씬 많이 존재한다. 본 절에서 등간격이 아닌(non-uniform space) 점들의 여러 보간법에 관해 논의하고자 한다.

1. Aitken의 반복과정

선형보간법의 응용으로 아이트켄(Aitken)의 반복과정이 있다. 두 점 (x_0, y_0) (x_1, y_1)을 지나는 직선과 $x = c$ (c는 상수) 와의 교점을 $y(c)$라고 하면

$$y(c) = \frac{1}{x_1 - x_0}\begin{vmatrix} y_0 & (x_0 - c) \\ y_1 & (x_1 - c) \end{vmatrix}$$ [16]

가 된다.

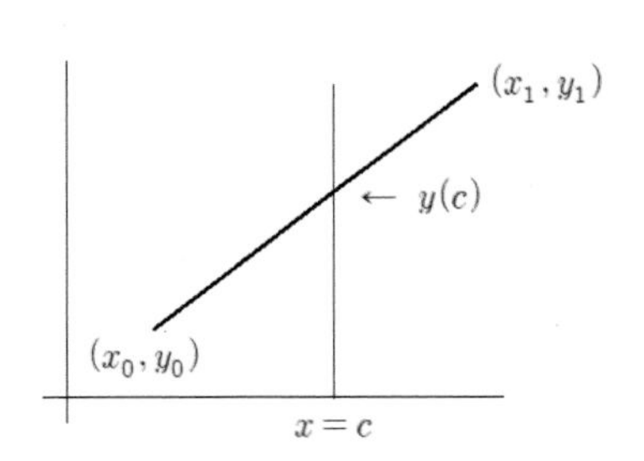

그림 3-10 직선의 그래프

일반화하기 위해 c 값에 x를 대입하면

$$y(x) = \frac{1}{x_1 - x_0}\begin{vmatrix} y_0 & (x_0 - x) \\ y_1 & (x_1 - x) \end{vmatrix} \tag{3-27}$$

---

16) 행렬식을 의미하며 $\begin{vmatrix} a & b \\ c & d \end{vmatrix} = ad - bc$ 로 계산한다. 자세한 논의는 제4장에서 다룰 예정이다.

구간 $x_0 \leqq x \leqq x_i (i = 1,2,...,n)$ 에서의 교점을 $y_{i1}(x)$로 나타내면

$$y_{i1}(x) = \frac{1}{x_i - x_0}\begin{vmatrix} y_0 & (x_0 - x) \\ y_i & (x_i - x) \end{vmatrix}$$

와 같이 1단계의 $y_{i1}(i = 1,2,...,n)$ 값을 얻을 수 있다. 이것을 정리해서 나타내면 다음 표와 같다.

표 3-5 제1단계 좌표점

x	x_0	x_1	x_2	x_3	$\cdots$	x_i	$\cdots$	x_n
y		$y_{11}(x)$	$y_{21}(x)$	$y_{31}(x)$	$\cdots$	$y_{i1}(x)$	$\cdots$	$y_{n1}(x)$

여기에 다시 선형보간공식을 적용하면

$$y_{i2}(x) = \frac{1}{x_i - x_1}\begin{vmatrix} y_{11} & (x_1 - x) \\ y_{i1} & (x_i - x) \end{vmatrix}$$

이며, 이것을 정리하면 2단계의 $y_{i2}(i = 2,3,...,n)$를 얻을 수 있다.

표 3-6 제2단계 좌표점

x	x_0	x_1	x_2	x_3	$\cdots$	x_i	$\cdots$	x_n
y			$y_{22}(x)$	$y_{32}(x)$	$\cdots$	$y_{i2}(x)$	$\cdots$	$y_{n2}(x)$

이상을 일반화한 것이 아이트켄 반복과정이다. 아이트켄 보간법은 그림으로 나타낼 수 있는데 다음의 예제에서 보이기로 한다.[7]

7) Aitken 반복과정의 이해를 돕기 위한 그림은 수학용 패키지인 Mathematica를 사용하여 그린 것이다.

【예제 3-9】 다음 함수표에서 $x = 2.5$일 때 y의 값을 아이트켄의 반복과정으로 구하여라.[8)]

x	1	3	4	6
y	1	9	16	36

【해】 주어진 독립변수 x의 값을 보면 간격이 일정하지 않은 경우라는 것을 알 수 있다. 이제 두 점 $(1,1),(3,9)$를 지나는 직선과 $x=2.5$ 의 교점의 y좌표 y_{11}은

$$y_{11}(x) = \frac{1}{3-1}\begin{vmatrix} 1 & (1-2.5) \\ 9 & (3-2.5) \end{vmatrix} = 7$$

마찬가지로 $(1,1),(4,16)$을 지나는 직선과 $x=2.5$ 의 교점의 y좌표 y_{21}은

$$y_{21}(x) = \frac{1}{4-1}\begin{vmatrix} 1 & (1-2.5) \\ 16 & (4-2.5) \end{vmatrix} = 8.5$$

마찬가지로 $(1,1),(6,36)$을 지나는 직선과 $x=2.5$ 의 교점의 y좌표 y_{31}은

$$y_{31}(x) = \frac{1}{6-1}\begin{vmatrix} 1 & (1-2.5) \\ 36 & (6-2.5) \end{vmatrix} = 11.5$$

이다. 지금까지 행렬식 표현법으로 계산한 값은 첫 번째 좌표점 $(1,1)$과 나머지 세 개의 좌표점을 직선으로 연결하였을 때 $x=2.5$에서의 교점의 값이다. 이것을 그림으로 나타내면 다음과 같다.

---

8) 주어진 함수표는 $y=x^2$을 따르므로 $x=2.5$에서의 값은 6.25가 된다.

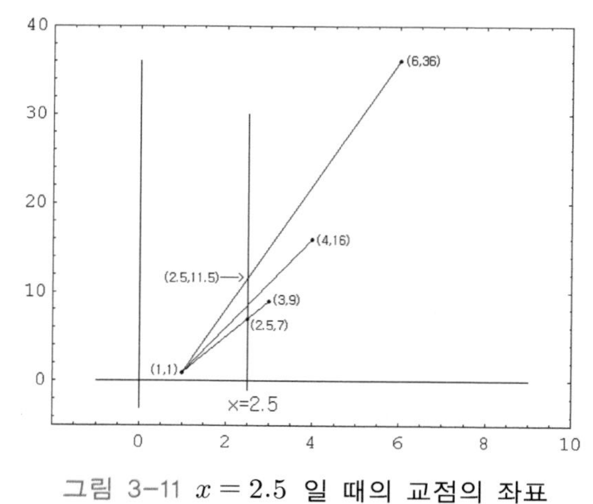

그림 3-11 $x = 2.5$ 일 때의 교점의 좌표

이러한 y값으로부터 표 3-5처럼 새로운 함수표를 만들면 다음과 같다.

x	3	4	6
y	7	8.5	11.5

그림 3-11 의 좌표점 (2.5 , 11.5)는 새로운 좌표점 (6 , 11.5)로 바뀌는 것을 그림 3-12 에 표시하였다.

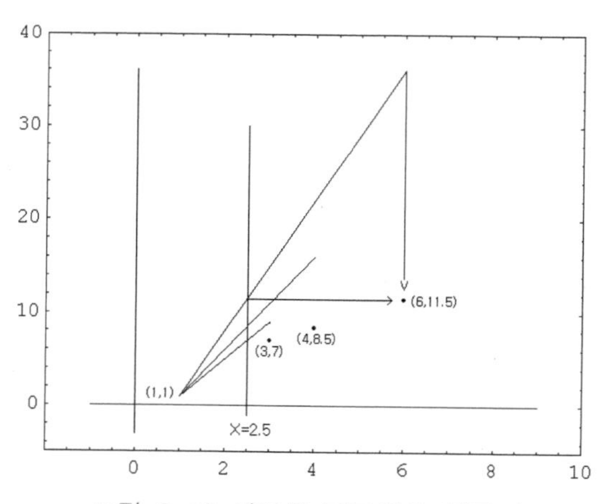

그림 3-12 새로운 좌표점을 만들기

앞에서와 마찬가지로 $(3,7),(4,8.5)$를 지나는 직선과 $x=2.5$ 의 교점의 y좌표 y_{22} ,y_{32} 는

$$y_{22}(x)=\frac{1}{4-3}\begin{vmatrix} 7 & (3-2.5) \\ 8.5 & (4-2.5) \end{vmatrix}=6.25$$

$$y_{32}(x)=\frac{1}{6-3}\begin{vmatrix} 7 & (3-2.5) \\ 11.5 & (6-2.5) \end{vmatrix}=6.25$$

따라서 구하려는 y값은 6.25이다. ■

이상의 예제에 대해 프로그램을 실행시킨 결과는 다음과 같다.

```
C:\WINDOWS\system32\cmd.exe
자료의 개수 n 을 입력하시오 : 4

보간법으로 계산할 x 좌표를 입력하시오 : 2.5

4 개의 자료를 입력하시오
1   1
3   9
4  16
6  36

                아이트켄의 반복과정
=====================================================
 i       x         y       y(i,1)     y(i,2)    ....
=====================================================
 0    1.0000    1.0000
 1    3.0000    9.0000    7.0000
 2    4.0000   16.0000    8.5000     6.2500
 3    6.0000   36.0000   11.5000     6.2500     6.2500
=====================================================
계속하려면 아무 키나 누르십시오 . . .
```

그림 3-13 아이트켄 보간법

2. 제계차(divided difference)[9]

독립변수가 등간격이 아닐 때는 대개 제계차를 사용하여 보간공식을 구하게 된다. 제계차(除階差)란 계차끼리 나누는 것이다.

9) 차분상(差分商)이라 부르기도 한다.

【정의 3-3】 두 점 $P_k(x_k, y_k)$와 $P_{k+1}(x_{k+1}, y_{k+1})$ 의 **제계차**

$$\delta f_k = f[x_k, x_{k+1}] = \frac{y_{k+1} - y_k}{x_{k+1} - x_k} \qquad k = 0, 1, 2, \ldots, n-1 \qquad (3\text{-}28)$$

이제 정의된 제계차를 전개시켜 보자. 식 (3-28)의 δf_k를 제1 제계차라고 부른다. 제2 제계차는

$$\delta^2 f_k = \frac{\delta y_{k+1} - \delta y_k}{x_{k+2} - x_k} \qquad k = 0, 1, 2, \ldots, n-2$$

이며, 일반적으로 제 m 제계차는 다음과 같다.

$$\delta^m f_k = \frac{\delta^{m-1} y_{k+1} - \delta^{m-1} y_k}{x_{k+m} - x_k} \qquad k = 0, 1, 2, \ldots, n-m$$

이러한 제계차를 표로 만들면 다음과 같다.

표 3-7 제계차표

x_i	f_i	δf_i	$\delta^2 f_i$	$\delta^3 f_i$	$\delta^4 f_i$
x_0	f_0	$\delta f_0 = \frac{f_1 - f_0}{x_1 - x_0}$	$\delta^2 f_0 = \frac{\delta f_1 - \delta f_0}{x_2 - x_0}$	$\delta^3 f_0 = \frac{\delta^2 f_1 - \delta^2 f_0}{x_3 - x_0}$	$\delta^4 f_0 = \frac{\delta^3 f_1 - \delta^3 f_0}{x_4 - x_0}$
x_1	f_1	$\delta f_1 = \frac{f_2 - f_1}{x_2 - x_1}$	$\delta^2 f_1 = \frac{\delta f_2 - \delta f_1}{x_3 - x_1}$	$\delta^3 f_1 = \frac{\delta^2 f_2 - \delta^2 f_1}{x_4 - x_1}$	$\delta^4 f_1 = \frac{\delta^3 f_2 - \delta^3 f_1}{x_5 - x_1}$
x_2	f_2	$\delta f_2 = \frac{f_3 - f_2}{x_3 - x_2}$	$\delta^2 f_2 = \frac{\delta f_3 - \delta f_2}{x_4 - x_2}$	$\delta^3 f_2 = \frac{\delta^2 f_3 - \delta^2 f_2}{x_5 - x_2}$	
x_3	f_3	$\delta f_3 = \frac{f_4 - f_3}{x_4 - x_3}$	$\delta^2 f_3 = \frac{\delta f_4 - \delta f_3}{x_5 - x_3}$		
x_4	f_4	$\delta f_4 = \frac{f_5 - f_4}{x_5 - x_4}$			
x_5	f_5				

【예제 3-10】 $y = \log_{10}(x)$의 함수표가 다음과 같이 주어져 있다. 이러한 자료에 대한 제계차표를 구하여라.

x	321.0	322.8	324.2	325.0
y	2.50651	2.50893	2.51081	2.51188

【해】 정의에 따라 제 1, 2 제계차 δf_1 , $\delta^2 f_0$ 은 다음과 같이 계산된다.

$$\delta f_1 = \frac{f_2 - f_1}{x_2 - x_1} = \frac{2.51081 - 2.50893}{324.2 - 322.8} = 0.0013428$$

$$\delta^2 f_0 = \frac{\delta f_1 - \delta f_0}{x_2 - x_0} = \frac{0.0013428 - 0.0013444}{324.2 - 321.0} = -0.0000005$$ ■

나머지 부분의 제계차표는 << 프로그램 3-5 >>를 실행하여 얻을 수 있다.

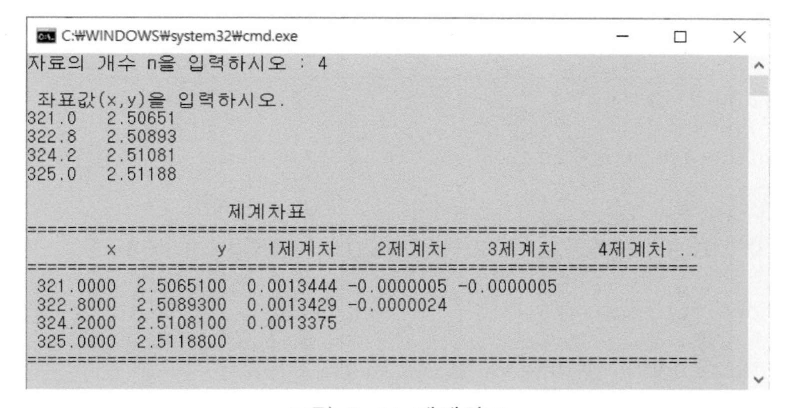

그림 3-14 **제계차표**

3. Newton의 제계차 보간법

앞서 계산된 제계차에 Newton의 전향계차 보간공식을 적용하여 함수 $f(x)$를 구하는 방법을 Newton의 제계차 보간법이라 한다. 실제로 함수 $f(x)$는

$$
\begin{aligned}
f(x) = & f_0 + \delta f_0 (x - x_0) + \delta^2 f_0 (x - x_0)(x - x_1) \\
& + \delta^3 f_0 (x - x_0)(x - x_1)(x - x_2) \\
& + \quad \cdots \quad \cdots \\
& + \delta^{n+1} f_0 (x - x_0)(x - x_1)(x - x_2) \cdots (x - x_n)
\end{aligned} \tag{3-29}
$$

【예제 3-11】 다음의 자료에 Newton의 제계차 보간법으로 함수를 적합 시키고 $x = 1.1$일 때의 y값을 구하여라.

x	0.1	0.2	0.4	0.7	1.0	1.2
$f(x)$	0.99750	0.99002	0.96040	0.88120	0.76520	0.67113

【해】 다음의 파이썬 프로그램을 실행하면 제계차표와 $x = 1.1$일 때의 y값이 출력된다.

```
import pandas as pd
import numpy as np
import matplotlib.pyplot as plt

x = [ 0.1 ,     0.2  ,    0.4  ,   0.7  ,    1.0   ,    1.2 ]
y = [ 0.99750 , 0.99002 , 0.96040 , 0.88120 , 0.76520 , 0.67113 ]

def  divided_difference(x, y, a) :
    n = len(x)
    f = [[None for x in range(n)] for x in range(n)]
    for i in range(n) :
        for j in range(n) :
            f[i][j] = 0

    for i in range(n):
        f[i][0] = y[i]
    for j in range(1,n):
        for i in range(n-j):
            f[i][j] = (f[i+1][j-1] - f[i][j-1])/(x[i+j]-x[i])
    fdd_table = pd.DataFrame(f)
```

```
    print("제계차표")
    print(fdd_table)
    print()
    value = 0
    for i in range(0, n):
        s = 1
        for k in range(0, i):
            s = s * (a - x[k])

        value = value + f[0][i]*s
        if i==n-1 :
            print("x=1.1 에서의 근사값 ")
            print(value)
b =  divided_difference(x, y, 1.1)
df = pd.DataFrame(b)
plt.plot(x,y)
plt.show()
```

```
IDLE Shell 3.11.1
File Edit Shell Debug Options Window Help
>>>
===== RESTART: C:/Users/82103/AppData/Local/Programs/Python/Python311/1.py =====
제계차표
         0         1         2         3         4         5
0  0.99750 -0.074800 -0.244333  0.020889  0.014784 -0.002392
1  0.99002 -0.148100 -0.231800  0.034194  0.012153  0.000000
2  0.96040 -0.264000 -0.204444  0.046347  0.000000  0.000000
3  0.88120 -0.386667 -0.167367  0.000000  0.000000  0.000000
4  0.76520 -0.470350  0.000000  0.000000  0.000000  0.000000
5  0.67113  0.000000  0.000000  0.000000  0.000000  0.000000

x=1.1 에서의 근사값
0.7196252777777777
>>>
Ln: 71 Col: 0
```

그림 3-15 파이썬 프로그램 실행결과

구하는 함수 $f(x)$는 식 (3-29)로부터

$$\begin{aligned} f(x) &= 0.99750 - 0.07480(x-0.1) - 0.24433(x-0.1)(x-0.2) \\ &\quad + 0.02089(x-0.1)(x-0.2)(x-0.4) \\ &\quad + \cdots \quad \cdots \quad \cdots \\ &\quad - 0.00239(x-0.1)(x-0.2)(x-0.4)\cdots(x-1.0) \end{aligned} \tag{3-30}$$

이고 $f(1.1) = 0.719625$ ■

4. Lagrange 보간법

두 점 $P_0(x_0, y_0)$, $P_1(x_1, y_1)$을 지나는 직선의 식을 y_0, y_1에 관하여 정리하면 다음과 같은 선형 보간공식이 만들어진다.

$$y = \left(\frac{x - x_1}{x_0 - x_1}\right)y_0 + \left(\frac{x - x_0}{x_1 - x_0}\right)y_1 \qquad (3\text{-}31)$$

Lagrange 보간법은 선형보간법을 확장시킨 이론이다. 식 (3-31)은 독립변수가 두 개인 Lagrange 보간공식이다. Lagrange 보간법의 일반형을 소개하기에 앞서 예제를 하나 들어본다.

【예제 3-12】 4개의 점 $P_0(x_0, y_0)$, $P_1(x_1, y_1)$, $P_2(x_2, y_2)$, $P_3(x_3, y_3)$ 을 지나는 함수를 구하여라.

【해】 4개의 점을 표로 나타내보자.

x	x_0	x_1	x_2	x_3
y	y_0	y_1	y_2	y_3

4개의 점을 지나므로 구하려는 함수 $y = f(x)$ 는 다항식 표기법에 따라

$$f(x) = A + B(x - x_0) + C(x - x_0)(x - x_1) + D(x - x_0)(x - x_1)(x - x_2) \qquad (3\text{-}32)$$

로 놓을 수 있다. 주어진 4개의 점을 지나므로 각각의 좌표값을 식 (3-32)에 대입하면 다음과 같은 식을 얻게 된다. $f(x_i) = y_i \ (i = 0, 1, 2, 3)$ 이고

$$\begin{cases} f(x_0) = A \\ f(x_1) = A + B(x_1 - x_0) \\ f(x_2) = A + B(x_2 - x_0) + C(x_2 - x_0)(x_2 - x_1) \\ f(x_3) = A + B(x_3 - x_0) + C(x_3 - x_0)(x_3 - x_1) + D(x_3 - x_0)(x_3 - x_1)(x_2 - x_2) \end{cases}$$

이므로 A, B, C, D에 관하여 정리하면

$$\begin{cases} A = y_0 \\ B = \dfrac{y_1 - y_0}{x_1 - x_0} \\ C = \dfrac{y_0(x_2 - x_1) + y_1(x_0 - x_2) + y_2(x_1 - x_0)}{(x_2 - x_0)(x_2 - x_1)(x_1 - x_0)} \\ D = \dfrac{\{(x_1 - x_0)(x_2 - x_0)(x_2 - x_1)y_3 + (x_3 - x_0)(x_3 - x_1)(x_0 - x_1)y_2 + (x_2 - x_0)(x_3 - x_0)(x_3 - x_2)y_1 + (x_1 - x_2)(x_1 - x_3)(x_2 - x_3)y_0\}}{(x_3 - x_0)(x_3 - x_1)(x_3 - x_2)(x_2 - x_1)(x_1 - x_0)(x_0 - x_2)} \end{cases} \tag{3-33}$$

이 된다. 이제 A, B, C, D를 식 (3-32)에 대입하고 y_0, y_1, y_2, y_3에 관하여 정리하면 다음과 같은 식을 얻게 된다.

$$y = \frac{(x - x_1)(x - x_2)(x - x_3)}{(x_0 - x_1)(x_0 - x_2)(x_0 - x_3)} y_0 + \frac{(x - x_0)(x - x_2)(x - x_3)}{(x_1 - x_0)(x_1 - x_2)(x_1 - x_3)} y_1 + \frac{(x - x_0)(x - x_1)(x - x_3)}{(x_2 - x_0)(x_2 - x_1)(x_2 - x_3)} y_2 + \frac{(x - x_0)(x - x_1)(x - x_2)}{(x_3 - x_0)(x_3 - x_1)(x_3 - x_2)} y_3 \quad ■$$

이상의 예제를 일반화하면 다음과 같은 Lagrange 보간공식이 나온다.

Lagrange 보간공식

일반적으로 $(n+1)$개의 점 $P_0(x_0, y_0), P_1(x_1, y_1), ..., P_n(x_n, y_n)$을 지나는 다항식은 다음과 같다.

$$\begin{aligned} y = &\frac{(x - x_1)(x - x_2)(x - x_3) \cdots (x - x_n)}{(x_0 - x_1)(x_0 - x_2)(x_0 - x_3) \cdots (x_0 - x_n)} y_0 \\ &+ \frac{(x - x_0)(x - x_2)(x - x_3) \cdots (x - x_n)}{(x_1 - x_0)(x_1 - x_2)(x_1 - x_3) \cdots (x_1 - x_n)} y_1 \\ &+ \cdots \quad \cdots \quad \cdots \\ &+ \frac{(x - x_0)(x - x_1)(x - x_2) \cdots (x - x_{n-1})}{(x_n - x_0)(x_n - x_1)(x_n - x_2) \cdots (x_n - x_{n-1})} y_n \end{aligned} \tag{3-34}$$

【예제 3-13】 세 점 $P_0(1,1), P_1(2,5), P_2(3,2)$를 지나는 Lagrange 보간다항식을 구하여라.

【해】 Lagrange 보간다항식을 $f(x)$라고 하면, 식 (3-34)에 의하여

$$f(x) = \frac{(x-2)(x-3)}{(1-2)(1-3)} \times 1 + \frac{(x-1)(x-3)}{(2-1)(2-3)} \times 5 + \frac{(x-1)(x-2)}{(3-1)(3-2)} \times 2$$
$$= -\frac{7}{2}x^2 + \frac{29}{2}x - 10$$ ■

【예제 3-14】 $y = \log_{10}(x)$의 함수표가 다음과 같이 주어져 있다. $x = 323.5$일 때 Lagrange 보간법을 이용하여 y의 값을 구하여라.

x	321.0	322.8	324.2	325.0
y	2.50651	2.50893	2.51081	2.51188

【해】 <<프로그램 3-7 >>을 사용하여 결과를 출력하면 다음과 같다. ■

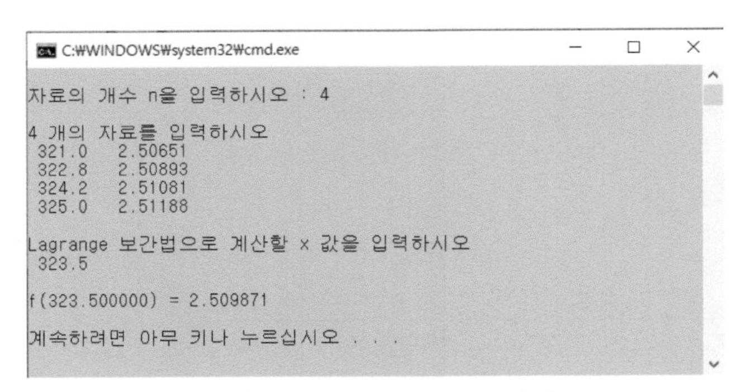

그림 3-16 Lagrange 보간법

【정리 3-1】 임의의 $(n+1)$개의 점 $P_0(x_0, y_0), P_1(x_1, y_1), \ldots, P_n(x_n, y_n)$을 지나는 n차 이하의 Lagrange 보간다항식은 하나만 존재한다.

<증명> 임의의 $(n+1)$ 개의 점 $P_0(x_0, y_0), P_1(x_1, y_1), ..., P_n(x_n, y_n)$ 을 지나는 Lagrange 보간다항식을 $f(x)$라고 하자. 만일 $(n+1)$개의 점을 지나는 다항식이 유일하지 않으면 $f(x)$와는 다른 다항식 $g(x)$가 존재할 것이다. 여기서

$$r(x) = f(x) - g(x)$$

라고 하면, $r(x)$는 n차 이하인 다항식이 된다.

$$r(x_j) = f(x_j) - g(x_j) = 0, \qquad j = 0, 1, ..., n \tag{3-35}$$

인 관계가 성립하므로 $r(x)$는 $(n+1)$개의 근 $x_0, x_1, ..., x_n$을 갖는다. 즉

$$r(x) = A(x) \cdot (x - x_0) \cdot (x - x_1) \cdots (x - x_n) \tag{3-36}$$

이다. 그런데 $A(x) \neq 0$ 이면 식 (3-36)의 우변은 $(n+1)$차 이상인 다항식이므로 등식이 성립하지 않는다. 따라서 $A(x) = 0$이어야 하며 $f(x) = g(x)$ 가 성립한다. ■

5. Chebyshev 다항식의 근을 이용한 보간법

제계차 보간법은 계차의 차수가 큰 경우에는 문제점이 나타나지 않지만 차수가 작은 경우에는 오차가 발생하게 된다. 하지만 Chebyshev 다항식에 의해 결정된 좌표를 이용하면 등간격에서의 보간법의 오차보다 감소하는 것이 알려져 있다.

K차 Chebyshev의 다항식은 다음과 같이 정의된다.

$$P_K(x) = \cos(K \times Cos^{-1}(x)) \qquad -1 \leqq x \leqq 1$$

$Cos^{-1}(x) = \theta$ 라고 놓으면 $x = \cos(\theta)$ 이며, 윗 식은 $P_K(x) = \cos(K \times \theta)$가 된다. 여기서부터 Chebyshev 다항식을 $K = 0, 1, 2, 3, 4$ 인 경우에 구해 보면

$$P_0(x) = \cos(0) = 1$$
$$P_1(x) = \cos(\theta) = x$$
$$P_2(x) = \cos(2\theta) = 2\cos^2(\theta) - 1 = 2x^2 - 1$$
$$P_3(x) = \cos(3\theta) = 4\cos^3(\theta) - 3\cos(\theta) = 4x^3 - 3x$$
$$\begin{aligned} P_4(x) = \cos(4\theta) &= \cos(2\theta + 2\theta) \\ &= \cos(2\theta)\cos(2\theta) - \sin(2\theta)\sin(2\theta) \\ &= (2\cos^2(\theta) - 1)^2 - (2\sin(\theta)\cos(\theta))^2 \\ &= 8x^4 - 8x^2 + 1 \end{aligned}$$

가 된다.

$$\cos((n+1)\theta) + \cos((n-1)\theta) = 2\cos(\theta)\cos(n\theta)$$

을 이용하면 고차의 Chebyshev 다항식은 다음과 같은 점화식으로 쉽게 계산을 할 수 있다.

$$P_j(x) = 2xP_{j-1}(x) - P_{j-2}(x), \quad j > 2 \tag{3-37}$$ [10)]

한편 Chebyshev 다항식은 cosine 함수이므로 주어진 구간 $[-1,1]$ 내에서 최소와 최대는 각각 -1 과 +1 이 된다. 이제 구간 $[-1,1]$에 있는 n차 Chebyshev 다항식의 근 $x_n (n = 1,2,\ldots,K)$을 구해보자. cosine 함수는 $\pm\frac{\pi}{2}, \pm\frac{3\pi}{2}, \pm\frac{5\pi}{2} \cdots$ 에서 영이 되므로

$$\cos(K \times Cos^{-1}(x)) = 0 \tag{3-38}$$

을 만족시키는 해인 $K \times Cos^{-1}(x)$는

$$K \times Cos^{-1}(x_n) = (n - \frac{1}{2})\pi \qquad n = 1,2,\ldots,K$$

---

10) $j = 4$인 경우는 다음과 같다.
$P_4(x) = 2xP_3(x) - P_2(x) = 2x(4x^3 - 3x) - (2x^2 - 1) = 8x^4 - 8x^2 + 1$

가 된다. 따라서 x_n 은 다음과 같다.

$$x_n = \cos\left(\frac{n-0.5}{K}\pi\right) \qquad n = 1,2,...,K \tag{3-39}$$

Chebyshev 보간다항식은 독립변수를 결정하는 방법을 제안하는 것이므로 엄밀히 보간법과는 다르다. 하지만 보간법에서의 오차를 줄일 수 있으므로 일반적인 수치계산뿐만 아니라 수학의 서브루틴에서도 널리 사용되고 있다.

【예제 3-15】 차수가 4인 Chebyshev 다항식의 근을 구하여라.[11]

【해】 $K = 4$이므로 $n = 1,2,3,4$에 대한 x_n 을 계산하면 된다. 식 (3-39)에서

$$x_1 = \cos\left(\frac{1-0.5}{4}\pi\right) = 0.9238795$$

$$x_2 = \cos\left(\frac{2-0.5}{4}\pi\right) = 0.3826834$$

$$x_3 = \cos\left(\frac{3-0.5}{4}\pi\right) = -0.3826834$$

$$x_4 = \cos\left(\frac{4-0.5}{4}\pi\right) = -0.9238795 \quad ■$$

이를 표로 정리하면 다음과 같다.

표 4개의 Chebyshev point

x	x_1	x_2	x_3	x_4
Chebyshev 근	0.9238795	0.3826834	-0.3826834	-0.9238795

11) Chebyshev 다항식의 근은 Chebyshev point라고도 부른다.
$n = 4$일 때 Chebyshev point를 구하는 파이썬 프로그램은 다음과 같다.

```
import numpy as np
import math
k=4
for n in range(1,k+1) :
    print( np.cos((n-0.5)*np.pi/k))
```

이제부터는 Chebyshev 보간다항식을 구하는 절차에 대하여 알아보기로 한다. 다음 그림처럼 주어진 구간 $[-1,1]$ 내의 근 x_n을 흥미영역 $[a,b]$ 로 사영하면

$$z_n = \frac{(b-a)x_n + a + b}{2} \qquad n = 1,2,3,\ldots \tag{3-40}$$

이다. 여기서 $-1 \leqq x_n \leqq 1$, $a \leqq z_n \leqq b$ 이다. 예를 들어 $-0.2 \leqq z_n \leqq 0.9$ 인 경우를 고려해보자.

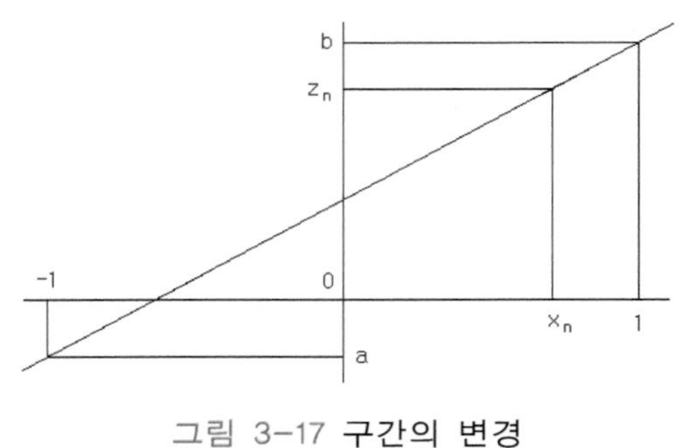

그림 3-17 구간의 변경

따라서 Chebyshev point x_n을 식 (3-40)에 대입하면

$$z_n = \frac{1}{2}\{(b-a)\cos(\frac{n-0.5}{k}\pi) + a + b\}, \ n = 1,2,..,K \tag{3-41}$$

가 된다. 이러한 z_n에서 측정된 값에 대해 Lagrange 보간공식을 적용시켜 원하는 함수 값을 구한다.

【예제 3-16】 다음 그림처럼 길이 60미터의 파이프에 유압측정용 센서(sensor)를 4개 장치하려 한다. 몇 미터 지점에 장치하는 것이 타당한가?

【해】 흥미영역은 $0 \leqq z_n \leqq 60$ 이므로 $a=0, b=60, K=4$ 가 된다. 앞의 예제에서 구한 4차의 근은

$$x_1 = 0.9238795 \quad x_2 = 0.3826834$$

$$x_3 = -0.3826834 \quad x_4 = -0.9238795$$

이므로 식 (3-41)에 이 값들을 대입하면 다음과 같이 새로운 Chebyshev point가 생성된다.

$$z_1 = \frac{(b-a)x_1 + a + b}{2} = \frac{60 \times x_1 + 60}{2} \simeq 57.72\ m$$

$$z_2 = \frac{(b-a)x_2 + a + b}{2} = \frac{60 \times x_2 + 60}{2} \simeq 41.48\ m$$

$$z_3 = \frac{(b-a)x_3 + a + b}{2} = \frac{60 \times x_3 + 60}{2} \simeq 18.52\ m$$

$$z_4 = \frac{(b-a)x_4 + a + b}{2} = \frac{60 \times x_4 + 60}{2} \simeq 2.28\ m$$ ■

【예제 3-17】 (1) 흥미영역이 $2 \leqq z \leqq 4$ 일 때 3차 Chebyshev point를 구하여라.
(2) 이러한 3개의 근을 사용하여 $\log(z)$에 적합 시킨 Lagrange 다항식을 구하여라.
(3) $\log(2.76)$의 값을 계산하라.
【해】 (1) $a=2, b=4, K=3$이므로 식 (3-41)에 $n=1,2,3$을 대입하면

$$z_1 = 3.86602\ , z_2 = 3\ ,\ z_3 = 2.13397$$

(2) 위에서 구한 z_1, z_2, z_3에 대응하는 $\log(z)$의 값은 다음과 같다.

z	3.86602	3	2.13397
$\log(z)$	1.352226	1.098612	0.757984

따라서 Lagrange 보간다항식은 다음과 같다.

$$y = \frac{(z-2.13397)(z-3)}{(3.86602-2.13397)(3.86602-3)} \times 1.352226$$

$$+ \frac{(z-2.13397)(z-3.86602)}{(3-2.13397)(3-3.86602)} \times 1.098612$$

$$+ \frac{(z-3)(z-3.86602)}{(2.13397-3)(2.13397-3.86602)} \times 0.757984$$

(3) 윗 식에 $z = 2.76$ 을 대입하면 된다. 즉, $\log(2.76) = 1.01293$ 이다.[12)]

다음은 << 프로그램 3-8 >>을 사용하여 위의 예제를 실행시킨 그림이다.

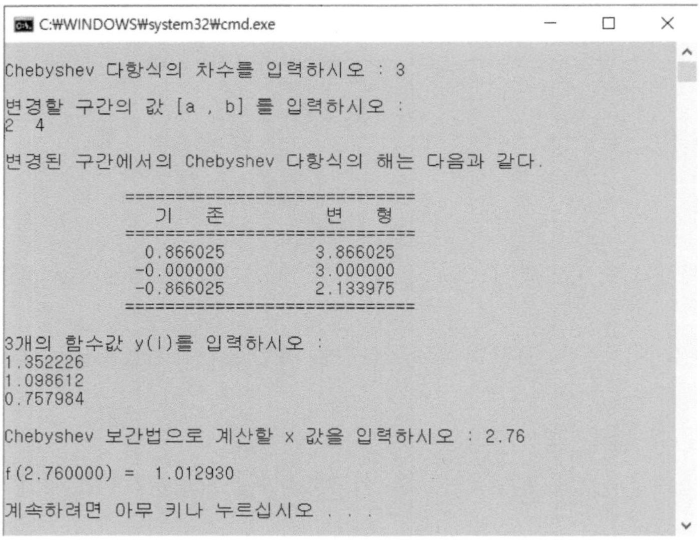

```
C:\WINDOWS\system32\cmd.exe

Chebyshev 다항식의 차수를 입력하시오 : 3

변경할 구간의 값 [a , b] 를 입력하시오 :
2 4

변경된 구간에서의 Chebyshev 다항식의 해는 다음과 같다.

           ==============================
              기  존          변  형
           ==============================
             0.866025         3.866025
            -0.000000         3.000000
            -0.866025         2.133975
           ==============================

3개의 함수값 y(i)를 입력하시오 :
1.352226
1.098612
0.757984

Chebyshev 보간법으로 계산할 x 값을 입력하시오 : 2.76

f(2.760000) =  1.012930

계속하려면 아무 키나 누르십시오 . . .
```

그림 3-18 체비셰프 보간법

12) 수학패키지를 이용하여 계산하면 $\log(2.76) = 1.01523$ 이다.

♣ 연습문제 ♣

1. 다음 자료에 대한 제계차표를 구하여라.

(1)

x	1	2	3	4	5	6
y	1	4	9	16	25	36

(2)

x	2.0	2.2	2.4	2.6	2.8	3.0
y	0.30133	0.34242	0.38021	0.41497	0.44716	0.47712

(3)

x	2.0	2.2	2.3	2.7	3.0
$\cos(x^2)$	-0.653644	0.127265	0.546024	0.534555	-0.91113

2. 다음 표에서 $\operatorname{cosec} 25° 16'$의 값을 Newton의 제계차 보간공식으로 계산하라.

x	25.05	25.13	25.25	25.32	25.41
$\operatorname{cosec}(x)$	2.36178	2.35475	2.34429	2.33823	2.33050

3. 【예제 3-15】와 같은 방식으로 세 개의 점 $P_0(x_0, y_0)$, $P_1(x_1, y_1)$, $P_2(x_2, y_2)$를 지나는 함수를 구하여라.

4. 다음 자료에 대한 Lagrange 보간다항식을 구하고, 이 식으로부터 $x = 4.5$ 일 때의 y 값을 구하여라.

x	1	3	4	5	7
y	1	29	67	129	349

5. 다음에 답하여라.

(1) 흥미영역이 $2 \leqq x \leqq 5$ 일 때 3차 Chebyshev 다항식의 근을 구하여라.

(2) 이러한 세 개의 근을 사용하여 $y = x^2$에 적합 시킨 Lagrange 다항식을 구하여라.

(3) $x = 2.6$일 때의 y값을 구하여라.

프로그램 모음

<< 프로그램 3-1 : 선형보간법 >>

```
#include "stdafx.h"
#include "stdio.h"
#include "math.h"
#include "stdlib.h“
int main()
{
    float x0, x1, y0, y1, x, y;
    printf("\n");
    printf("두 점 (x0,y0) , (x1,y1) 의 좌표점을 입력하시오 \n");
    scanf("%f  %f  %f  %f", &x0, &y0, &x1, &y1);
    printf("\n");
    printf("보간법으로 계산할 x값을 입력하시오 : ");
    scanf("%f",&x);
    y = y0 + (y1 - y0) / (x1 - x0) * (x - x0);
    printf("\nx = %f 에서의 근사값은 y = %f\n\n", x, y);
}
```

<< 프로그램 3-2 : 이항정리 >>

```
#include "stdafx.h"
#include "stdio.h"
#include "math.h"
#include "stdlib.h"
void blank(int n, int n_floor) //6 pascal 삼각형
{
        int m ; char b=' ' ;
        for(m=n_floor; m>=n; m--)
                printf("%2c", b) ;
}

int main()
{
        int a[20][20], i, j, k=0, step ;
        printf("Pascal의 층수(step)는 ? "); scanf("%d", &step) ;

        for(i=1; i<=step; i++)
        for(j=1; j<=step; j++)
        {
```

```
                a[i][1] = 1 ;
                a[i][j] = a[i-1][j-1] + a[i-1][j] ;
                a[j][j] = 1 ;
        }

        for(i=2; i<=step; i++)
        {
        blank(i,step) ;
        for(j=1; j<=i; j++)
        {
//              printf("%4d", a[i][j]) ; // (1+x)^n 출력할 때
                printf("%4d", (int)pow(-1., j+1)*a[i][j]) ; // (1-x)^n 출력할 때
        }
        printf("\n") ;
        }
}
```

<< 프로그램 3-3 : 전향계차 보간법 >>

```
#include "stdafx.h"
#include "stdio.h"
#include "math.h"
#include "stdlib.h"
int main()
{
float x[10], f[10][10], a, h, s, value=0;
int i, j, k, n;
    printf("\n자료의 개수 n 을 입력하시오 : ");
    scanf("%d",&n);
    printf("\nx   y의 값을 차례로 입력하시오 : \n");
    for(i=1;i<=n;i++)
        scanf("%f %f",&x[i],&f[i][0]);
    for(k=1;k<=n;k++){
        j=n-k;
        for(i=0;i<=j;i++)
            f[i][k]=f[i+1][k-1]-f[i][k-1];
    }
printf("\n                         Newton  전향계차표\n");
printf("=================================================================
==\n");
printf(" i        x        y    제1계차   제2계차   제3계차   제4계차\n");
printf("=================================================================
==\n");
```

```
    for(i=1;i<=n;i++){
        j=n-i;
        printf(" %d   %8.3f",i,x[i]);
            for(k=0;k<=j;k++)
                printf("%10.3f",f[i][k]);
        printf("\n");
    }
printf("==========================================================
==\n\n");
/*    h=x[2]-x[1];
    printf("\n\n보간법으로 계산할 x 값을 입력하시오 : ");
    scanf("%f",&a);
    for(i=0;i<=n-1;i++){
        s=1;
        for(k=1;k<=i;k++)
            s*=(a-x[k])/(k*h);
            value+=s*f[1][i];
    }
    printf("\nx = %f 에서의 근사값은 %f\n",a,value);
*/
}
```

<< 프로그램 3-4 : 후향계차표 >>

```
#include "stdafx.h"
#include "stdio.h"
#include "math.h"
#include "stdlib.h"
int main()
{
    FILE *pt ;
    pt = fopen("d:/py1.txt", "r") ;
    double x[10],f[10][10],a,h,s,value=0;
    int i,j,k,n;
    printf("자료의 개수 n을 입력하시오 : ");
    scanf("%d",&n);
    printf("\n 좌표값(x,y)을 입력하시오. \n");
    for(i=1;i<=n;i++)
        fscanf(pt, "%lf %lf", &x[i], &f[i][0]);
    for(k=1;k<=n;k++){
        j=n-k;
        for(i=1;i<=j;i++)
```

```
                f[i][k] = (f[i+1][k-1]-f[i][k-1]) / (x[i+k]-x[i]);
    }
printf("\n                              제계차표\n");
printf("=================================================================\n");
printf("       x              y      1제계차      2제계차      3제계차      4제계차 ..\n");
printf("=================================================================\n");
    for(i=1;i<=n;i++){
        j=n-i;
        printf(" %8.4lf", x[i]);
            for(k=0;k<=j;k++)
                printf("%11.7lf",f[i][k]);
        printf("\n");
    }
printf("=================================================================\n");
    printf("\n보간법으로 계산할 x 값을 입력하시오 : ");
    scanf("%lf",&a);
    for(i=0;i<=n-1;i++)
    {
        s=1;
        for(k=1;k<=i;k++)
        {
           s=s*(a-x[k]);
            printf("s=%lf \n", s) ;
        }
        value+=s*f[1][i];
    }
    printf("\n x = %8.5lf 에서의 제계차 근사값은 \n\n %12.8lf\n", a, value);
         fclose(pt) ;
}
```

<< 프로그램 3-5 : Aitken 보간법 >>

```
#include "stdafx.h"
#include "stdio.h"
#include "math.h"
#include "stdlib.h"
int main()
{
    float a,x[10],y[10][10] ;
    int i, j, m=1, n;
    printf("자료의 개수 n 을 입력하시오 : ");
    scanf("%d", &n) ;
    printf("\n보간법으로 계산할 x 좌표를 입력하시오 : ");
```

```
    scanf("%f",&a) ;
    printf("\n%d 개의 자료를 입력하시오\n",n) ;
    for(i=0;i<=n-1;i++)
       scanf("%f %f",&x[i],&y[i][0]);
lp:  for(i=m;i<=n-1;i++)
      y[i][m] = ( y[m-1][m-1]*(x[i]-a) - y[i][m-1]*(x[m-1]-a) ) / (x[i]-x[m-1]);
    for(i=m;i<=n-1;i++){
       if( y[i][m] != y[i+1][m] )
       {
           m++;
           goto lp ;
       }
    }
    printf("\n                    아이트켄의 반복과정\n");
    printf("=========================================================\n");
    printf(" i          x          y      y(i,1)     y(i,2)      .... \n");
    printf("=========================================================\n");
    for(i=0;i<=n-1;i++){
        printf(" %d %9.4f",i,x[i]);
        for(j=0;j<=i;j++)
           printf(" %9.4f", y[i][j]);
           printf("\n");
    }
    printf("=========================================================\n");
}
```

<< 프로그램 3-6 : Newton의 제계차 보간법 >>

```
#include "stdafx.h"
#include "stdio.h"
#include "math.h"
#include "stdlib.h"
int main()
{
    double x[10],f[10][10],a,h,s,value=0;
    int i,j,k,n;
    printf("자료의 개수 n을 입력하시오 : ");
    scanf("%d",&n);
    printf("\n 좌표값(x,y)을 입력하시오. \n");
    for(i=1;i<=n;i++)
        scanf("%lf %lf", &x[i], &f[i][0]);
    for(k=1;k<=n;k++){
```

```
        j=n-k;
        for(i=1;i<=j;i++)
            f[i][k] = (f[i+1][k-1]-f[i][k-1]) / (x[i+k]-x[i]);
    }
printf("\n                    제계차표\n");
printf("==========================================================\n");
printf("      x          y     1제계차     2제계차     3제계차     4제계차 ..\n");
printf("==========================================================\n");
    for(i=1;i<=n;i++){
        j=n-i;
        printf(" %8.4lf", x[i]);
            for(k=0;k<=j;k++)
                printf("%11.7lf",f[i][k]);
        printf("\n");
    }
printf("==========================================================\n");
    printf("\n보간법으로 계산할 x 값을 입력하시오 : ");
    scanf("%lf",&a);
    for(i=0;i<=n-1;i++)
    {
        s=1;
        for(k=1;k<=i;k++)
            {
                s=s*(a-x[k]);
                printf("s=%lf \n", s) ;
            }
        value+=s*f[1][i];
    }
    printf("\n x = %8.5lf 에서의 제계차 근사값은 \n\n %12.8lf\n", a, value);
}
```

<< 프로그램 3-7 : Lagrange 보간법 >>

```
#include "stdafx.h"
#include "stdio.h"
#include "math.h"
#include "stdlib.h"
int main()
{
    float a, c, s=0, x[10], y[10];
    int i,j,n;
    printf("\n자료의 개수 n을 입력하시오 : ");
    scanf("%d",&n);
```

```
    printf("\n%d 개의 자료를 입력하시오\n",n);
    for(i=1;i<=n;i++)
        scanf("%f %f",&x[i],&y[i]);
    printf("\nLagrange 보간법으로 계산할 x 값을 입력하시오\n");
        scanf("%f",&a);
    for(i=1;i<=n;i++){
        c=y[i];
        for(j=1;j<=n;j++)
            if(i!=j) c*=(a-x[j])/(x[i]-x[j]);
        s+=c;
    }
    printf("\nf(%f) = %f\n\n",a,s);
}
```

<< 프로그램 3-8 : Chebyshev 보간법 >>

```
#include "stdafx.h"
#include "stdio.h"
#include "math.h"
#include "stdlib.h"
int main()
{
    float a, b, c, pi, s=0, x[10], y[10], z[10];
    int i,j,k,n;
    pi = 4*atan(1.) ;
    printf("\nChebyshev 다항식의 차수를 입력하시오 : ");
    scanf("%d",&k);
    printf("\n변경할 구간의 값 [a , b] 를 입력하시오 : \n");
    scanf("%f %f",&a,&b);
    printf("\n변경된 구간에서의 Chebyshev 다항식의 해는 다음과 같다.\n\n");
    printf("            ==============================\n");
    printf("              기  존          변  형  \n");
    printf("            ==============================\n");
    for(i=1;i<=k;i++){
        x[i]=cos((i-0.5)*pi/k);
        z[i]=((b-a)*x[i]+a+b)/2;
        printf("            %12.6f      %12.6f\n", x[i], z[i]);
    }
    printf("            ==============================\n");
    printf("\n%d개의 함수값 y(i)를 입력하시오 : \n", k);
    for(i=1;i<=k;i++)
        scanf("%f",&y[i]);
    printf("\nChebyshev 보간법으로 계산할 x 값을 입력하시오 : ");
```

```
        scanf("%f",&a);
    for(i=1;i<=k;i++){
        c=y[i];
        for(j=1;j<=k;j++)
            if(i!=j) c*=(a-z[j])/(z[i]-z[j]);
        s+=c;
    }
    printf("\nf(%f) =  %f\n\n",a,s);
}
```

제4장 행렬과 행렬식

학습목표

- 행렬의 개념과 여러 종류의 행렬에 대해 살펴본다.
- 행렬의 기본 연산에 대한 학습을 한다.
  - 행렬의 합과 곱
- 행렬식의 정의를 이용한 행렬식 계산을 수행하여 본다.
- 행렬식을 계산하는 다양한 방식을 학습한다.
  - 행 또는 열끼리의 연산
  - Sarrus의 방법
  - Gauss 또는 Gauss-Jordan 소거법
  - Laplace 전개
- 역행렬을 계산하는 방법에 대하여 다루어본다.
  - 정의에 의한 방법
  - 소행렬식을 이용하는 방법
  - Gauss-Jordan 소거법

이인석(선형대수와 군, 서울대학교 출판부, 2009)에 의하면 행렬(matrix)은 '근원적인 고향'의 뜻을 갖고 있으며, 어원은 라틴어의 mater(어머니)라고 한다. 따라서 어떤 수학적인 대상을 만나더라도 우리는 행렬부터 생각한다는 뜻이라고 한다. 이제부터는 행렬에 대해 논의해보고자 한다.

제1절 행렬의 기본연산

수, 문자, 함수 등을 직사각형 모양으로 배열하고 괄호로 묶은 것을 행렬이라 한다. 예를 들면

$$(a)\ \begin{bmatrix} 3 & -2 & 0 \\ 7 & 5 & 1 \end{bmatrix} \qquad (b)\ \begin{bmatrix} \sin(x) & \cos(x) \\ -\cos(x) & \sin(x) \end{bmatrix} \qquad (c)\ \begin{bmatrix} a \\ b \\ c \end{bmatrix}$$

등은 행렬이다. 행렬의 수평인 배열을 행(row), 수직인 배열을 열(column)이라 한다.[1]

행렬은 아서 케일리와 윌리엄 로원 해밀턴이 발명했으며, 역사적으로 본다면 행렬은 '연립일차방정식의 풀이를 어떻게 하면 될까?'라고 고민한 데서 시작했다. 아서 케일리가 연구하던 중에 행렬식의 값에 따라 연립방정식의 해가 다르게 나오는 것을 보고 이것이 해의 존재 여부를 판별한다는 관점에서 Determinant 라고 부른 데서 행렬식이 탄생했고, 윌리엄 로원 해밀턴이 '그러면 연립방정식의 계수랑 변수를 따로 떼어내서 쓰면 어떨까?'라는 생각에서 행렬이 탄생했다. - 위키피디아

행렬 A의 행에서 만들어지는 벡터를 행벡터(row vectors) , A의 열에서 만들어지는 벡터를 열벡터(column vectors)라고 부르기도 한다.

---

1) $\begin{bmatrix} 3 & -2 & 0 \\ 7 & 5 & 1 \end{bmatrix}$ 는 $\begin{pmatrix} 3 & -2 & 0 \\ 7 & 5 & 1 \end{pmatrix}$로 표시하기도 한다.

흔히 행렬은 알파벳의 대문자로 표시하며 행렬의 원소(elements)는 소문자를 사용한다. 앞으로는 행렬 A의 제 i 행 , 제 j 열의 원소를 a_{ij}로 나타내기로 한다.

【정의 4-1】 mn개의 실수 $a_{ij}\,(i=1,2,...,n\,;j=1,2,...,m)$ 를 다음과 같이 배열한 것을 $(m \times n)$ **행렬**이라 한다.

$$A = \begin{bmatrix} a_{11} & a_{12} & \cdots & a_{1n} \\ a_{21} & a_{22} & \cdots & a_{2n} \\ \vdots & \vdots & & \vdots \\ a_{m1} & a_{m2} & \cdots & a_{mn} \end{bmatrix} \tag{4-1}$$

【정의 4-2】 행과 열의 크기가 같은 행렬을 **정방행렬**(square matrix)이라 한다.

식 (4-1)처럼 정의된 행렬 A에서 원소 $a_{ii}\,(i=1,2,...)$를 주대각성분(diagonal element)이라고 한다. 주대각성분은 행렬의 왼쪽 상단에서 오른쪽 하단으로 연결되는 성분을 의미한다. 다음의 행렬에서 박스로 표시된 a, e, i가 주대각성분이다.

$$\begin{pmatrix} \boxed{a} & b & c \\ d & \boxed{e} & f \\ g & h & \boxed{i} \end{pmatrix}$$

【정의 4-3】 주대각원소를 제외한 나머지 모든 원소가 0 인 정방행렬을 **대각행렬**(diagonal matrix)이라 한다.

만일 정방행렬이 아니면 대각행렬은 만들어지지 않는다. 다음과 같은 행렬은 대각행렬이다.

$$(a)\ \begin{bmatrix} 3 & 0 \\ 0 & 2 \end{bmatrix} \qquad (b)\ \begin{bmatrix} 2 & 0 & 0 \\ 0 & 1 & 0 \\ 0 & 0 & 6 \end{bmatrix} \qquad (c)\ \begin{bmatrix} 1 & 0 & 0 & 0 \\ 0 & 1 & 0 & 0 \\ 0 & 0 & 1 & 0 \\ 0 & 0 & 0 & 1 \end{bmatrix}$$

【정의 4-4】 주대각선(principal diagonal)의 원소는 1이고, 다른 원소가 모두 0(零)인 행렬을 **단위행렬**(unit matrix 또는 identity matrix)이라 하고 표기는 I로 한다.

【정의 4-5】 행렬 A의 i행을 i열로 바꾼 행렬을 **전치행렬**(transpose matrix)이라 한다. 행렬 A의 전치행렬은 A^T 또는 A'로 표기한다.

【예제 4-1】 다음 행렬 B의 전치행렬을 구하여라.

$$B = \begin{bmatrix} a & d \\ b & e \\ c & f \end{bmatrix}$$

【해】 $B^T = \begin{bmatrix} a & b & c \\ d & e & f \end{bmatrix}$ 2)

【정의 4-6】 원행렬 A에 대해, $A = A^T$인 행렬을 대칭행렬(symmetric matrix)이라 하고, $A = -A^T$이면 교대행렬(skew-symmetric matrix)이라 한다.

---

2) 전치행렬을 구하는 파이썬 프로그램은 다음과 같다.

```
import numpy as np
B = np.matrix( [ ['a','d'] , ['b','e'] , ['c','f'] ] )
print(B.T) #전치행렬
```

1. 행렬의 합

행과 열의 크기가 같은 행렬 $A=(a_{ij}), B=(b_{ij}), C=(c_{ij})$ 에 대하여 행렬 A와 행렬 B의 합 C는 $A+B=C$ 로 쓰고, 행렬의 원소 사이에는 다음의 관계가 있다.

$$a_{ij}+b_{ij}=c_{ij} \tag{4-2}$$

【예제 4-2】 행렬 X, Y, Z 에 대하여 $X+Y$, $X+Z$ 계산을 하여라.

$$X=\begin{bmatrix} 1 & 2 \\ 3 & 4 \end{bmatrix}, \quad Y=\begin{bmatrix} 2 & 4 \\ 5 & 1 \end{bmatrix}, \quad Z=\begin{bmatrix} 3 & 5 & 9 \\ 5 & 6 & 5 \end{bmatrix}$$

【해】 $X+Y=\begin{bmatrix} 1+2 & 2+4 \\ 3+5 & 4+1 \end{bmatrix}=\begin{bmatrix} 3 & 6 \\ 8 & 5 \end{bmatrix}$ 가 된다. 하지만 $X+Z$의 계산은 할 수 없다.[3)]

주어진 행렬 $A=\begin{bmatrix} a & b \\ c & d \end{bmatrix}$ 라고 하면 전치행렬은 $A^T=\begin{bmatrix} a & c \\ b & d \end{bmatrix}$ 가 된다. 이제 두 개의 행렬의 합과 차를 계산해보면

$$A+A^T=\begin{bmatrix} 2a & b+c \\ b+c & 2d \end{bmatrix} \qquad A-A^T=\begin{bmatrix} 0 & b-c \\ c-b & 0 \end{bmatrix}$$

가 된다. 계산 결과에서 알 수 있듯이 $A+A^T$는 대칭행렬이고, $A-A^T$는 교대행렬임을 알 수 있다.

---

3) 행렬의 합을 구하는 파이썬 프로그램은 다음과 같다.

```
import numpy as np
x = np.matrix( [ [1,2] , [3,4] ] )
y = np.matrix( [ [2,4] , [5,1] ] )
z = x + y
print(z)
```

【예제 4-3】 다음 행렬을 대칭행렬과 교대행렬의 합으로 나타내어라.

$$A=\begin{bmatrix} 7 & -1 & 4 \\ 5 & 0 & 6 \\ 1 & 2 & 3 \end{bmatrix}$$

【해】 A의 전치행렬을 구하면

$$A^T=\begin{bmatrix} 7 & 5 & 1 \\ -1 & 0 & 2 \\ 4 & 6 & 3 \end{bmatrix}$$

이므로 $A+A^T$와 $A-A^T$ 계산을 해보면

$$A+A^T=\begin{bmatrix} 14 & 4 & 5 \\ 4 & 0 & 8 \\ 5 & 8 & 6 \end{bmatrix} \qquad A-A^T=\begin{bmatrix} 0 & -6 & 3 \\ 6 & 0 & 4 \\ -3 & -4 & 0 \end{bmatrix}$$

$$\therefore\ A=\frac{1}{2}\{(A+A^T)+(A-A^T)\}=\frac{1}{2}\left\{\begin{bmatrix} 14 & 4 & 5 \\ 4 & 0 & 8 \\ 5 & 8 & 6 \end{bmatrix}+\begin{bmatrix} 0 & -6 & 3 \\ 6 & 0 & 4 \\ -3 & -4 & 0 \end{bmatrix}\right\}$$ 4)

【정리 4-1】 같은 크기의 행렬 A, B, C와 임의의 실수 α, β에 대하여 다음이 성립한다.

1) $A+B=B+A$
2) $(A+B)+C=A+(B+C)$
3) $\alpha(A+B)=\alpha A+\alpha B$
4) $(\alpha+\beta)A=\alpha A+\beta A$

---

4) 대칭행렬과 교대행렬을 구하는 파이썬 프로그램

```
import numpy as np
A = np.matrix( [ [7,-1,4] , [5,0,6] , [1,2,3] ] )
print('대칭행렬 A+A.T  \n', A)
print('교대행렬 A-A.T  \n', A)
print( 'A  \n', ((A+A.T) + (A-A.T))/2)
```

행렬 A에 대하여 $A+A=(a_{ij}+a_{ij})=2(a_{ij})=2A$ 이므로 다음과 같은 스칼라곱에 대한 정의가 가능하다.

【정의 4-7】 행렬 A와 어떤수 r에 대해 **스칼라곱**(scalar product) rA는 행렬의 각 원소에 r을 곱하여 얻는다.

【예제 4-4】 행렬 A가 다음과 같을 때, $3A$, $(-1)A$ 를 구하여라.

$$A=\begin{bmatrix} 1 & 2 & 4 \\ 2 & 6 & 0 \\ -3 & 3 & 7 \end{bmatrix}$$

【해】 $3A=\begin{bmatrix} 3 & 6 & 12 \\ 6 & 18 & 0 \\ -9 & 9 & 21 \end{bmatrix}$, $(-1)A=\begin{bmatrix} -1 & -2 & -4 \\ -2 & -6 & 0 \\ 3 & -3 & -7 \end{bmatrix}$ ■

2. 행렬의 곱

A는 $(m\times r)$행렬이고 B는 $(r\times n)$행렬이면, 두 행렬의 곱은 $C=AB$ 로 표시하고 행렬 C의 (i,j)원소 c_{ij}는 다음과 같이 정의한다.

$$C_{ij}=\sum_{k=1}^{r} a_{ik}\times b_{kj} \qquad (4\text{-}3)$$

행렬 A,B의 곱은 내항 r은 생략되고 외항의 크기만으로 C의 크기가 결정된다. 즉

$$C=A_{m\times r}\ B_{r\times n}=AB_{m\times n}$$

이다.

【예제 4-5】 다음의 행렬 A, B, C에 대하여 행렬의 곱셈 AB, CA, ABC^T는 가능한가를 판단하고, 곱셈 결과인 행렬의 크기를 구하여라.

$$A = \begin{bmatrix} 2 & 0 & 0 \\ 0 & 1 & 0 \\ 0 & 0 & 6 \end{bmatrix} \quad B = \begin{bmatrix} 2 & 0 & -1 & 2 \\ 0 & 0 & 3 & 2 \\ 1 & 3 & 3 & 5 \end{bmatrix} \quad C = \begin{bmatrix} 3 & 7 & -1 & 1 \\ 0 & 2 & 5 & -2 \\ 5 & 3 & 8 & 6 \\ 1 & 8 & 0 & 5 \\ 2 & 4 & 4 & -1 \end{bmatrix}$$

【해】 A는 (3×3)행렬, B는 (3×4)행렬, C는 (5×4)행렬이므로

표 4-1

곱셈	연산	행렬의 크기
AB	가능	(3×4)
CA	불가능	
ABC^T	가능	(3×5)

■

【예제 4-6】 다음 행렬의 곱을 구하여라.

$$A = \begin{vmatrix} 1 & 2 & 4 \\ 2 & 6 & 0 \end{vmatrix} \quad B = \begin{vmatrix} 4 & 1 & 4 & 3 \\ 0 & -1 & 3 & 1 \\ 2 & 7 & 5 & 2 \end{vmatrix}$$

【해】 C의 성분을 계산하면

$$c_{11} = a_{11}b_{11} + a_{12}b_{21} + a_{13}b_{31} = 4+0+8 = 12$$
$$c_{12} = a_{11}b_{12} + a_{12}b_{22} + a_{13}b_{32} = 27$$
$$c_{13} = a_{11}b_{13} + a_{12}b_{23} + a_{13}b_{33} = 30$$
$$c_{14} = a_{11}b_{14} + a_{12}b_{24} + a_{13}b_{34} = 13$$
$$c_{21} = a_{21}b_{11} + a_{22}b_{21} + a_{23}b_{31} = 8$$
$$c_{22} = a_{21}b_{12} + a_{22}b_{22} + a_{23}b_{32} = -4$$
$$c_{23} = a_{21}b_{13} + a_{22}b_{23} + a_{23}b_{33} = 26$$
$$c_{24} = a_{21}b_{14} + a_{22}b_{24} + a_{23}b_{34} = 6+6+0 = 12$$

가 된다. 즉, $C = AB = \begin{bmatrix} 12 & 27 & 30 & 13 \\ 8 & -4 & 26 & 12 \end{bmatrix}$ [5)]

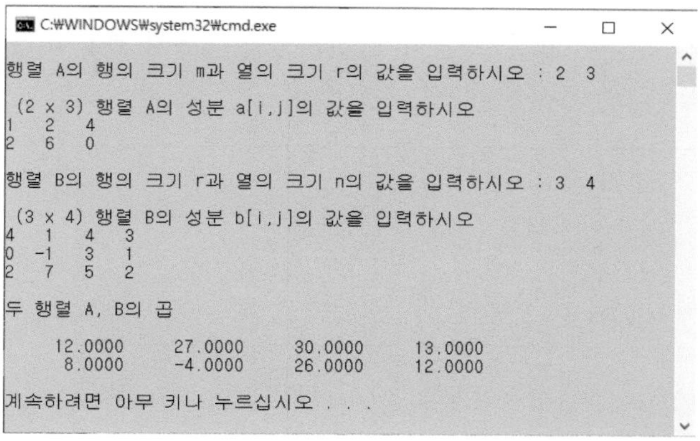

```
C:\WINDOWS\system32\cmd.exe
행렬 A의 행의 크기 m과 열의 크기 r의 값을 입력하시오 : 2 3

 (2 x 3) 행렬 A의 성분 a[i,j]의 값을 입력하시오
1  2  4
2  6  0

행렬 B의 행의 크기 r과 열의 크기 n의 값을 입력하시오 : 3 4

 (3 x 4) 행렬 B의 성분 b[i,j]의 값을 입력하시오
4  1  4  3
0 -1  3  1
2  7  5  2

두 행렬 A, B의 곱

     12.0000     27.0000     30.0000     13.0000
      8.0000     -4.0000     26.0000     12.0000

계속하려면 아무 키나 누르십시오 . . .
```

그림 4-1 **행렬의 곱셈**

【정리 4-2】 두 개의 행렬이 곱셈 가능한 크기라 하더라도 일반적으로 $AB \neq BA$ 이다.

<증명> A는 $(m \times r)$행렬이고 B는 $(r \times m)$행렬이라고 하면 AB는 크기가 $(m \times m)$인 행렬이고, BA는 크기가 $(r \times r)$인 행렬이다. 곱셈의 위치를 바꾸었더니 크기가 다른 행렬이 만들어지는 것을 알 수 있다. 따라서 $AB \neq BA$임을 알 수 있다.

$$AB\text{의 } (i,j)\text{성분} = \sum_{k=1}^{m} (a_{ik} \times b_{kj}) \neq \sum_{k=1}^{r} (b_{ik} \times a_{kj}) = BA\text{의 } (i,j)\text{성분} \quad \blacksquare$$

---

5) 파이썬 프로그램은 다음과 같다.

```
import numpy as np
A = np.matrix([ [[1,2,4] , [2,6,0]])
B = np.matrix([ [4,1,4,3] , [0,-1,3,1] , [2,7,5,2]]
C = A * B
print(C)
```

【예제 4-7】 다음 행렬의 곱 AB, BA를 구하여라.

$$A = \begin{bmatrix} 4 & 3 \\ 2 & 1 \end{bmatrix} \qquad B = \begin{bmatrix} 1 & 0 \\ 2 & 3 \end{bmatrix}$$

【해】 $AB = \begin{bmatrix} 10 & 9 \\ 4 & 3 \end{bmatrix}$. $BA = \begin{bmatrix} 4 & 3 \\ 14 & 9 \end{bmatrix}$ 이므로 $AB \neq BA$ 이다. ■

【정리 4-3】 행렬의 곱의 연산
1) $A(B+C) = AB + AC$
2) $A(BC) = (AB)C$
3) $\alpha(B+C) = \alpha B + \alpha C$

<증명> $A(B+C)$의 (i,j) 원소 $= \sum_{k=1}^{r} a_{ik}(b_{kj} + c_{kj})$

$$= \sum_{k=1}^{r} a_{ik}b_{kj} + \sum_{k=1}^{r} a_{ik}c_{kj}$$

$= AB$의 (i,j) 원소 $+ AC$의 (i,j) 원소

【예제 4-8】 다음의 행렬 A, B, C에 대하여 $A(BC)$, $(AB)C$를 계산하라.

$$A = \begin{bmatrix} 2 & 7 \\ 5 & 0 \\ 3 & 1 \end{bmatrix} \quad B = \begin{bmatrix} 1 & 5 \\ 6 & 3 \end{bmatrix} \quad C = \begin{bmatrix} 1 & 0 \\ 3 & 2 \end{bmatrix}$$

【해】 $BC = \begin{bmatrix} 16 & 10 \\ 15 & 6 \end{bmatrix}$ 이므로 $A(BC) = \begin{bmatrix} 2 & 7 \\ 5 & 0 \\ 3 & 1 \end{bmatrix} \begin{bmatrix} 16 & 10 \\ 15 & 6 \end{bmatrix} = \begin{bmatrix} 137 & 62 \\ 80 & 50 \\ 63 & 36 \end{bmatrix}$

$AB = \begin{bmatrix} 44 & 31 \\ 5 & 25 \\ 9 & 18 \end{bmatrix}$ 이므로 $(AB)C = \begin{bmatrix} 44 & 31 \\ 5 & 25 \\ 9 & 18 \end{bmatrix} \begin{bmatrix} 1 & 0 \\ 3 & 2 \end{bmatrix} = \begin{bmatrix} 137 & 62 \\ 80 & 50 \\ 63 & 36 \end{bmatrix}$

따라서 $A(BC) = (AB)C$ 가 성립함을 알 수 있다. ■

【정리 4-4】 서로 다른 세 개의 행렬 A, B, C에 대하여 $AB = AC$의 관계가 성립하더라도 $B \neq C$이다.

【예제 4-9】 행렬 A, B, C가 각각 다음과 같을 때 AB와 AC를 계산하라.

$$A = \begin{bmatrix} 2 & 3 \\ 4 & 6 \end{bmatrix} \qquad B = \begin{bmatrix} 4 & 3 \\ 2 & 1 \end{bmatrix} \qquad C = \begin{bmatrix} 1 & 3 \\ 4 & 1 \end{bmatrix}$$

【해】 $AB = \begin{bmatrix} 14 & 9 \\ 28 & 18 \end{bmatrix} \qquad AC = \begin{bmatrix} 14 & 9 \\ 28 & 18 \end{bmatrix}$ ■

행렬의 곱은 같지만 $B \neq C$임을 확인할 수 있다. 이유는 A의 행렬식[6] 이 0(零)이기 때문이다. 예를 들어 $0 \times 3 = 0 \times 7 = 0$ 이 성립하지만 두 수(여기서는 3과 7)는 같지 않은 것과 동일한 개념이다.

【정리 4-5】 같은 크기의 행렬 A, B에 대해 다음이 성립한다.

1) $(A^T)^T = A$
2) $(A+B)^T = A^T + B^T$
3) $(\alpha A)^T = \alpha A^T$, α는 임의의 실수
4) $(AB)^T = B^T A^T$

<증명> 4) $(AB)^T$의 (i, j) 원소 $= AB$의 (j, i) 원소 $= \sum_{k=1}^{r} a_{jk} b_{ki} = \sum_{k=1}^{r} b_{ki} a_{jk}$

$= \sum_{k=1}^{r} \{B$의 (k, i) 원소$\}$ $\{A$의 (j, k) 원소$\}$

$= \sum_{k=1}^{r} \{B^T$의 (i, k) 원소$\}$ $\{A^T$의 (k, j) 원소$\}$

$= B^T A^T$의 (i, j) 원소

6) 행렬식에 관한 사항은 제2절 이하에 나와 있다.

【예제 4-10】 두 개의 행렬 A, B가 다음과 같을 때, $(AB)^T$를 구하여라.

$$A = \begin{bmatrix} 4 & 3 \\ 2 & 1 \end{bmatrix} \qquad B = \begin{bmatrix} 1 & 0 \\ 2 & 3 \end{bmatrix}$$

【해】 AB는 앞에서 계산한 바 있다. 따라서 $B^T A^T$만 계산하여 비교하면 된다. 편의상 파이썬 프로그램으로 계산하면 다음과 같다. [7]

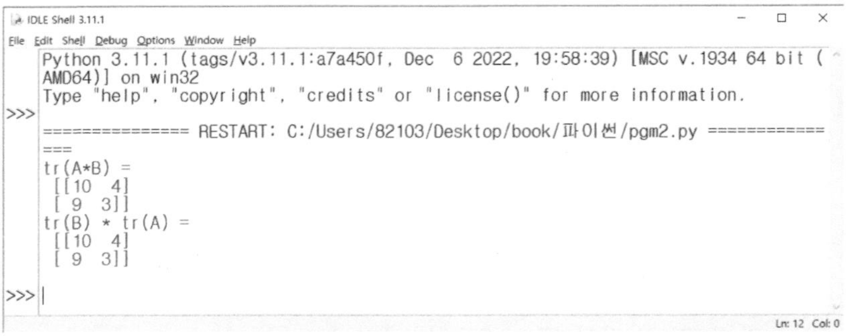

```
IDLE Shell 3.11.1
File Edit Shell Debug Options Window Help
    Python 3.11.1 (tags/v3.11.1:a7a450f, Dec  6 2022, 19:58:39) [MSC v.1934 64 bit (
    AMD64)] on win32
    Type "help", "copyright", "credits" or "license()" for more information.
>>>
    =============== RESTART: C:/Users/82103/Desktop/book/파이썬/pgm2.py ============
    ===
    tr(A*B) =
     [[10  4]
     [ 9  3]]
    tr(B) * tr(A) =
     [[10  4]
     [ 9  3]]

>>> |
                                                                        Ln: 12 Col: 0
```

그림 4-2 파이썬 프로그램 실행결과

---

7) import numpy as np
```
A = np.matrix( [ [4,3] , [2,1] ] )
B = np.matrix([ [1,0] , [2,3] ] )
print( "tr(A*B) = \n", (A*B).T)
print("tr(B) * tr(A) = \n", B.T * A.T)
```

♣ 연습문제 ♣

1. A, B는 4×5 행렬, C, D, E는 각각 5×2 , 4×2 , 5×4 행렬이라고 하자. 다음에서 계산 가능한 행렬을 고르고, 이들 각각에 대해 계산 결과가 어떠한 크기의 행렬이 되는 지를 구하여라.

(1) AB　　(2) $AC+D$　　(3) $AE+B$

(4) $E(A+B)$　　5) E^tA　　(6) $(A^t+E)D$

2. 행렬 A, B가 다음과 같을 때 $A+B, A-B, AB, BA, A^2$을 구하여라.

$$A=\begin{bmatrix}3&0&2\\1&0&4\\1&2&5\end{bmatrix}\qquad B=\begin{bmatrix}1&0&3\\2&3&5\\3&1&0\end{bmatrix}$$

3. 【정리 4-3】의 2)를 증명하라.

4. 【정리 4-5】의 2)를 증명하라.

5. 다음 행렬 $A(\theta)$에 대해 임의의 실수 θ에서의 다음 사항이 성립함을 증명하라.

$$A(\theta)=\begin{bmatrix}\cos(\theta)&-\sin(\theta)\\ \sin(\theta)&\cos(\theta)\end{bmatrix}$$

(1) $A(\alpha)A(\beta)=A(\alpha+\beta)$

(2) $A(0)=I$ (단위행렬)

(3) $A(-\theta)=A^T(\theta)$

제2절 행렬식

행렬식의 계산 방법은 많이 소개되어 있지만 정의는 소홀히 하고 있는 데, 이와 관련하여 여기서는 행렬식(determinant)의 정의부터 시작하여 다음 절에서 다룰 행렬식의 간편 계산 결과와 비교할 수 있는 근거를 제공하고자 한다.

【정의 4-8】 n개의 수를 임의의 순서로 나열한 것을 **순열**(permutation)이라 하며 순열의 수는 $n!$개가 존재한다.8)

【예제 4-11】 세 개의 수 {1, 2, 3}을 임의의 순서로 나열하는 경우의 수를 구하여라.
【해】 순서대로 나열해 보면 (1, 2, 3), (1, 3, 2), (2, 1, 3), (2, 3, 1), (3, 1, 2), (3, 2, 1) 의 서로 다른 6개의 순열이 존재한다. ■

파이썬에서 순열을 계산할 때는 math.factorial( ) 함수를 사용한다. 이것은 $n! = n \times (n-1) \times \cdots \times 2 \times 1$을 계산하며, 6개의 자연수 {1, 2, 3, 4, 5, 6}을 순서대로 나열하는 방법은 6가지이고, 720개의 방법이 존재한다.

【정의 4-9】 큰 수가 작은 수보다 먼저 나타나는 것을 **전도**(inversion)라 하고 전도가 발생하고 있는 합계수를 **전도수**(number of inversions)라 한다.

【예제 4-12】 다음 순열의 전도수를 구하여라.

(1) $6,1,3,5,2,4$ (2) $2,3,4,1$

---

8) import math
print(math.factorial(6))

【해】 (1) $6,1,3,5,2,4 \to 1,6,3,5,2,4 \to 1,3,6,5,2,4 \to 1,3,5,6,2,4 \to$
$1,3,5,2,6,4 \to 1,3,5,2,4,6 \to 1,3,2,5,4,6 \to 1,3,2,4,5,6 \to$
$1,2,3,4,5,6$

8회의 교환을 하여 자연수의 수열을 만들었으므로 전도수는 8 이다.

(2) $2,3,4,1 \to 2,3,1,4 \to 2,1,3,4 \to 1,2,3,4$

따라서 전도수는 3 이다. ■

수작업을 통해 숫자를 교환하는 절차를 밟아 전도수를 구하는 것은 한계가 있다. 하지만 어떠한 수를 기준으로 자신보다 작은 수가 뒤에 몇 개가 있는가를 헤아리면 전도수를 쉽게 구할 수 있다. 이를 호환(互換)이라고 부른다.

예를 들어 (6,1,3,5,2,4)의 전도수는 다음과 같이 호환으로 구할 수 있다.

6 뒤에는 6보다 작은 수가 5개 있음.
1 뒤에는 1보다 작은 수가 0개 있음.
3 뒤에는 3보다 작은 수가 1개 있음.
5 뒤에는 5보다 작은 수가 2개 있음.
2 뒤에는 2보다 작은 수가 0개 있음.
4 뒤에는 4보다 작은 수가 0개 있음.

따라서 전도수는 (5 + 0 + 1 + 2 + 0 + 0) = 8 이다.

전도수를 구하기 위한 프로그램으로는 버블소트를 사용하였으며, 다음은 << 프로그램 4-6 >> 의 실행 결과이다.

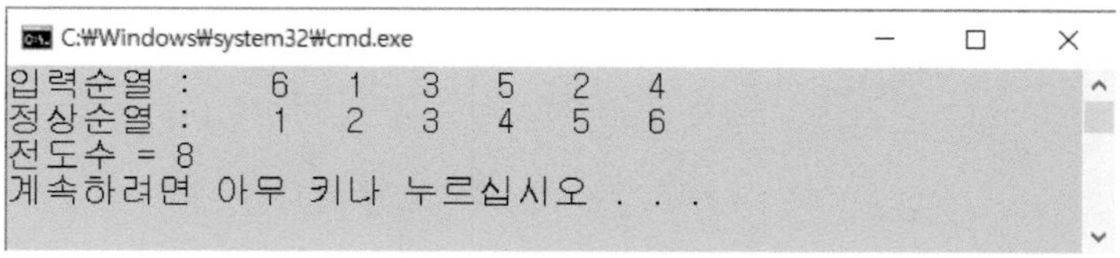

```
C:\Windows\system32\cmd.exe
입력순열 :    6   1   3   5   2   4
정상순열 :    1   2   3   4   5   6
전도수 = 8
계속하려면 아무 키나 누르십시오 . . .
```

그림 4-3 전도수 구하기

【정의 4-10】 전도수가 짝수인 순열을 **우순열**(even permutation)이라 하고 홀수인 순열을 **기순열**(odd permutation)이라 한다.

우순열 또는 기순열을 구하는 방법으로는 이상의 전도수를 이용하는 방법 외에도 호환(互換)을 이용하는 방법이 있다. 호환은 전도된 수가 자기 위치로 옮겨가기까지의 횟수이다.

【예제 4-13】 호환을 사용하여 다음 순열에서 우순열, 기순열을 판별하라.

(1) 4,3,2,1　　(2) 1,3,2

(3) 3,1,2,5,4　　(4) 4,1,3,5,2

【해】 우순열 또는 기순열을 판별하기 위해서는 앞서 언급한 호환(互換)을 이용하여 전도수를 구하면 된다.

(1) 4,3,2,1 -> 3,2,1,4(3회) -> 2,1,3,4(2회) -> 1,2,3,4(1회) : 우순열

(2) 1,3,2 -> 1,2,3(1회) : 기순열

(3) 3,1,2,5,4 -> 1,2,3,5,4(2회) -> 1,2,3,4,5(1회) : 기순열

(4) 4,1,3,5,2 -> 4,1,3,2,5(1회) -> 1,3,2,4,5(3회) -> 1,2,3,4,5(1회) : 기순열

【정의 4-11】 n 차 정방행렬의 각 행 , 각 열에서 하나씩 선택된 원소들의 곱을 만든 것을 **기본적**(elementary product)이라 한다.

【예제 4-14】 다음 행렬의 기본적을 모두 구하여라.

(1) $\begin{bmatrix} a_{11} & a_{12} \\ a_{21} & a_{22} \end{bmatrix}$　　(2) $\begin{bmatrix} 1 & 2 & 3 \\ 4 & 5 & 6 \\ 7 & 8 & 9 \end{bmatrix}$

【해】 (1) $a_{11}a_{22}$, $a_{12}a_{21}$

(2) $1\times5\times9$, $1\times6\times8$, $2\times4\times9$, $2\times6\times7$, $3\times5\times7$, $3\times4\times8$ ■

【정의 4-12】 어떤 순열이 우순열일 때는 + , 기순열일 때는 -를 붙인 기본적을 **부호기본적**(signed elementary product)이라 한다.

【예제 4-15】 다음 행렬의 부호기본적을 모두 구하여라.

$$\begin{bmatrix} a_{11} & a_{12} \\ a_{21} & a_{22} \end{bmatrix}$$

【해】 기본적은 $a_{11}a_{22}$, $a_{12}a_{21}$ 이며 2 개의 기본적으로부터 우순열, 기순열을 판별해야 하는데 첨자의 행 번호는 1,2로 되어 있으므로 순서를 정할 수 없다. 하지만 첨자의 열 번호는 (1,2), (2,1)이므로 전도수를 구할 수 있다.

기본적 $a_{11}a_{22}$는 전도수가 0 이므로 우순열이고, 기본적 $a_{12}a_{21}$는 전도수가 1 이므로 기순열이 된다. 이를 정리하면 다음과 같은 표를 만들 수 있다. ■

표 4-2 **부호기본적**

기본적	열번호	전도수	순 열	부호기본적
$a_{11}a_{22}$	1,2	0	우순열	$+\ a_{11}a_{22}$
$a_{12}a_{21}$	2,1	1	기순열	$-\ a_{12}a_{21}$

【예제 4-16】 다음 행렬 A의 부호기본적을 모두 구하여라.

$$A = \begin{bmatrix} a_{11} & a_{12} & a_{13} \\ a_{21} & a_{22} & a_{23} \\ a_{31} & a_{32} & a_{33} \end{bmatrix}$$

【해】 주어진 행렬의 기본적은 어느 행에서도 한 개의 성분만을 택해야 하므로

$a_{1_} \times a_{2_} \times a_{3_}$의 형으로 표현될 수 있다. 또한 어느 열에서나 한 개의 성분만을 택해야 하므로 첨자 "_"에 들어가는 열 번호는 중복되지 않는다. ■

표 4-3 부호기본적

기본적	열번호	전도수	순 열	부호기본적
$a_{11} \times a_{22} \times a_{33}$	1,2,3	0	우순열	+ $a_{11} \times a_{22} \times a_{33}$
$a_{11} \times a_{23} \times a_{32}$	1,3,2	1	기순열	- $a_{11} \times a_{23} \times a_{32}$
$a_{12} \times a_{21} \times a_{33}$	2,1,3	1	기순열	- $a_{12} \times a_{21} \times a_{33}$
$a_{12} \times a_{23} \times a_{31}$	2,3,1	2	우순열	+ $a_{12} \times a_{23} \times a_{31}$
$a_{13} \times a_{21} \times a_{32}$	3,1,2	2	우순열	+ $a_{13} \times a_{21} \times a_{32}$
$a_{13} \times a_{22} \times a_{31}$	3,2,1	3	기순열	- $a_{13} \times a_{22} \times a_{31}$

【정의 4-13】 행렬 A의 **행렬식**(determinant)은 모든 부호기본적의 합으로 정의하며 표기는 $\det(A)$로 한다.

기본적은 정방행렬인 경우만 고려하므로 결국 행렬식은 정방행렬인 경우에 국한된다. n차 정방행렬 A의 행렬식은 다음과 같이 절대 값으로 나타낸다.

$$\det(A) = \begin{vmatrix} a_{11} & a_{12} & \cdots & a_{1n} \\ a_{21} & a_{22} & \cdots & a_{2n} \\ \vdots & \vdots & & \vdots \\ a_{m1} & a_{m2} & \cdots & a_{mn} \end{vmatrix} \tag{4-4}$$

【예제 4-17】 정의에 따라 다음 행렬 A의 행렬식을 구하여라.

$$A = \begin{bmatrix} a_{11} & a_{12} \\ a_{21} & a_{22} \end{bmatrix}$$

【해】 표 4-2 에서 부호기본적은 + $a_{11} \times a_{22}$, - $a_{12} \times a_{21}$ 임을 확인할 수 있다. 【정의 4-13】에 따른 부호기본적의 합은 $(a_{11} \times a_{22} - a_{12} \times a_{21})$ 이므로

$$\det(A) = \begin{vmatrix} a_{11} & a_{12} \\ a_{21} & a_{22} \end{vmatrix} = a_{11} \times a_{22} - a_{12} \times a_{21} \quad \blacksquare \qquad (4-5)$$

계산된 행렬식 A는 그림으로 나타내면 다음과 같으며, 이와 같은 방식으로 행렬식을 쉽게 구할 수 있다.

$$\begin{vmatrix} a_{11} & a_{12} \\ a_{21} & a_{22} \end{vmatrix}$$

행렬식 = (↘ 방향의 곱) - (↙방향의 곱)

【예제 4-18】 다음 행렬의 행렬식을 구하여라.

$$\begin{bmatrix} 2 & -3 \\ 1 & 5 \end{bmatrix}$$

【해】 정의에 따른 행렬식의 값은 $2 \times 5 - (-3) \times 1 = 10 + 3 = 13$ 이다. ■

다음은 << 프로그램 4-3 >>을 이용하여 행렬 $\begin{bmatrix} 2 & -3 \\ 1 & 5 \end{bmatrix}$ 에 대한 행렬식의 값을 구한 것이다.

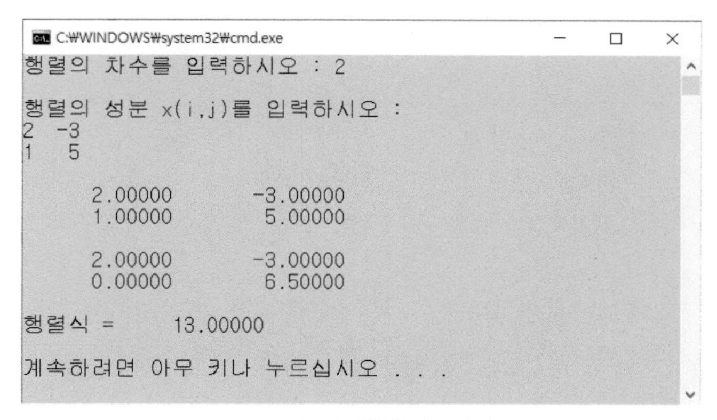

그림 4-4 행렬식 계산

【예제 4-19】 다음의 (3×3) 행렬 A의 행렬식을 구하여라.

$$A = \begin{bmatrix} a_{11} & a_{12} & a_{13} \\ a_{21} & a_{22} & a_{23} \\ a_{31} & a_{32} & a_{33} \end{bmatrix}$$

【해】 앞의 【예제 4-16】에서 계산한 부호기본적은

$$+\ a_{11} \cdot a_{22} \cdot a_{33}\ ,\ -\ a_{11} \cdot a_{23} \cdot a_{32}\ ,\ -\ a_{12} \cdot a_{21} . a_{33}$$
$$+\ a_{12} \cdot a_{23} \cdot a_{31}\ ,\ +\ a_{13} \cdot a_{21} \cdot a_{32}\ ,\ -\ a_{13} \cdot a_{22} \cdot a_{31}$$

이므로, 정의에 따른 행렬식은 다음과 같다.

$$\det(A) = \begin{vmatrix} a_{11} & a_{12} & a_{13} \\ a_{21} & a_{22} & a_{23} \\ a_{31} & a_{32} & a_{33} \end{vmatrix}$$
$$= a_{11} \cdot a_{22} \cdot a_{33} + a_{12} \cdot a_{23} \cdot a_{31} + a_{13} \cdot a_{21} \cdot a_{32}$$
$$- a_{11} \cdot a_{23} \cdot a_{32} - a_{12} \cdot a_{21} \cdot a_{33} - a_{13} \cdot a_{22} \cdot a_{31} \quad \blacksquare \qquad (4\text{-}6)$$

다음은 행렬식의 연산에서 많이 쓰이는 성질들이다. 이러한 기본 성질을 잘 이용하면 행렬식의 계산을 보다 쉽게 할 수 있다.

【정리 4-6】 행렬식의 기본성질

1) 원행렬과 그의 전치행렬의 행렬식은 동일하다.
2) 행렬식의 어떤 행(열)의 모든 원소에 공통인 인수는 행렬식 밖으로 꺼낼 수 있다.
3) 행렬식의 두 개의 행(열)을 교환하면 행렬식의 부호가 바뀐다.
4) 행렬식의 두 개의 행(열)이 같으면 행렬식은 0(零)이다.
5) 행렬식의 행(열)에 다른 행(열)의 k배를 더해도 행렬식은 동일하다.
6) 역행렬의 행렬식은 처음 행렬의 행렬식의 역수와 같다.

【예제 4-20】 두 행렬 A,B의 행렬식을 계산하여라.

$$A = \begin{bmatrix} 1 & 2 \\ 1 & 3 \end{bmatrix} \quad B = \begin{bmatrix} 1 & 2 \\ 3 & 9 \end{bmatrix}$$

【해】 $\det(A) = 1 \times 3 - 2 \times 1 = 1$ 이다. 행렬 B는 제2행의 공통인수인 3을 밖으로 꺼내어 계산할 수 있다.

$$\det(B) = 3 \times \begin{vmatrix} 1 & 2 \\ 1 & 3 \end{vmatrix} = 3$$ [9)]

【예제 4-21】 다음 행렬 C의 행렬식을 계산하여라.

$$C = \begin{bmatrix} 3 & 9 \\ 1 & 2 \end{bmatrix}$$

【해】 앞의 행렬 B의 제1행, 제2행을 교환한 행렬이므로 행렬식의 값은 -3 이다. 실제로 식 (4-5)를 사용하여 계산하여도 동일한 결과를 얻는다. ■

【예제 4-22】 다음 행렬 A의 행렬식을 구하여라.

$$A = \begin{bmatrix} 1 & 0 & 3 \\ 2 & 1 & 6 \\ 3 & 5 & 9 \end{bmatrix}$$

【해】 제3열의 공통인수 3을 밖으로 꺼내면 제1열과 제3열은 같은 값을 가지므로 행렬식은 0이 된다.

---

9) 실제로 식 (4-5)를 이용하여 계산하면 $1 \times 9 - 2 \times 3 = 3$ 가 된다. 파이썬으로 계산하는 프로그램은 다음과 같다.

```
import numpy as np
B = np.matrix( [ [1,2] , [3,9] ] )
print(np.linalg.det(B))
```

$$\det(A) = \begin{vmatrix} 1 & 0 & 3 \\ 2 & 1 & 6 \\ 3 & 5 & 9 \end{vmatrix} = 3 \times \begin{vmatrix} 1 & 0 & 1 \\ 2 & 1 & 2 \\ 3 & 5 & 3 \end{vmatrix} = 0 \quad ■$$

행렬식의 간편 계산을 위해 제일 많이 사용되고 있는 성질 5)를 계산할 때 주의해야 할 점은 값을 바꾸려는 행(기준행이라 하겠음)은 그대로 두고 다른 행에 k배를 한 값을 기준행에 더해야 한다는 것이다. 즉

조작방법 : 기준행 ← 기준행 + 다른행× k

와 같이 변형해야만 행렬식의 값이 변하지 않는다. 다음의 예제에서 이를 확인해보자.

【예제 4-23】 행렬 A에 대해 다음 두 가지 방식으로 제1행을 조작하여 행렬식 계산을 하고, 어느 것이 원래의 행렬식과 같은가를 찾아라.

$$A = \begin{bmatrix} 1 & 3 \\ -2 & 5 \end{bmatrix} \begin{bmatrix} R_1 \\ R_2 \end{bmatrix}$$

(1) 제1행 = 제1행 - $k\times$제2행
(2) 제2행 = $k\times$제1행 - 제2행

【해】 식 (4-5)로부터 $\det(A) = 1\times 5 - 3\times(-2) = 11$ 을 얻을 수 있다.

(1)번 방법으로 계산 : $R_1 \leftarrow R_1 + k\times R_2$ 인 연산을 수행하면

$$\begin{vmatrix} 1-2k & 3+5k \\ -2 & 5 \end{vmatrix} = (1-2k)\times 5 - (3+5k)\times(-2)$$
$$= (5-10k) + (6+10k) = 11$$

2)번 방법으로 계산 : $R_1 \leftarrow k \times R_1 + R_2$ 인 연산을 수행하면

$$\begin{vmatrix} k-2 & 3k+5 \\ -2 & 5 \end{vmatrix} = (k-2)\times 5 - (3k+5)\times(-2)$$
$$= (5k-10)+(6k+10) = 11\times k$$

따라서 (1)번처럼 행을 조작해야 원래의 행렬식과 같은 값을 갖게 된다. ■

【예제 4-24】 다음 행렬 A의 행렬식을 구하여라.

$$A = \begin{bmatrix} 1 & -2 & 5 \\ 3 & 5 & -1 \\ 4 & 3 & 4 \end{bmatrix}$$

【해】 A의 제3행은 (1행 성분 + 2행 성분)의 형태를 취하므로, 【정리 4-6】의 성질 6)에 따라 행렬식의 값은 0 이다. ■

【정리 4-7】 A,B는 크기가 같은 정방행렬이면 $\det(AB)=\det(A)\det(B)$

【예제 4-25】 두 개의 행렬 A,B가 다음과 같이 주어져 있다. 각각의 행렬식과 AB의 행렬식을 구하여라.

$$A = \begin{bmatrix} 2 & -4 \\ 3 & 7 \end{bmatrix} \qquad B = \begin{bmatrix} 4 & 5 \\ 3 & 2 \end{bmatrix}$$

【해】 식 (4-5)로부터 $\det(A)=26$, $\det(B)=-7$ 이다. 두 행렬의 곱 AB는

$$AB = \begin{bmatrix} -4 & 2 \\ 33 & 29 \end{bmatrix} \quad \rightarrow \quad \det(AB) = -182$$

따라서 $\det(AB)=\det(A)\det(B)$ 가 성립한다. ■

♣ 연습문제 ♣

1. 다음 순열의 전도수를 구하여라.

(1) 2,4,1,3　　(2) 4,1,3,2

(3) 3,1,4,5,2　　(4) 5,1,3,2,4

2. 다음 순열은 우순열인가 ? 기순열인가 ?

(1) 2,4,1,3　　(2) 4,3,1,2

(3) 3,2,1,5,4　　(4) 4,2,1,5,3

(5) 6,4,5,2,3,1　　(6) 6,2,3,5,1,4

3. 정의에 따라 다음 행렬식을 구하여라.

(1) $A = \begin{bmatrix} 0 & 2 & 1 \\ 2 & 3 & -1 \\ 1 & 0 & 1 \end{bmatrix}$　　(2) $B = \begin{bmatrix} 7 & 1 & 3 \\ 0 & 1 & 5 \\ 2 & 0 & 1 \end{bmatrix}$

제3절 행렬식의 계산법

1. Sarrus의 방법

정의에 의한 2차 정방행렬 A의 행렬식은

$$\det(A) = \begin{vmatrix} a_{11} & a_{12} \\ a_{21} & a_{22} \end{vmatrix} = a_{11} \times a_{22} - a_{12} \times a_{21}$$

이다. 그림으로 나타내면 다음과 같으며, 이와 같은 방식으로 행렬식을 쉽게 구할 수 있음을 앞 절에서 설명한 바 있다.

$$\begin{vmatrix} a_{11} & a_{12} \\ a_{21} & a_{22} \end{vmatrix}$$

행렬식 = (↘ 방향의 곱) - (↙방향의 곱)

3차 정방행렬의 행렬식 계산 결과도 그림으로 나타내면 다음과 같으며, 이와 같은 방식으로 행렬식을 쉽게 구할 수 있다. 수직방향의 점선(:) 옆에는 행렬 A의 1열과 2열을 추가로 표시하고

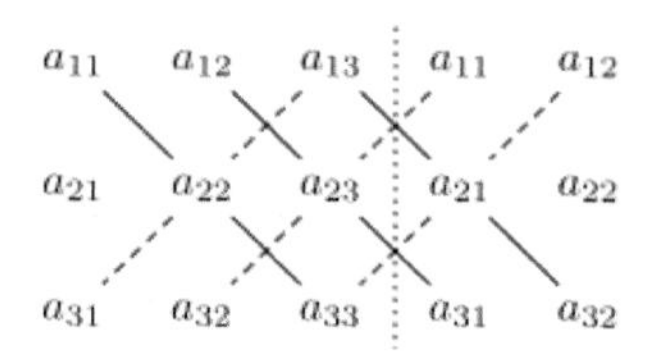

(실선 성분의 곱을 모두 더하기) - (점선 성분의 곱을 모두 더하기)

방식으로 행렬식을 계산한다.

이러한 간편 계산 방식을 Sarrus의 방법이라고 부른다. Sarrus의 방법은 3차 정방행렬까지만 적용되며, 4차 이상에는 사용할 수 없다는 것이다.

【예제 4-26】 다음 행렬 A 의 행렬식 계산을 하여라.

$$A = \begin{bmatrix} 2 & -1 & 6 \\ 5 & 1 & 2 \\ 9 & 0 & 7 \end{bmatrix}$$

【해】 3차의 Sarrus 방법을 이용하면 된다. 행렬식 옆에 1,2 열을 넣으면 간편 계산이 된다.

$$\det(A) = \left| \begin{array}{ccc|cc} 2 & -1 & 6 & 2 & -1 \\ 5 & 1 & 2 & 5 & 1 \\ 9 & 0 & 7 & 9 & 0 \end{array} \right|$$
$$= (2\cdot1\cdot7 - 1\cdot2\cdot9 + 6\cdot5\cdot0) - (6\cdot1\cdot9 + 2\cdot2\cdot0 - 1\cdot5\cdot7) = -23 \ ■$$

```
import numpy as np
A = np.matrix( [ [2, -1, 6] , [5, 1, 2] , [9, 0, 7] ] )
print( np.linalg.det(A) )
```

2. 개선된 Sarrus의 방법

이 방법은 $a_{11} \neq 0$ 인 경우에만 사용할 수 있다. a_{11}을 1로 만들기는 어렵지 않기 때문에 행렬식의 계산에 많이 사용되는 방법이지만, 계산 량이 많은 것이 단점이다.

4차 이상에서의 Sarrus 방법
1) 제1행, 제1열의 원소를 1 로 만든다.
2) $b_{i-1,j-1} = a_{11}\,a_{ij} - a_{1j}\,a_{i1}\,, \quad i,j = 2,3,\ldots,n$ (4-7)
3) 이상의 과정을 반복한다.

이렇게 계산된 행렬은 차수가 하나 줄어들게 되며, 이러한 방식을 계속 적용시켜 행렬식을 계산한다.

【예제 4-27】 다음 행렬의 행렬식을 구하여라.

$$A = \begin{bmatrix} 1 & 3 & -7 \\ 1 & 5 & 4 \\ 3 & 0 & 2 \end{bmatrix}$$

【해】 $a_{31} = 1$이므로 위의 방법을 곧바로 사용할 수 있다.

$$\det(A) = \begin{vmatrix} 1 & 3 & -7 \\ 1 & 5 & 4 \\ 3 & 0 & 2 \end{vmatrix} = \begin{vmatrix} 1\times5-3\times1 & 1\times4-(-7)\times1 \\ 1\times0-3\times3 & 1\times2-(-7)\times3 \end{vmatrix}$$

$$= \begin{vmatrix} 2 & 11 \\ -9 & 23 \end{vmatrix}$$

계속하여 Sarrus 방법을 적용하려면 제1행, 제1열의 성분을 1로 만드는 절차가 필요하다. 2차 행렬인 경우는 곧바로 Sarrus 방법을 적용할 수 있으므로

$$\det(A) = 2\times23 - 11\times(-9) = 145 \ ■$$

앞의 【예제 4-1】 에서는 $a_{11} \neq 0$ 이므로 행교환은 필요 없지만 다음 예제는 $a_{11} = 0$ 이므로 행 교환을 통해 $a_{11} = 1$ 이 되도록 만들어야한다.

【예제 4-28】 다음 행렬식을 구하여라.

$$|A| = \begin{vmatrix} 0 & 2 & 1 \\ 2 & 3 & -1 \\ 1 & 0 & 1 \end{vmatrix}$$

【해】 $a_{11} = 0$, $a_{31} = 1$이므로 제1행과 제3행을 교환하여 행렬식의 값을 계산하여야 한다.[10)]

10) 행과 행을 교환하였으므로 부호가 바뀐다.

$$|A| = \begin{vmatrix} 0 & 2 & 1 \\ 2 & 3 & -1 \\ 1 & 0 & 1 \end{vmatrix} = - \begin{vmatrix} ① & \blacksquare{0} & 1 \\ \blacksquare{2} & ③ & -1 \\ 0 & 2 & 1 \end{vmatrix} = - \begin{vmatrix} 3 & -3 \\ 2 & 1 \end{vmatrix} = -9 \ \blacksquare$$

【예제 4-29】 다음 행렬의 행렬식을 구하여라.

$$A = \begin{bmatrix} 2 & 1 & 3 & 6 \\ 2 & 0 & 1 & 4 \\ 1 & 3 & 1 & 2 \\ 5 & 0 & 1 & 0 \end{bmatrix}$$

【해】 개선된 Sarrus 방법을 사용하여 4차 정방행렬을 3차 정방행렬로 바꾸는 과정을 수행한다. 먼저 $a_{11} = 1$ 이 되도록 제1열과 제2열을 교환(제1행과 제3행을 교환해도 됨)한 후에 행렬식을 구하면[11]

$$\det(A) = \det \begin{bmatrix} 2 & 1 & 3 & 6 \\ 2 & 0 & 1 & 4 \\ 1 & 3 & 1 & 2 \\ 5 & 0 & 1 & 0 \end{bmatrix} = - \begin{vmatrix} 1 & 2 & 3 & 6 \\ 0 & 2 & 1 & 4 \\ 3 & 1 & 1 & 2 \\ 0 & 5 & 1 & 0 \end{vmatrix}$$

여기에 Sarrus 방법을 적용한다. 계속하여 생성된 3차 정방행렬은

$$\det(A) = - \begin{vmatrix} 2 & 1 & 4 \\ -5 & -8 & -16 \\ 5 & 1 & 0 \end{vmatrix}$$

이다. 생성된 행렬의 제1행1열의 값이 2이므로 1열과 2열을 교환하여야 한다. 물론 계산된 행렬식의 부호는 바뀐다.

$$\det(A) = \begin{vmatrix} 1 & 2 & 4 \\ -8 & -5 & -16 \\ 1 & 5 & 0 \end{vmatrix} = \begin{vmatrix} 11 & 16 \\ 3 & -4 \end{vmatrix} = -92 \qquad \blacksquare$$

11) 열과 열을 교환하였으므로 부호가 바뀐다.

3. Gauss 소거법(Gauss elimination)

다음의 행렬을 정의함에 있어 나타나는 선두수(leading number)는 각 행에서 0(零)이 아닌 최초의 성분을 말한다. 가우스 소거법은 행렬식을 가우스 행렬 또는 기약 가우스 행렬로 만드는 절차를 통해 행렬식을 구하는 방법이다.

【정의 4-14】 **가우스 행렬**
각 행의 선두수 아래가 모두 0(零)인 행렬이다

【정의 4-15】 **기약 가우스 행렬**
각 행의 선두수 위.아래가 모두 0(零)인 행렬

다음에서 1), 2), 3), 4)는 주대각성분의 아랫부분이 모두 0 이므로 가우스 행렬이다. 이 중에서도 3), 4)는 주대각성분의 아래위가 모두 0 이므로 기약 가우스 행렬이다.

1) $\begin{bmatrix} 3 & 1 & 1 & 4 \\ 0 & 2 & 0 & 3 \end{bmatrix}$　　2) $\begin{bmatrix} 1 & 2 & 4 & 7 & 8 \\ 0 & 1 & -3 & 3 & 2 \\ 0 & 0 & 2 & 1 & 7 \end{bmatrix}$

3) $\begin{bmatrix} 2 & 0 & 3 \\ 0 & 1 & 1 \end{bmatrix}$　　4) $\begin{bmatrix} 1 & 0 & 0 & 5 & 3 \\ 0 & 2 & 0 & 3 & 2 \\ 0 & 0 & 2 & 1 & 7 \end{bmatrix}$

【정의 4-16】 주대각성분 아래의 성분들이 모두 0 인 정방행렬을 **상삼각행렬**(upper triangular matrix)이라 하고, 주대각성분 위의 성분이 모두 0 인 행렬을 **하삼각행렬**(lower triangular matrix)이라 한다.

다음의 행렬 A는 상삼각행렬이고 B는 하삼각행렬이다. 하지만 행렬 C는 정방행렬이 아니므로 삼각행렬에 해당하지 않는다.

$$A=\begin{bmatrix}3&2&0\\0&1&7\\0&0&4\end{bmatrix}\qquad B=\begin{bmatrix}1&0&0\\-1&2&0\\-1&-2&3\end{bmatrix}\qquad C=\begin{bmatrix}1&2&3&0\\0&1&4&0\\0&0&1&0\end{bmatrix}$$

Gauss 소거법은 행렬의 기본 연산을 반복하여 상삼각행렬을 만들어 행렬식을 계산하는 방법이다. n차 정방행렬 A의 i 행, j 열의 원소를 a_{ij}라고 하자. a_{11}을 제외한 제 1 열의 모든 원소 $a_{k1}\ (k=2,3,\ldots,n)$을 零으로 만들기 위해선

$$k\text{행} \leftarrow k\text{행} - \frac{a_{k1}}{a_{11}}\times(\text{행렬 } A\text{의 제 1 행})\quad a_{11}\neq 0\ ,\quad k=2,3,4,\ldots,n$$

으로 변환시킨다. 변환된 행렬의 제1행, 제1열을 제외한 행렬을 B라고 하고 행렬 B의 i행, j열의 성분을 b_{ij}라고 하자. b_{11}을 제외한 제1열의 모든 성분 $b_{k1}\ (k=2,3,\ldots,n-1)$을 0(零)으로 만들기 위해선

$$k\text{행} \leftarrow k\text{행} - \frac{b_{k1}}{b_{11}}\times(\text{행렬 } B\text{의 제 1 행})\quad b_{11}\neq 0\ ,\ k=2,3,\ldots,n-1$$

으로 변환시킨다. 앞에서와 마찬가지의 방법으로 나머지 행렬에 적용하면 상삼각행렬이 만들어지게 된다.

【예제 4-30】 가우스 소거법으로 다음 행렬을 상삼각행렬로 만들어라. 여기서 R_i는 제i행벡터를 표시한 것이다.

$$A=\begin{bmatrix}2&3&-1\\3&0&2\\1&-1&4\end{bmatrix}\begin{matrix}R_1\\R_2\\R_3\end{matrix}$$

【해】 1단계 : $R_1\leftarrow R_1$, $R_2\leftarrow R_2-\dfrac{3R_1}{2}$, $R_3\leftarrow R_3-\dfrac{R_1}{2}$

이상의 방법을 사용하면 제1열의 주대각성분 아래는 모두 0으로 바뀌게 된다.

$$A = \begin{bmatrix} 2 & 3 & -1 \\ 3 & 0 & 2 \\ 1 & -1 & 4 \end{bmatrix} \rightarrow \begin{bmatrix} 2 & 3 & -1 \\ 0 & -4.5 & 3.5 \\ 0 & -2.5 & 4.5 \end{bmatrix} \qquad \begin{array}{c} R_1 \leftarrow R_1 \\ R_2 \leftarrow R_2 - 1.5R_1 \\ R_3 \leftarrow R_3 - 0.5R_3 \end{array}$$

2단계 : $R_1 \leftarrow R_1$, $R_2 \leftarrow R_2$, $R_3 \leftarrow R_3 - \frac{2.5}{4.5} R_2$

이상의 방법을 사용하면 제2열의 주대각성분 아래는 모두 0으로 바뀌게 된다.

$$B = \begin{bmatrix} 2 & 3 & -1 \\ 0 & -4.5 & 3.5 \\ 0 & -2.5 & 4.5 \end{bmatrix} \rightarrow \begin{bmatrix} 2 & 3 & -1 \\ 0 & -4.5 & 3.5 \\ 0 & 0 & 11.5/4.5 \end{bmatrix} \qquad \begin{array}{c} R_1 \leftarrow R_1 \\ R_2 \leftarrow R_2 \\ R_3 \leftarrow R_3 - 2.5/4.5R_3 \end{array}$$

■

프로그램으로 확인하면 다음과 같다.

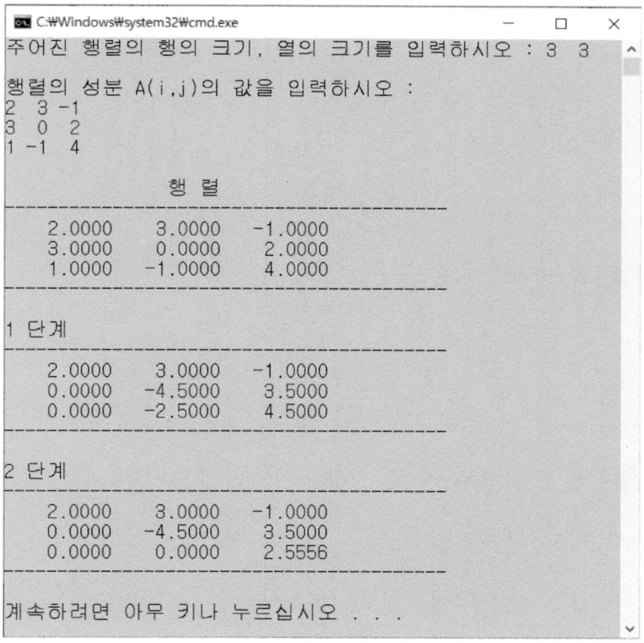

```
C:\Windows\system32\cmd.exe
주어진 행렬의 행의 크기, 열의 크기를 입력하시오 : 3 3

행렬의 성분 A(i,j)의 값을 입력하시오 :
2 3 -1
3 0 2
1 -1 4

              행 렬
------------------------------------------
    2.0000    3.0000   -1.0000
    3.0000    0.0000    2.0000
    1.0000   -1.0000    4.0000
------------------------------------------

1 단계
------------------------------------------
    2.0000    3.0000   -1.0000
    0.0000   -4.5000    3.5000
    0.0000   -2.5000    4.5000
------------------------------------------

2 단계
------------------------------------------
    2.0000    3.0000   -1.0000
    0.0000   -4.5000    3.5000
    0.0000    0.0000    2.5556
------------------------------------------

계속하려면 아무 키나 누르십시오 . . .
```

그림 4-5 상삼각행렬 만들기

【정리 4-8】 상(하)삼각행렬의 주대각선의 성분을 곱한 것이 행렬식이다.

【예제 4-31】 다음 행렬의 행렬식의 값을 구하여라.

$$A=\begin{bmatrix} 2 & 1 & -4 & 1 \\ -4 & 3 & 5 & -2 \\ 1 & -1 & 1 & -1 \\ 1 & 3 & -3 & 2 \end{bmatrix} \begin{matrix} R_1 \\ R_2 \\ R_3 \\ R_4 \end{matrix}$$

【해】 1단계 : 제1행은 그대로 놓고

$$R_2 \leftarrow R_2 - \frac{(-4)}{2}R_1 \quad , \quad R_3 \leftarrow R_3 - \frac{1}{2}R_1 \quad , \quad R_4 \leftarrow R_4 - \frac{1}{2}R_1$$

으로 연산을 수행한다. 이러한 방법을 사용하면 다음의 변환행렬에서 보듯이, 제1열의 주대각성분 아래 부분은 모두 0이 된다.

$$\begin{bmatrix} 2 & 1 & -4 & 1 \\ -4 & 3 & 5 & -2 \\ 1 & -1 & 1 & -1 \\ 1 & 3 & -3 & 2 \end{bmatrix} \to \begin{bmatrix} 2 & 1 & -4 & 1 \\ 0 & 5 & -3 & 0 \\ 0 & -1.5 & 3 & -1.5 \\ 0 & 2.5 & -1 & 1.5 \end{bmatrix}$$

2단계 : 제1행과 제2행은 그대로 놓고

$$R_3 \leftarrow R_3 - \frac{(-1.5)}{5} \times R_2 \quad , \quad R_4 \leftarrow R_4 - \frac{2.5}{5} \times R_2$$

로 연산을 수행하면 제2열의 주대각성분 아래 부분이 모두 0으로 바뀌게 된다.

$$\begin{bmatrix} 2 & 1 & -4 & 1 \\ 0 & 5 & -3 & 0 \\ 0 & -1.5 & 3 & -1.5 \\ 0 & 2.5 & -1 & 1.5 \end{bmatrix} \to \begin{bmatrix} 2 & 1 & -4 & 1 \\ 0 & 5 & -3 & 0 \\ 0 & 0 & 2.1 & -1.5 \\ 0 & 0 & 0.5 & 1.5 \end{bmatrix}$$

3단계 : 제1행, 제2행과 제3행은 그대로 놓고

$$R_4 \leftarrow R_4 - \frac{0.5}{2.1} \times R_3$$

으로 연산을 수행하면 최종적으로 다음과 같은 상삼각행렬이 만들어진다.

$$A = \begin{bmatrix} 2 & 1 & -4 & 1 \\ 0 & 5 & -3 & 0 \\ 0 & 0 & 2.1 & -1.5 \\ 0 & 0 & 0.5 & 1.5 \end{bmatrix} \rightarrow \begin{bmatrix} 2 & 1 & -4 & 1 \\ 0 & 5 & -3 & 0 \\ 0 & 0 & 2.1 & -1.5 \\ 0 & 0 & 0 & \frac{1.5 \times 2.6}{2.1} \end{bmatrix}$$

이제 상삼각행렬이 만들어졌으므로 행렬식은 $2 \times 5 \times 2.1 \times \frac{1.5 \times 2.6}{2.1} = 39$ ■

가우스 소거법으로 계산하는 도중에 $a_{ii} = 0\,(i = 1,2,3,\ldots)$ 이면 계산 결과가 부정(不定)이 되므로 주대각선 성분의 값이 0(零)이 아닌 경우에만 가능하다. 물론 최종적으로 계산된 주대각선 성분의 값이 0 이면 행렬식의 값은 0 이 된다.

행렬 A 에 대해 << 프로그램 4-2 >>를 실행시킨 결과가 그림 4-6 이다.

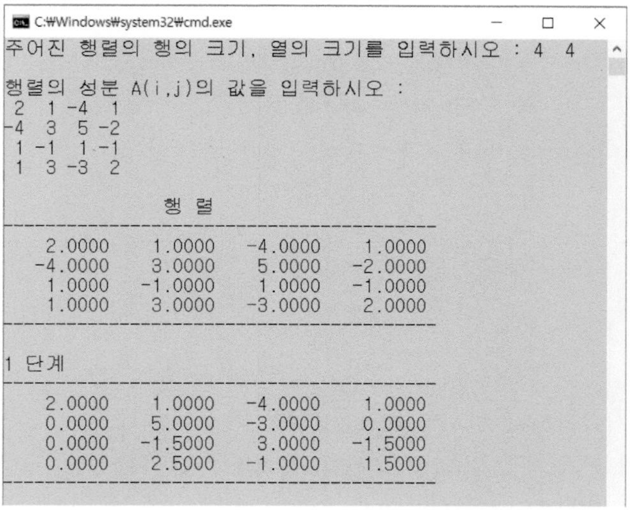

```
C:\Windows\system32\cmd.exe
주어진 행렬의 행의 크기, 열의 크기를 입력하시오 : 4  4

행렬의 성분 A(i,j)의 값을 입력하시오 :
 2  1 -4  1
-4  3  5 -2
 1 -1  1 -1
 1  3 -3  2

                 행 렬
-----------------------------------------------
    2.0000     1.0000    -4.0000     1.0000
   -4.0000     3.0000     5.0000    -2.0000
    1.0000    -1.0000     1.0000    -1.0000
    1.0000     3.0000    -3.0000     2.0000
-----------------------------------------------

1 단계
-----------------------------------------------
    2.0000     1.0000    -4.0000     1.0000
    0.0000     5.0000    -3.0000     0.0000
    0.0000    -1.5000     3.0000    -1.5000
    0.0000     2.5000    -1.0000     1.5000
-----------------------------------------------
```

```
2 단계
--------------------------------------------
   2.0000    1.0000   -4.0000    1.0000
   0.0000    5.0000   -3.0000    0.0000
   0.0000    0.0000    2.1000   -1.5000
   0.0000    0.0000    0.5000    1.5000
--------------------------------------------
3 단계
--------------------------------------------
   2.0000    1.0000   -4.0000    1.0000
   0.0000    5.0000   -3.0000    0.0000
   0.0000    0.0000    2.1000   -1.5000
   0.0000    0.0000    0.0000    1.8571
--------------------------------------------
계속하려면 아무 키나 누르십시오 . . .
```

그림 4-6 상삼각행렬 만들기

4. Laplace 전개

정의에 따라 행렬식을 구하는 것은 행렬의 차수가 커질수록 힘들고 어려워진다. 이러한 어려움을 해소하기 위한 방법이 가우스 소거법이지만 행끼리의 연산을 통해 행렬식을 구하는 것이므로 수학으로의 확장이 불가능하다.

행렬 또는 행렬식과 관련한 수많은 정리가 존재하는데, 그 시발점이 라플라스 전개라고 할 수 있다.

【정의 4-17】 행렬 A의 i 행, j 열을 제외한 나머지로 만들어진 행렬식을 a_{ij}의 소행렬식(minor)이라 하며 M_{ij}로 표기한다. 성분 a_{ij}의 소행렬식에 부호를 붙인 여인수(cofactor)는 $c_{ij}=(-1)^{i+j}M_{ij}$이다.

【정의 4-18】 $(n\times n)$행렬 A의 (i,j)성분인 a_{ij}의 여인수를 c_{ij}라고 하면

$$C=\begin{bmatrix} c_{11} & c_{12} & \cdots & c_{1n} \\ c_{21} & c_{22} & \cdots & c_{2n} \\ \vdots & \vdots & & \vdots \\ c_{n1} & c_{n2} & \cdots & c_{nn} \end{bmatrix} \tag{4-8}$$

를 행렬 A의 여인수행렬(cofactor matrix)이라 한다. 행렬 C의 전치행렬을 수반행렬(adjoint matrix)이라고 부르며 $adj(A)$로 표기한다.

【예제 4-32】 다음 행렬 A의 모든 소행렬식을 계산하고 여인수행렬과 수반행렬을 구하여라.

$$A = \begin{bmatrix} 3 & -1 & 0 \\ -1 & 5 & 2 \\ 1 & 4 & -2 \end{bmatrix}$$

【해】 먼저 소행렬식을 계산하면 다음과 같다.

$$M_{11} = \begin{vmatrix} 5 & 2 \\ 4 & -2 \end{vmatrix} = -18 \qquad M_{12} = \begin{vmatrix} -1 & 2 \\ 1 & -2 \end{vmatrix} = 0 \qquad M_{13} = \begin{vmatrix} -1 & 5 \\ 1 & 4 \end{vmatrix} = -9$$

$$M_{21} = \begin{vmatrix} -1 & 0 \\ 4 & -2 \end{vmatrix} = 2 \qquad M_{22} = \begin{vmatrix} 3 & 0 \\ 1 & -2 \end{vmatrix} = -6 \qquad M_{23} = \begin{vmatrix} 3 & -1 \\ 1 & 4 \end{vmatrix} = 13$$

$$M_{31} = \begin{vmatrix} -1 & 0 \\ 5 & 2 \end{vmatrix} = -2 \qquad M_{32} = \begin{vmatrix} 3 & 0 \\ -1 & 2 \end{vmatrix} = 6 \qquad M_{33} = \begin{vmatrix} 3 & -1 \\ -1 & 5 \end{vmatrix} = 14$$

따라서 여인수행렬 C 와 수반행렬 $adj(A)$는 다음과 같다.

$$C = \begin{bmatrix} -18 & 0 & -9 \\ -2 & -6 & -13 \\ -2 & -6 & 14 \end{bmatrix} \qquad adj(A) = \begin{bmatrix} -18 & -2 & -2 \\ 0 & -6 & -6 \\ -9 & -13 & 14 \end{bmatrix} \quad \blacksquare \qquad (4\text{-}9)$$

이제부터는 Laplace전개에 대하여 알아보기로 하자. 먼저 다음 행렬 A를 고려해보자.

$$A = \begin{bmatrix} a_{11} & a_{12} & a_{13} \\ a_{21} & a_{22} & a_{23} \\ a_{31} & a_{32} & a_{33} \end{bmatrix}$$

4.2절의 정의에 따라 계산된 A의 행렬식은

$$\det(A) = a_{11}a_{22}a_{33} - a_{11}a_{23}a_{32} - a_{12}a_{21}a_{33} + a_{12}a_{23}a_{31} + a_{13}a_{21}a_{32} - a_{13}a_{22}a_{31}$$

이므로 다음과 같이 제1행의 성분으로 인수분해를 할 수 있다.

$$\det(A) = a_{11}(a_{22}a_{33} - a_{23}a_{32}) - a_{12}(a_{21}a_{33} - a_{23}a_{32}) + a_{13}(a_{21}a_{32} - a_{22}a_{31})$$

우변의 괄호를 행렬식으로 나타내면

$$\det(A) = a_{11} \times \begin{vmatrix} a_{22} & a_{23} \\ a_{32} & a_{33} \end{vmatrix} - a_{12} \times \begin{vmatrix} a_{21} & a_{23} \\ a_{32} & a_{33} \end{vmatrix} + a_{13} \times \begin{vmatrix} a_{21} & a_{22} \\ a_{31} & a_{32} \end{vmatrix}$$
$$= (-1)^{1+1} a_{11} \begin{vmatrix} a_{22} & a_{23} \\ a_{32} & a_{33} \end{vmatrix} + (-1)^{1+2} a_{12} \begin{vmatrix} a_{21} & a_{23} \\ a_{32} & a_{33} \end{vmatrix} + (-1)^{1+3} a_{13} \begin{vmatrix} a_{21} & a_{22} \\ a_{31} & a_{32} \end{vmatrix}$$

로 나타낼 수 있다. 이것은 A의 행렬을 제1행 기준으로 여인수 전개한 것임을 알 수 있다. 즉

$$\det(A) = a_{11}c_{11} + a_{12}c_{12} + a_{13}c_{13}$$

이며, 이러한 방법에 따라 행렬식을 구하는 방식을 Laplace 전개라 한다.

【정리 4-9】 행렬은 어느 행(또는 열)의 성분에 관하여 Laplace 전개할 수 있다. k차 정방행렬 A의 행렬식을 제i행$(i = 1, 2, \ldots, k)$에 관하여 전개한 식은 다음과 같다.

$$\det(A) = a_{i1}c_{i1} + a_{i2}c_{i2} + \cdots + a_{ik}c_{ik} \qquad (4\text{-}10)$$

여기서 c_{ik}는 a_{ik}의 여인수이다.

정방행렬 A를 제j열에 관하여 전개하여 행렬식을 구할 수도 있으며 관계식은 다음과 같다.

$$\det(A) = a_{1j}c_{1j} + a_{2j}c_{2j} + \cdots + a_{kj}c_{kj}$$

앞에서 【정리 4-8】의 증명을 생략한 바 있는데, 【정리 4-8】은 라플라스 전개를 사용하면 쉽게 보일 수 있다.

이제 n차 정방행렬 A가 다음과 같은 상삼각행렬이라고 하자.

$$A = \begin{bmatrix} a_{11} & a_{12} & a_{13} \cdots & a_{1n} \\ 0 & a_{22} & a_{23} \cdots & a_{2n} \\ 0 & 0 & a_{33} \cdots & a_{3n} \\ \vdots & \vdots & \vdots \cdots & \vdots \\ 0 & 0 & 0 \cdots & a_{nn} \end{bmatrix}$$

위의 행렬식을 제1열에 관하여 라플라스 전개하면 $(n-1)$차원으로 행렬식이 축소된다.

$$\det(A) = a_{11} \begin{vmatrix} a_{22} & a_{23} \cdots & a_{2n} \\ 0 & a_{33} \cdots & a_{3n} \\ \vdots & \vdots \cdots & \vdots \\ 0 & 0 \cdots & a_{nn} \end{vmatrix}$$

위의 행렬식을 제1열에 관하여 라플라스 전개를 다시 진행하면

$$\det(A) = a_{11}a_{22} \begin{vmatrix} a_{33} \cdots & a_{3n} \\ \vdots \cdots & \vdots \\ 0 \cdots & a_{nn} \end{vmatrix}$$

가 된다. 이러한 과정을 반복하면 A의 행렬식은 주대각성분의 곱이 된다.

【예제 4-33】 다음 행렬 A를 제1행에 관하여 Laplace 전개하여라.

$$A = \begin{bmatrix} 3 & -1 & 0 \\ -1 & 5 & 2 \\ 1 & 4 & -2 \end{bmatrix}$$

【해】 $\det(A) = a_{11}c_{11} + a_{12}c_{12} + a_{13}c_{13}$ 이므로

$$\det(A) = 3 \times \begin{vmatrix} 5 & 2 \\ 4 & -2 \end{vmatrix} + (-1)^{1+2} \begin{vmatrix} -1 & 2 \\ 1 & -2 \end{vmatrix} + 0 \times \begin{vmatrix} -1 & 5 \\ 1 & 4 \end{vmatrix}$$
$$= 3 \times (-18) + (-1) \times 0 + 0 \times (-9) = -54 \quad ■$$

만일 제3열에 관하여 Laplace 전개하면

$$\det(A) = 0 \times (-9) + 2 \times (-13) + (-2) \times 14 = -54$$

가 되어 동일한 행렬식을 가지며, 어느 행(또는 열)에 관하여 전개하더라도 같은 결과를 얻을 수 있다.

【정리 4-10】 어느 행에 다른 행의 여인수를 곱하여 더하면 0이 된다. 즉

$$a_{i1}c_{j1} + a_{i2}c_{j2} + a_{i3}c_{j3} + \cdots + a_{ik}c_{jk} = 0, \quad i \neq j \tag{4-11}$$

【예제 4-34】 다음은 행렬 A와 여인수행렬 C이다. A의 제2행과 C의 제3행과의 곱을 구하여라.

$$A = \begin{bmatrix} 3 & -1 & 0 \\ -1 & 5 & 2 \\ 1 & 4 & -2 \end{bmatrix} \qquad C = \begin{bmatrix} -18 & 0 & -9 \\ -2 & -6 & -13 \\ -2 & -6 & 14 \end{bmatrix}$$

【해】 $-1 \times (-2) + 5 \times (-6) + 2 \times 14 = 0$ ■

1. 다음 행렬식의 값을 계산하라.

(1) $\begin{vmatrix} 1 & 2 & 3 \\ 4 & -5 & -6 \\ 7 & 9 & 8 \end{vmatrix}$ (2) $\begin{vmatrix} 1 & 2 & 0 & 3 \\ 2 & 3 & 1 & 2 \\ 1 & 3 & 2 & 1 \\ 3 & 1 & 2 & 3 \end{vmatrix}$

2. 다음 행렬식에서 x 를 구하여라.

(1) $\begin{vmatrix} 2x & 3 \\ 5 & 4 \end{vmatrix} = 0$ (2) $\begin{vmatrix} x & 0 & 1 \\ 1 & 2 & 1 \\ 3 & 2 & 1 \end{vmatrix} = 0$

3. 다음 행렬 A에 대하여 다음에 답하여라.
   (1) 개선된 Sarus 방법으로 행렬식의 값을 구하여라.
   (2) Gauss 소거법으로 행렬식의 값을 구하여라.
   (3) 여인수 행렬을 구하여라.
   (4) 수반행렬을 구하여라.
   (5) 제 1 행에 관하여 Laplace 전개하라.
   (6) 제 3 열에 관하여 Laplace 전개하라.

$$A = \begin{bmatrix} 0 & 3 & -2 & 1 \\ 3 & -1 & 2 & 3 \\ 1 & 2 & 0 & 3 \\ 2 & 3 & 4 & 2 \end{bmatrix}$$

4. 다음 행렬 A에 대하여 각각에 답하여라.

$$A = \begin{bmatrix} 1 & 9 & -4 \\ 6 & 4 & 3 \\ 7 & -2 & 6 \end{bmatrix}$$

(1) 수반행렬 B를 구하여라.
(2) A의 제2행과 B의 제2행의 곱을 구하여라.
(3) A의 제1행과 B의 제2행의 곱을 구하여라.

5. 서로 다른 두 점 (a_1, b_1), (a_2, b_2) 를 지나는 직선의 방정식은 다음과 같다는 것을 증명하라.

$$\begin{vmatrix} x & y & 1 \\ a_1 & b_1 & 1 \\ a_2 & b_2 & 1 \end{vmatrix} = 0$$

제4절 역행렬의 계산

역행렬(inverse matrix)은 행렬 연산의 기본이라 할 수 있으며, 제6장에서 다루고 있는 선형연립방정식의 해를 구할 때 사용하고 컴퓨터그래픽에서도 선형변환을 할 때에 역행렬이 사용되기도 한다. 통계학의 회귀모형을 구할 때에도 모수추정에 역행렬이 사용되는 등, 여러 곳에서 다양하게 응용되고 있다.

1. 정의에 의한 방법

【정의 4-19】 정방행렬 A에 대하여 $AB=BA=I$를 만족시키는 정방행렬 B가 존재하면, 이러한 B를 행렬 A의 역행렬(inverse matrix)이라 하고 A^{-1}로 표기한다.

【예제 4-35】 다음 행렬의 역행렬을 구하여라.

$$A=\begin{bmatrix}4 & 2\\ 5 & 3\end{bmatrix}$$

【해】 $\det(A)=4\times 3-2\times 5=2\neq 0$ 이므로 역행렬이 존재한다. 이제 역행렬 B를

$$B=\begin{bmatrix}a & b\\ c & d\end{bmatrix}$$

라고 하면, $AB=I$ 인 관계식을 만족해야 한다. 따라서

$$AB=\begin{bmatrix}4 & 2\\ 5 & 3\end{bmatrix}\begin{bmatrix}a & b\\ c & d\end{bmatrix}=I=\begin{bmatrix}1 & 0\\ 0 & 1\end{bmatrix}$$

를 만족하는 a,b,c,d 를 구하면 된다.

$$AB = \begin{bmatrix} 4 & 2 \\ 5 & 3 \end{bmatrix} \begin{bmatrix} a & b \\ c & d \end{bmatrix} = \begin{bmatrix} 4a+2c & 4b+2d \\ 5a+3c & 5b+3d \end{bmatrix} = I = \begin{bmatrix} 1 & 0 \\ 0 & 1 \end{bmatrix}$$

이므로 행렬의 동치관계로부터

$$\begin{cases} 4a+2c = 1 \\ 5a+3c = 0 \\ 4b+2d = 0 \\ 5b+3d = 1 \end{cases}$$

이상의 연립방정식을 풀면 $a = 1.5$, $b = -1$, $c = -2.5$, $d = 2$ 이므로 역행렬은 다음과 같으며, 소수점을 없애기 위해 $\frac{1}{2}$을 행렬에 곱하여 정리하였다.

$$A^{-1} = B = \begin{bmatrix} 1.5 & -1 \\ -2.5 & 2 \end{bmatrix} = \frac{1}{2} \begin{bmatrix} 3 & -2 \\ -5 & 4 \end{bmatrix}$$ 12)

【정의 4-20】 행렬 A 의 역행렬이 유일하면 A 를 **정칙행렬**(non-singular matrix)이라 하고, 그렇지 않으면 특이**행렬**(singular matrix)이라 한다.

【예제 4-36】 다음 행렬이 정칙행렬임을 보여라.

$$A = \begin{bmatrix} 2 & 2 & 1 \\ 0 & 3 & 0 \\ 1 & 2 & 1 \end{bmatrix}$$

【해】 $\det(A) = 3$ 이므로 역행렬이 존재하고, 따라서 정칙행렬이다. ■

12) 파이썬으로 역행렬을 구하는 프로그램은 다음과 같다. 프로그램을 실행시켜 보면 스칼라량인 $\frac{1}{2}$이 각각의 원소에 곱해진 것을 확인할 수 있다.

```
import numpy as np
A = np.matrix( [ [4,2] , [5,3] ] )
print( np.linalg.inv(A) )
```

> 【정리 4-11】 정방행렬 A의 역행렬이 존재하기 위한 필요충분조건은 $\det(A) \neq 0$ 이다.

<증명> A의 역행렬은 A^{-1}이므로 $I = AA^{-1}$의 관계식을 만들 수 있다. 이제 양변의 행렬식을 구해보자. $\det(I) = 1$ 이고 $\det(AA^{-1}) = \det(A)\det(A^{-1})$ 이므로 $\det(A) \neq 0$가 된다.

역으로 $\det(A) \neq 0$ 으로 가정하고 R을 A의 기약 가우스 행렬이라고 하자. 주어진 행렬의 주대각성분을 제외한 성분을 모두 0으로 만드는 조작을 하면

$$E_1 E_2 \cdots E_k A = R \tag{4-12}$$

이라는 관계식을 얻을 수 있는데, E_i는 i단계에서의 기본행연산이라고 부른다. 윗 식에서 $A = (E_1 E_2 \cdots E_k)^{-1} R$ 이므로 양변의 행렬식을 구해보면

$$\det(A) = \det(E_1^{-1})\det(E_2^{-1}) \cdots \det(E_k^{-1})\det(R) \tag{4-13}$$

이다. $\det(A) \neq 0$ 이라고 가정하였으므로 $\det(R) \neq 0$ 이 된다. 따라서 R은 0인 행벡터가 존재하지 않는 기약가우스 행렬임을 보일 수 있다. ■

【예제 4-37】 행렬 A를 기약 가우스 행렬로 만들기 위한 기본행연산 E_1, E_2를 구하여라.

$$A = \begin{bmatrix} 1 & 2 \\ 3 & 4 \end{bmatrix}$$

【해】 1단계의 기본행연산을 E_1이라 하자. 기약 가우스 행렬을 만들기 위해 $a_{12} = 0$인 행렬을 B라고 하면 $B = \begin{bmatrix} 1 & 0 \\ 3 & 4 \end{bmatrix}$ 로 표시된다. 따라서

$$A = \begin{bmatrix} 1 & 2 \\ 3 & 4 \end{bmatrix} = E_1 \begin{bmatrix} 1 & 0 \\ 3 & 4 \end{bmatrix} = E_1 B$$

이고, E_1을 구하면 $E_1 = \begin{bmatrix} -0.5 & 0.5 \\ 0 & 1 \end{bmatrix}$이므로 [13]

$$A = \begin{bmatrix} 1 & 2 \\ 3 & 4 \end{bmatrix} = \begin{bmatrix} -0.5 & 0.5 \\ 0 & 1 \end{bmatrix} \begin{bmatrix} 1 & 0 \\ 3 & 4 \end{bmatrix}$$

가 된다. 2단계의 기본행연산을 E_2이라 하자. 기약 가우스 행렬을 만들기 위해 $a_{21} = 0$인 행렬을 C라고 하면 $C = \begin{bmatrix} 1 & 0 \\ 0 & 4 \end{bmatrix}$로 표시된다. 따라서

$$A = \begin{bmatrix} 1 & 2 \\ 3 & 4 \end{bmatrix} = E_1 E_2 \begin{bmatrix} 1 & 0 \\ 0 & 4 \end{bmatrix} = \begin{bmatrix} -0.5 & 0.5 \\ 0 & 1 \end{bmatrix} E_2 \begin{bmatrix} 1 & 0 \\ 0 & 4 \end{bmatrix}$$

가 만들어진다. 여기서 $E_2 = \begin{bmatrix} 1 & 0 \\ 3 & 1 \end{bmatrix}$이 된다. 따라서 행렬 A는 2회의 기본행연산을 통해 기약가우스 행렬을 만들 수 있다.

$$A = \begin{bmatrix} 1 & 2 \\ 3 & 4 \end{bmatrix} = \begin{bmatrix} -0.5 & 0.5 \\ 0 & 1 \end{bmatrix} \begin{bmatrix} 1 & 0 \\ 3 & 1 \end{bmatrix} \begin{bmatrix} 1 & 0 \\ 0 & 4 \end{bmatrix} = E_1 E_2 R \quad ■$$

2. 소행렬식을 이용하는 방법

【정리 4-12】 n차 정방행렬 A의 역행렬은 다음과 같다.

$$A^{-1} = \frac{1}{\det(A)} adj(A) = \frac{1}{\det(A)} \left[(-1)^{i+j} M_{ij} \right]^T \qquad (4\text{-}14)$$

M_{ij}는 a_{ij}의 **소행렬식**(minor)이고 $adj(A)$는 행렬 A의 **수반행렬**(adjoint matrix)이다.

13) $E_1 = AB^{-1}$로 계산한다.

<증명> 행렬 A 와 수반행렬 $adj(A)$ 는 다음과 같다고 하자.

$$A = \begin{bmatrix} a_{11} & a_{12} \cdots & a_{1n} \\ a_{21} & a_{22} \cdots & a_{2n} \\ \vdots & \vdots & \vdots \\ a_{n1} & a_{n2} \cdots & a_{nn} \end{bmatrix} \qquad adj(A) = \begin{bmatrix} c_{11} & c_{12} \cdots & c_{1n} \\ c_{21} & c_{22} \cdots & c_{2n} \\ \vdots & \vdots & \vdots \\ c_{n1} & c_{n2} \cdots & c_{nn} \end{bmatrix}$$

앞의 【정리 4-9】와 【정리 4-10】을 요약하면

$$a_{i1}C_{j1} + a_{i2}C_{j2} + \cdots + a_{in}C_{jn} = \begin{cases} \det(A), & i = j \\ 0, & i \neq j \end{cases}$$

이다. 이것을 이용하면 행렬 A 와 수반행렬 $adj(A)$ 의 곱은

$$A \times adj(A) = \begin{bmatrix} a_{11} & a_{12} \cdots & a_{1n} \\ a_{21} & a_{22} \cdots & a_{2n} \\ \vdots & \vdots & \vdots \\ a_{n1} & a_{n2} \cdots & a_{nn} \end{bmatrix} \begin{bmatrix} c_{11} & c_{12} \cdots & c_{1n} \\ c_{21} & c_{22} \cdots & c_{2n} \\ \vdots & \vdots & \vdots \\ c_{n1} & c_{n2} \cdots & c_{nn} \end{bmatrix}$$

$$= \begin{bmatrix} \det(A) & 0 & \ldots & 0 \\ 0 & \det(A) & \ldots & 0 \\ \vdots & \vdots & & \vdots \\ 0 & 0 & \ldots & \det(A) \end{bmatrix} = \det(A) \times I$$

가 된다. 이 식의 양변의 앞부분에 A^{-1}를 곱하면

$$A^{-1}A \times adj(A) = A^{-1}\det(A) \times I$$

가 된다. $A^{-1}A = I$ 이고 $A^{-1} \times I = A^{-1}$ 이므로

$$I \times adj(A) = adj(A) = \det(A) \times A^{-1}$$

라는 관계식이 얻어지므로 $A^{-1} = \frac{1}{\det(A)} adj(A)$ ■

【예제 4-38】 다음 행렬의 역행렬을 구하여라.

$$A = \begin{bmatrix} 2 & 2 & 1 \\ 0 & 3 & 0 \\ 1 & 2 & 1 \end{bmatrix}$$

【해】 $\det(A) = 3$ 이므로 역행렬은 존재한다. 각각의 성분에 대한 소행렬식을 계산하면

$$M_{11} = \begin{vmatrix} 3 & 0 \\ 2 & 1 \end{vmatrix} = 3 \qquad M_{12} = \begin{vmatrix} 0 & 0 \\ 1 & 1 \end{vmatrix} = 0 \qquad M_{13} = \begin{vmatrix} 0 & 3 \\ 1 & 2 \end{vmatrix} = -3$$

$$M_{21} = \begin{vmatrix} 2 & 1 \\ 2 & 1 \end{vmatrix} = 0 \qquad M_{22} = \begin{vmatrix} 2 & 1 \\ 1 & 1 \end{vmatrix} = 1 \qquad M_{23} = \begin{vmatrix} 2 & 2 \\ 1 & 2 \end{vmatrix} = 2$$

$$M_{31} = \begin{vmatrix} 2 & 1 \\ 3 & 0 \end{vmatrix} = -3 \qquad M_{32} = \begin{vmatrix} 2 & 1 \\ 0 & 0 \end{vmatrix} = 0 \qquad M_{33} = \begin{vmatrix} 2 & 2 \\ 0 & 3 \end{vmatrix} = 6$$

이다. 여기서 소행렬식의 부호를 고려하고 전치행렬을 만들면 역행렬이 만들어진다. 즉

$$A^{-1} = \frac{1}{3}\begin{bmatrix} 3 & 0 & -3 \\ 0 & 1 & -2 \\ -3 & 0 & 6 \end{bmatrix}^T = \frac{1}{3}\begin{bmatrix} 3 & 0 & -3 \\ 0 & 1 & 0 \\ -3 & -2 & 6 \end{bmatrix} \quad ■$$

【정리 4-13】 역행렬의 연산

1) $(A^{-1})^{-1} = A$
2) $(AB)^{-1} = B^{-1}A^{-1}$
3) $(A^T)^{-1} = (A^{-1})^T$

<증명> 1) A의 역행렬을 B라고 하면 $A = B^{-1}$, $B = A^{-1}$의 관계식을 얻을 수 있다. 따라서 $A = B^{-1} = (A^{-1})^{-1}$ 가 성립한다.

3) $(AA^{-1})^T = (A^{-1})^T A^T$ 의 관계식을 만들 수 있다. 그런데 $I = AA^{-1}$ 이므로 $I^T = (A^{-1})^T A^T$ 가 된다. 양변의 뒤쪽에 $(A^T)^{-1}$를 곱해주면

좌변 = $I(A^T)^{-1} = (A^T)^{-1}$

우변 = $(A^{-1})^T A^T (A^T)^{-1} = (A^{-1})^T$ ■

2)번은 예제로 대체한다. 행렬 A, B가 다음과 같을 때, $(AB)^{-1} = B^{-1}A^{-1}$임을 파이썬 프로그램으로 확인하는 그림이 다음과 같다.

$$A = \begin{bmatrix} 1 & 2 \\ 3 & 5 \end{bmatrix} \qquad B = \begin{bmatrix} -2 & 3 \\ 3 & 6 \end{bmatrix}$$

```
import numpy as np
A = np.matrix( [ [1,2] , [3,5] ] )
B = np.matrix( [ [-2,3], [3,6] ] )
print( 'inv(A*B) \n ' , np.linalg.inv( A*B ) )
print()
print( 'inv(B)*inv(A) \n', np.linalg.inv(B) * np.linalg.inv(A) )
```

```
IDLE Shell 3.11.1
File Edit Shell Debug Options Window Help
>>>
===== RESTART: C:/Users/82103/AppData/Local/Programs/Python/Python311/1.py =====
inv(A*B)
  [[ 1.85714286 -0.71428571]
 [-0.42857143  0.19047619]]

inv(B)*inv(A)
 [[ 1.85714286 -0.71428571]
 [-0.42857143  0.19047619]]
>>>
Ln: 105 Col: 0
```

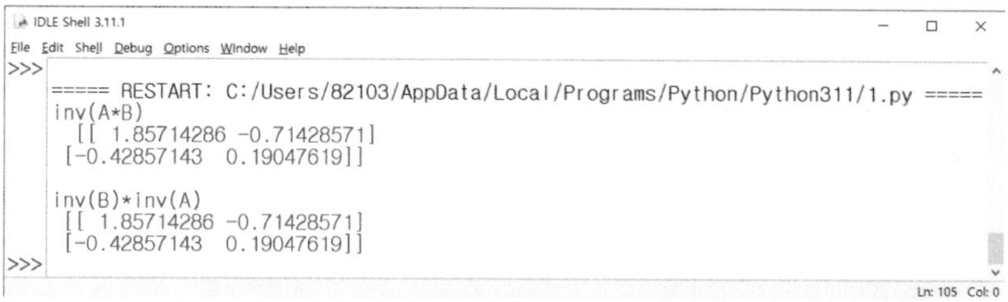

그림 4-7 $(AB)^{-1}$와 $B^{-1}A^{-1}$의 계산

역행렬 계산에 있어, 주대각성분의 값이 0인 경우는 주대각성분의 값이 0이 되지 않도록 행끼리 교환을 하여 역행렬을 구하여도 역행렬은 변함이 없다. 하지만 특정한 열이 모두 0이면 역행렬은 존재하지 않는다.

3. 증대행렬을 이용하는 방법

주어진 행렬 A와 단위행렬 I를 결합하여 증대행렬을 만들고 가우스-조던 소거법으로 기약 가우스 행렬을 만듦으로써 역행렬을 구하는 방법이다.

이제 행렬 A와 단위행렬 I를 결합한 행렬을 K라고 하자.

$$K=\left[\begin{array}{cccc|cccc} a_{11} & a_{12} & \cdots & a_{1n} & 1 & 0 & \cdots & 0 \\ a_{21} & a_{22} & \cdots & a_{2n} & 0 & 1 & \cdots & 0 \\ \vdots & \vdots & & \vdots & \vdots & \vdots & & \vdots \\ a_{n1} & a_{n2} & \cdots & a_{nn} & 0 & 0 & \cdots & 1 \end{array}\right]$$

행렬 K를 행변환하여 단위행렬이 앞(왼쪽)에 오도록 만든 행렬을 K'라고 하면

$$K'=\left[\begin{array}{cccc|cccc} 1 & 0 & \cdots & 0 & b_{11} & b_{12} & \cdots & b_{1n} \\ 0 & 1 & \cdots & 0 & b_{21} & b_{22} & \cdots & b_{2n} \\ \vdots & \vdots & & \vdots & \vdots & \vdots & & \vdots \\ 0 & 0 & \cdots & 1 & b_{n1} & b_{n2} & \cdots & b_{nn} \end{array}\right]$$

이 되고, 행렬 K'의 오른쪽 정방행렬이 행렬 A의 역행렬이 된다. 즉,

$$A^{-1}=\begin{bmatrix} b_{11} & b_{12} & \cdots & b_{1n} \\ b_{21} & b_{22} & \cdots & b_{2n} \\ \vdots & \vdots & & \vdots \\ b_{n1} & b_{n2} & \cdots & b_{nn} \end{bmatrix}$$

【예제 4-39】 증대행렬을 이용하여 다음 행렬의 역행렬을 구하여라.

$$A=\begin{bmatrix} 2 & 2 & 1 \\ 0 & 3 & 0 \\ 1 & 2 & 1 \end{bmatrix}$$

【해】 증대행렬 K로부터 일련의 조작을 거쳐 K'를 만들어본다.

$$K=\left[\begin{array}{ccc|ccc} 2 & 2 & 1 & 1 & 0 & 0 \\ 0 & 3 & 0 & 0 & 1 & 0 \\ 1 & 2 & 1 & 0 & 0 & 1 \end{array}\right] \quad \begin{matrix} R_1 \\ R_2 \\ R_3 \end{matrix}$$

1단계 : R_1을 조작하여 나머지 행의 연산을 수행한다. 변환 방법은 행렬의 오른쪽에 표시하였다.

$$K' = \begin{bmatrix} 2 & 2 & 1 & | & 1 & 0 & 0 \\ 0 & 3 & 0 & | & 0 & 1 & 0 \\ 0 & 1 & 0.5 & | & -0.5 & 0 & 1 \end{bmatrix} \quad \begin{matrix} R_1 \leftarrow R_1 \\ R_2 \leftarrow R_2 - 0 \times R_1 \\ R_3 \leftarrow R_3 - 0.5 \times R_1 \end{matrix}$$

2단계 : R_2를 조작하여 나머지 행의 연산을 수행한다. 마찬가지로

$$K' = \begin{bmatrix} 2 & 0 & 1 & | & 1 & -2/3 & 0 \\ 0 & 3 & 0 & | & 0 & 1 & 0 \\ 0 & 0 & 0.5 & | & -0.5 & -1/3 & 1 \end{bmatrix} \quad \begin{matrix} R_1 \leftarrow R_1 - 2/3 \times R_2 \\ R_2 \leftarrow R_2 \\ R_3 \leftarrow R_3 - 1/3 \times R_2 \end{matrix}$$

3단계 : R_3을 조작하여 나머지 행의 연산을 수행한다. 마찬가지로

$$K' = \begin{bmatrix} 2 & 0 & 0 & | & 2 & 0 & -2 \\ 0 & 3 & 0 & | & 0 & 1 & 0 \\ 0 & 0 & 0.5 & | & -0.5 & -1/3 & 1 \end{bmatrix} \quad \begin{matrix} R_1 \leftarrow R_1 - 2 \times R_3 \\ R_2 \leftarrow R_2 - 0 \times R_3 \\ R_3 \leftarrow R_3 \end{matrix}$$

4단계 : 왼쪽 부분을 단위행렬로 변형시키기 위해 주대각성분의 값으로 행의 성분을 나눈다.

$$K' = \begin{bmatrix} 1 & 0 & 0 & | & 1 & 0 & -1 \\ 0 & 1 & 0 & | & 0 & 1/3 & 0 \\ 0 & 0 & 1 & | & -1 & -2/3 & 2 \end{bmatrix} \quad \begin{matrix} R_1 \leftarrow R_1/2 \\ R_2 \leftarrow R_2/3 \\ R_3 \leftarrow R_3/0.5 \end{matrix}$$

따라서 역행렬 A^{-1} 는 다음과 같다.

$$A^{-1} = \frac{1}{3} \begin{bmatrix} 3 & 0 & -3 \\ 0 & 1 & 0 \\ -3 & -2 & 6 \end{bmatrix} \quad \blacksquare$$

다음 그림은 << 프로그램 4-5 >>을 사용하여 역행렬을 계산한 것이다. 역행렬 계산에 있어, 주대각성분의 값이 0인 경우는 주대각성분의 값이 0이 되지

않도록 행끼리 연산을 하여 역행렬을 구하여도 역행렬은 변함이 없다.

```
C:\WINDOWS\system32\cmd.exe
주어진 행렬의 행의 크기, 열의 크기를 입력하시오 : 3 6
행렬의 성분 A(i,j)의 값을 입력하시오 :
2 2 1 1 0 0
0 3 0 0 1 0
1 2 1 0 0 1

              행 렬
----------------------------------------
    2.0000    2.0000    1.0000    1.0000    0.0000    0.0000
    0.0000    3.0000    0.0000    0.0000    1.0000    0.0000
    1.0000    2.0000    1.0000    0.0000    0.0000    1.0000
----------------------------------------

1 단계
----------------------------------------
    2.0000    2.0000    1.0000    1.0000    0.0000    0.0000
    0.0000    3.0000    0.0000    0.0000    1.0000    0.0000
    0.0000    1.0000    0.5000   -0.5000    0.0000    1.0000
----------------------------------------

2 단계
----------------------------------------
    2.0000    0.0000    1.0000    1.0000   -0.6667    0.0000
    0.0000    3.0000    0.0000    0.0000    1.0000    0.0000
    0.0000    0.0000    0.5000   -0.5000   -0.3333    1.0000
----------------------------------------

3 단계
----------------------------------------
    2.0000    0.0000    0.0000    2.0000    0.0000   -2.0000
    0.0000    3.0000    0.0000    0.0000    1.0000    0.0000
    0.0000    0.0000    0.5000   -0.5000   -0.3333    1.0000
----------------------------------------

Gauss소거법(또는 Gauss-Jordan 소거법) 수행 결과
----------------------------------------
    1.0000    0.0000    0.0000    1.0000    0.0000   -1.0000
    0.0000    1.0000    0.0000    0.0000    0.3333    0.0000
    0.0000    0.0000    1.0000   -1.0000   -0.6667    2.0000
----------------------------------------
계속하려면 아무 키나 누르십시오 . . .
```

그림 4-8 **역행렬의 단계별 연산결과**

【예제 4-40】 다음 행렬의 역행렬을 구하여라.

$$A = \begin{bmatrix} 0 & 1 & -4 \\ 0 & 7 & 3 \\ 2 & 3 & -2 \end{bmatrix}$$

【해】 증대행렬 K에 변환을 거쳐 앞부분을 단위행렬로 만들어본다.

$$K = \left[\begin{array}{ccc|ccc} 0 & 1 & -4 & 1 & 0 & 0 \\ 0 & 7 & 3 & 0 & 1 & 0 \\ 2 & 3 & -2 & 0 & 0 & 1 \end{array}\right] \qquad \begin{array}{l} R_1 \\ R_2 \\ R_3 \end{array}$$

$a_{11} = 0$, $a_{21} = 0$이므로

$$R_1 \leftarrow R_1 + R_2 + R_3, \ R_2 \leftarrow R_2 + R_3, \ R_3 \leftarrow R_3$$

인 연산을 수행하여 제1행을 변경해야 한다. 이렇게 만들어진 증대행렬에 가우스-조던 소거법을 적용하여 역행렬을 구하는 절차를 진행하면 된다. ■

다음은 << 프로그램 4-5 >>를 실행한 것이다. a_{11}이 0 이 안되도록 행을 변환하는 절차를 통해 증대행렬을 만들고 가우스-조던 소거법을 적용하였다.

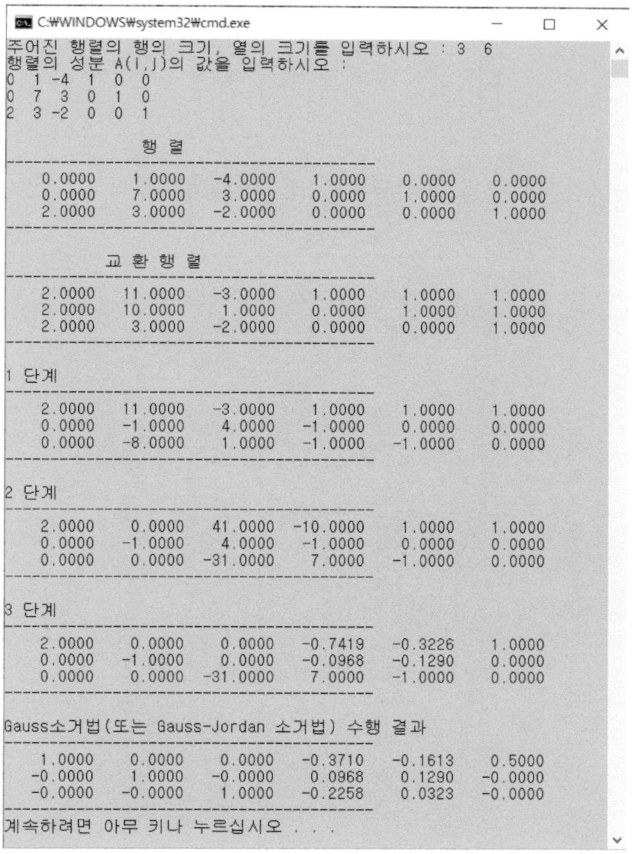

```
C:₩WINDOWS₩system32₩cmd.exe
주어진 행렬의 행의 크기, 열의 크기를 입력하시오 : 3  6
행렬의 성분 A(i,j)의 값을 입력하시오 :
0  1 -4  1  0  0
0  7  3  0  1  0
2  3 -2  0  0  1

                 행 렬
------------------------------------------
    0.0000    1.0000   -4.0000    1.0000    0.0000    0.0000
    0.0000    7.0000    3.0000    0.0000    1.0000    0.0000
    2.0000    3.0000   -2.0000    0.0000    0.0000    1.0000
------------------------------------------

             교 환 행 렬
------------------------------------------
    2.0000   11.0000   -3.0000    1.0000    1.0000    1.0000
    2.0000   10.0000    1.0000    0.0000    1.0000    1.0000
    2.0000    3.0000   -2.0000    0.0000    0.0000    1.0000
------------------------------------------

1 단계
------------------------------------------
    2.0000   11.0000   -3.0000    1.0000    1.0000    1.0000
    0.0000   -1.0000    4.0000   -1.0000    0.0000    0.0000
    0.0000   -8.0000    1.0000   -1.0000   -1.0000    0.0000
------------------------------------------

2 단계
------------------------------------------
    2.0000    0.0000   41.0000  -10.0000    1.0000    1.0000
    0.0000   -1.0000    4.0000   -1.0000    0.0000    0.0000
    0.0000    0.0000  -31.0000    7.0000   -1.0000    0.0000
------------------------------------------

3 단계
------------------------------------------
    2.0000    0.0000    0.0000   -0.7419   -0.3226    1.0000
    0.0000   -1.0000    0.0000   -0.0968   -0.1290    0.0000
    0.0000    0.0000  -31.0000    7.0000   -1.0000    0.0000
------------------------------------------

Gauss소거법(또는 Gauss-Jordan 소거법) 수행 결과
------------------------------------------
    1.0000    0.0000    0.0000   -0.3710   -0.1613    0.5000
   -0.0000    1.0000   -0.0000    0.0968    0.1290   -0.0000
   -0.0000   -0.0000    1.0000   -0.2258    0.0323   -0.0000
------------------------------------------
계속하려면 아무 키나 누르십시오 . . .
```

그림 4-9 $a_{11} = 0$ 인 경우의 역행렬

독자들이 범하기 쉬운 오류로는 행렬식 연산에서 행(또는 열)끼리 교환하더라도 값을 구할 수 있다는 것을 차용하여 역행렬에서도 행 교환을 한 뒤에 역행렬을 구하는 것을 흔히 보게 된다.

다음은 【예제 4-40】의 제1행과 제3행을 교환하여 역행렬을 구한 것이다. 프로그램으로 확인하면 알 수 있듯이 전혀 다른 결과가 나온다.

【예제 4-41】 다음 행렬의 역행렬을 구하여라.

$$A = \begin{bmatrix} 2 & 3 & -2 \\ 0 & 7 & 3 \\ 0 & 1 & -4 \end{bmatrix}$$

【해】 프로그램을 실행시키고 중간단계의 출력을 배제하여 결과만 출력하였다.

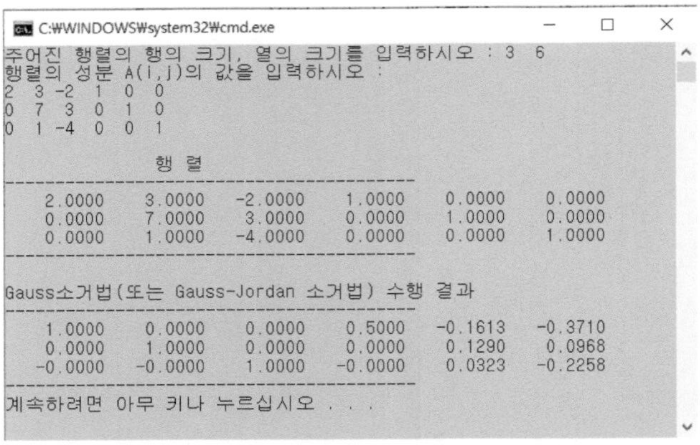

```
C:\WINDOWS\system32\cmd.exe
주어진 행렬의 행의 크기, 열의 크기를 입력하시오 : 3 6
행렬의 성분 A(i,j)의 값을 입력하시오 :
2 3 -2 1 0 0
0 7 3 0 1 0
0 1 -4 0 0 1

              행 렬
---------------------------------------------
    2.0000    3.0000   -2.0000    1.0000    0.0000    0.0000
    0.0000    7.0000    3.0000    0.0000    1.0000    0.0000
    0.0000    1.0000   -4.0000    0.0000    0.0000    1.0000
---------------------------------------------

Gauss소거법(또는 Gauss-Jordan 소거법) 수행 결과
---------------------------------------------
    1.0000    0.0000    0.0000    0.5000   -0.1613   -0.3710
    0.0000    1.0000    0.0000    0.0000    0.1290    0.0968
   -0.0000   -0.0000    1.0000   -0.0000    0.0323   -0.2258
---------------------------------------------
계속하려면 아무 키나 누르십시오 . . .
```

그림 4-10 행 교환하여 역행렬 구하기

♣ 연습문제 ♣

1. 4 절에서 기술한 세가지 방법을 사용하여 다음 행렬의 역행렬을 구하여라.

(1) $\begin{bmatrix} 1 & -1 \\ 1 & 1 \end{bmatrix}$ (2) $\begin{bmatrix} 2 & 4 \\ 1 & 0 \end{bmatrix}$

(3) $\begin{bmatrix} -2 & 3 & 2 \\ 6 & 0 & 3 \\ 4 & 1 & -1 \end{bmatrix}$ (4) $\begin{bmatrix} 0 & -3 & 1 \\ 2 & 2 & 1 \\ 1 & 1 & -1 \end{bmatrix}$

2. 증대행렬을 사용하여 다음 행렬의 역행렬을 구하여라.

$$A = \begin{bmatrix} 0 & 1 & 0 & 3 \\ 7 & 0 & 0 & 0 \\ 0 & 4 & 5 & 0 \\ 5 & 0 & 1 & 6 \end{bmatrix}$$

3. 【정리 4-12】의 3)을 증명하라.

프로그램 모음

<< 프로그램 4-1 : 행렬의 합 >>

```
#include "stdafx.h"
#include "stdio.h"
#include "math.h"

int main()
{
  int i, j, m, n;
  double a[10][10], b[10][10], c[10][10];
  printf("행의 크기 (m)과 열의 크기(n)을 입력하시오 : ");
  scanf("%d %d", &m, &n);
  printf("\n행렬 A의 성분 a[i,j]의 값을 입력하시오 : \n");
  for (i = 1; i <= m; i++)
    for (j = 1; j <= n; j++)
      scanf("%lf", &a[i-1][j-1]);
  printf("\n행렬 B의 성분 b[i,j]의 값을 입력하시오 : \n");
  for (i = 1; i <=m; i++)
    for (j = 1; j <= n; j++)
      scanf("%lf", &b[i-1][j-1]);
  printf("\n두 행렬  A , B 의 합 \n\n");
  for (i = 1; i <= m; i++)
  {
    for (j = 1; j <= n; j++)
      printf("%10.3lf", a[i-1][j-1] + b[i-1][j-1]);
      printf("\n");
  }
  printf("\n");
}
```

<< 프로그램 4-2 : 행렬의 곱 >>

```
#include "stdafx.h"
#include "stdio.h"
#include "math.h"
#include "stdlib.h"
int main()
{
  int i, j, k, m, n, r;
```

```
    float a[10][10], b[10][10], c[10][10];
    printf("\n행렬 A의 행의 크기 m과 열의 크기 r의 값을 입력하시오 : ");
    scanf("%d %d", &m, &r);

    printf("\n (%d x %d) 행렬 A의 성분 a[i,j]의 값을 입력하시오 \n", m, r);
    for (i = 1; i <= m; i++)
        for (j = 1; j <= r; j++)
            scanf("%f", &a[i-1][j-1]);
    printf("\n행렬 B의 행의 크기 r과 열의 크기 n의 값을 입력하시오 : ");
    scanf("%d  %d", &r, &n) ;
    printf("\n (%d x %d) 행렬 B의 성분 b[i,j]의 값을 입력하시오 \n", r, n);
    for (i = 1; i <=r; i++)
        for (j = 1; j <= n; j++)
            scanf("%f", &b[i-1][j-1]);
    for(i = 1; i <= m ; i++)
        for(j = 1; j <= n ; j++)
            c[i-1][j-1] = 0.0;

    printf("\n두 행렬 A, B의 곱 \n\n") ;
    for (i = 1; i <=m; i++)
        for (j = 1; j <= n; j++)
            for (k = 1; k <=r; k++)
                c[i-1][j-1] += a[i-1][k-1] * b[k-1][j-1];
    for (i = 1; i <= m; i++)
    {
        for (j = 1; j <=n; j++)
            printf("%12.4f", c[i-1][j-1]);
        printf("\n");
    }
    printf("\n");
}
```

<< 프로그램 4-3 : 행렬식의 계산 >>

```
#include "stdafx.h"
#include "stdio.h"
#include "math.h"

void change(float x[10][10],int m,int n);
int c=0;
int main()
{
```

```
    float a,det=1,x[10][10];
    int i,j,l,m,n;
    printf("\n행렬의 차수를 입력하시오 : ");
    scanf("%d",&n);
    printf("\n행렬의 성분 x(i,j)를 입력하시오 : \n");
    for(i=1;i<=n;i++)
    {
        for(j=1;j<=n;j++)
            scanf("%f",&x[i][j]);
    }
    printf("\n\n");
    for(m=1;m<=n;m++)
    {
        l=m+1;
        if(x[m][m]==0) change(x,m,n);
        if(det==0) break;
        for(i=1; i<=n; i++){
        for(j=1; j<=n; j++)
            printf(" %12.5f  ", x[i][j]);
        printf("\n");
        }
        printf("\n");
        for(i=l;i<=n;i++)
        {
            a=x[i][m]/x[m][m];
            for(j=1;j<=n;j++)
                x[i][j]-=a*x[m][j];
        }
        det*=pow(-1.,c)*x[m][m];
    }
    printf("\n행렬식 = %12.5f\n\n",det);
}
void change(float x[10][10], int m, int n)
{
    int i, j, ii; float temp;
    c++;
    for(i=m;i<=n;i++)
    {
        ii = i+1 ;
        if(x[i+1][m] != 0) break;
        else printf("행렬식의 값은 0. \n");
    }
    for(j=1; j<=n; j++){
        temp = x[m][j];
        x[m][j] = x[ii][j];
```

```
        x[ii][j] = temp;
    }
}
```

<< 프로그램 4-4 : 개선된 Sarrus의 방법 >>

```
#include "stdafx.h"
#include "stdio.h"
#include "math.h“
int main()
{
    double a[10][10], b[10][10], c[10][10], s ;
    int i,j,k,n;
    printf("행렬의 차수를 입력하시오 : ");
    scanf("%d",&n);
    printf("\n행렬의 성분 a(i,j)를 입력하시오 : \n");
    for(i=1;i<=n;i++)
        for(j=1;j<=n;j++)
            scanf("%lf", &a[i][j]);
bb: if( a[1][1]==0 )
        for(i=1; i<=n; i++)
        for(k=1; k<=n; k++){
            s = 0 ;
            for(j=i;j<=n;j++)
                s = s + a[j][k] ;
                a[i][k] = s ;
        }
        printf("            a11 성분을 1로 만들기            \n") ;
        printf("------------------------------------------\n");
        for(i=1;i<=n;i++){
        for(j=1;j<=n;j++){
                c[i][j] = a[i][j]/a[1][1] ;
                printf("%10.4f", a[i][j]/a[1][1]);
                }
            printf("\n") ;
        }
        printf("------------------------------------------\n\n");
        printf("Sarrus 방법 적용 \n") ;
        printf("-------------------------\n");
        for(i=2;i<=n;i++){
        for(j=2;j<=n;j++){
                b[i-1][j-1] = c[1][1]*c[i][j] - c[1][j]*c[i][1] ;
                printf("%9.4f", b[i-1][j-1]);
```

```
                a[i-1][j-1] = b[i-1][j-1] ;
                }
            printf("\n") ;
        }
        printf("--------------------------\n\n") ;
        n-- ;
        if(n!=2) goto bb ;
aa:     ;
}
```

컴퓨터는 사람이 직관적으로 판단하는 것처럼 행 또는 열을 자유자재로 바꿀 수 없기 때문에 행 교환 프로그램에서는 행을 모두 더하는 방식으로 $a_{11} \neq 0$ 이 되도록 만들었다. << 프로그램 4-4 >>는 개선된 Sarrus 방법을 적용하는 프로그램일 뿐이다.

이제 다음 행렬에 적용시킨 결과를 살펴보자.

$$\begin{bmatrix} 0 & 2 & 1 \\ 2 & 3 & -1 \\ 1 & 0 & 1 \end{bmatrix}$$

주어진 행렬은 다음과 같은 방식으로 행 교환을 실시한다.

1행 ← 1행 + 2행 + 3행
2행 ← 2행 + 3행
3행 ← 3행

변형된 행렬은

$$\begin{bmatrix} 3 & 5 & 1 \\ 3 & 3 & 0 \\ 1 & 0 & 1 \end{bmatrix}$$

이며, a_{11} 값인 3으로 모든 성분을 나누면 $a_{11} = 1$ 로 만들어지게 된다. 이것이 다음 화면의 "a11 성분을 1로 만들기"라는 행렬로 표시되어 있다. 여기에 개선된 Sarrus 방법을 적용시켜 3차 행렬을 2차 행렬로 바꾼 것이다.

```
C:\WINDOWS\system32\cmd.exe
행렬의 차수를 입력하시오 : 3

행렬의 성분 a(i,j)를 입력하시오 :
0 2 1
2 3 -1
1 0 1
            a11 성분을 1로 만들기
---------------------------------------------
    1.0000    1.6667    0.3333
    1.0000    1.0000    0.0000
    0.3333    0.0000    0.3333
---------------------------------------------

Sarrus 방법 적용
---------------------------
  -0.6667  -0.3333
  -0.5556   0.2222
---------------------------

계속하려면 아무 키나 누르십시오 . . .
```

【예제4-29】를 처리할 때는 a_{11}의 성분인 2로 모든 성분을 나눈 후, 개선된 Sarrus 방법을 적용한다. 축소된 3차 행렬에서 $a_{11}=1$ 로 만들기 위해, -0.5로 모든 성분을 나누고 개선된 Sarrus 방법을 적용하였다.

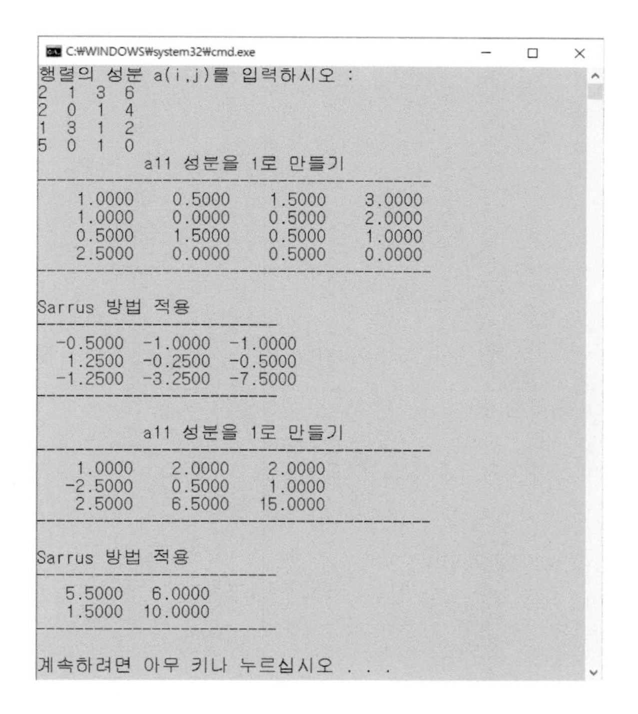

```
C:\WINDOWS\system32\cmd.exe
행렬의 성분 a(i,j)를 입력하시오 :
2 1 3 6
2 0 1 4
1 3 1 2
5 0 1 0
            a11 성분을 1로 만들기
---------------------------------------------
    1.0000    0.5000    1.5000    3.0000
    1.0000    0.0000    0.5000    2.0000
    0.5000    1.5000    0.5000    1.0000
    2.5000    0.0000    0.5000    0.0000
---------------------------------------------

Sarrus 방법 적용
---------------------------
  -0.5000  -1.0000  -1.0000
   1.2500  -0.2500  -0.5000
  -1.2500  -3.2500  -7.5000
---------------------------

            a11 성분을 1로 만들기
---------------------------------------------
    1.0000    2.0000    2.0000
   -2.5000    0.5000    1.0000
    2.5000    6.5000   15.0000
---------------------------------------------

Sarrus 방법 적용
---------------------------
   5.5000   6.0000
   1.5000  10.0000
---------------------------

계속하려면 아무 키나 누르십시오 . . .
```

<< 프로그램 4-5 : 증대행렬을 이용한 역행렬의 계산 >>

```
#include "stdafx.h"
#include "stdio.h"
#include "math.h“

int change(double a[10][10],int m,int n)
{
int i,j,k; float s ;
    for(i=1; i<=n; i++)
    for(k=1; k<=n; k++)
    {
         s = 0 ;
         for(j=i;j<=m;j++)
              s = s + a[j][k] ;
         a[i][k] = s ;
    }
    printf("              교 환 행 렬                    \n") ;
    printf("-----------------------------------------\n");
    for(i=1;i<=m;i++)
    {
        for(j=1;j<=n;j++)
              printf("%10.4f", a[i][j]);
         printf("\n") ;
    }
    printf("-----------------------------------------\n\n");
    return 0 ;
}

int main()
{
    double r,a[10][10], b[10][10], element ;
    int n, i, j, k, m ;
    printf("주어진 행렬의 행의 크기, 열의 크기를 입력하시오 : ");
    scanf("%d %d",&m, &n);
    printf("행렬의 성분 A(i,j)의 값을 입력하시오 : \n");
    for(i=1;i<=m;i++)
        for(j=1;j<=n;j++)
             scanf("%lf",&a[i][j]);
    printf("\n                 행 렬               \n");
    printf("-----------------------------------------\n");
    for(i=1;i<=m;++i)
    {
        for(j=1;j<=n;j++)
```

```
            printf("%10.4f",a[i][j]);
        printf("\n");
    }
    printf("----------------------------------------\n\n");
    for(i=1;i<=m;i++)
    {
        if( -1e-6 < a[i][i] && a[i][i] < 1e-6 ) change(a,m,n) ;
//      for(j=i;j<=m;j++){  // Gauss소거법일 때 사용
        for(j=1;j<=m;j++){  // Gauss-Jordan소거법일 때 사용
            if( i==j ) { r=0 ; goto aa ; }
            r=a[j][i]/a[i][i] ;
aa:         for(k=1;k<=n;k++)
            {
                b[j][k] = a[j][k] - r*a[i][k];
                a[j][k] = b[j][k] ;
            }
        }
    printf("%d 단계\n",i);
    printf("----------------------------------------\n");
        for(j=1;j<=m;j++)
        {
            for(k=1;k<=n;k++)
            {
                element = a[j][k] ;
                if( -1e-6< element && element<1e-6) element=0 ;
                printf("%10.4f", element);
            }
        printf("\n");
        }
    printf("----------------------------------------\n\n");
    }
    printf("Gauss소거법(또는 Gauss-Jordan 소거법) 수행 결과\n") ;
    printf("----------------------------------------\n");
        for(j=1;j<=m;j++)
        {
            for(k=1;k<=n;k++)
            {
                element = a[j][k] ;
                if( -1e-6< element && element<1e-6) element=0 ;
                printf("%10.4f", element/a[j][j]);
            }
        printf("\n");
        }
    printf("----------------------------------------\n");
}
```

<< 프로그램 4-6 : 전도수 구하기 >>

```
#include "stdafx.h"
#include "stdio.h"
#include "math.h“
int main( )
{
        int count=0, m, n, x[]={6,1,3,5,2,4}, temp, size ;
        size = sizeof(x)/4 ;
        printf("입력순열 : ") ;
    for(m=0; m<size; m++)
        printf("%4d", x[m]) ;
    for(m=0; m<size; m++)
    for(n=m+1; n<size; n++)
        if( x[m] > x[n] )
        {
                        count++ ;
            temp = x[m] ;
            x[m] = x[n] ;
            x[n] = temp ;
        }
        printf("\n정상순열 : ") ;
    for(m=0; m<size; m++)
        printf("%4d", x[m]) ;
        printf("\n") ;
        printf("전도수 = %d\n", count) ;
}
```

제5장 연립방정식의 해법

학습목표

· 연립방정식의 해를 직접 구하는 방법에 대해 알아본다.
  - 역행렬을 이용
  - Cramer의 공식
  - LU 분해를 이용하기
  - Gauss (또는 Gauss-Jordan) 소거법

· 반복법을 이용하여 선형연립방정식의 해를 구해본다.
  - Gauss의 방법
  - Gauss-Seidel의 방법

· 야코비안 행렬을 이용하여 비선형연립방정식의 해를 구해본다.

제1절 연립방정식의 직접해법

$(n+1)$개의 좌표점 (x_0,y_0), (x_1,y_1), $\cdots$, (x_n,y_n)을 지나는 함수 $f(x)$는

$$f(x) = a_0 + a_1x + a_2x^2 + \cdots + a_nx^n$$

로 표시할 수 있으며, 이러한 좌표 값을 대입함으로써 미지수 $a_i\,(i=1,2,..,n)$의 값이 구해진다. 결국 $f(x)$ 를 구하는 문제는 n원 1차 연립방정식을 푸는 문제로 귀착된다.

연립방정식의 해를 구하는 방식으로는 직접법과 반복법이 있으며, 제1절에서는 직접 연립방정식의 해를 구하는 방법을 다루어보기로 한다.

이제 다음과 같은 연립방정식의 해를 구해보자.

$$\begin{cases} 2x_1 - 2x_2 + 4x_4 = 2 \\ 3x_1 - 3x_2 + x_3 = -18 \\ -x_1 + 6x_2 + 5x_3 - 7x_4 = -26 \\ 5x_1 - x_3 - 6x_4 = 7 \end{cases}$$

위의 연립방정식의 차수를 줄여나가면 원하는 해를 구할 수는 있지만, 이러한 연립방정식을 푸는 것은 따분한 일이다. 예를 들어 4원 1차 연립방정식을 소거법(또는 등치법, 대입법)의 방식으로 풀어 나가려면 적어도 6회의 2원 1차 연립방정식을 풀어야 하며, 여기서 계산된 값을 원 식에 대입하는 것까지 감안한다면 최소한 9회의 계산을 하여야 한다.

연립방정식이 다음과 같은 형태를 취하고 있으면 선형 연립방정식(linear simultaneous)이라 한다. 본 절에서는 선형 연립방정식의 해를 직접 구하는 여러 가지 방법에 대하여 다루어 보기로 한다.

$$\begin{cases} a_{11}x_1 + a_{12}x_2 + \cdots + a_{1n}x_n = b_1 \\ a_{21}x_1 + a_{22}x_2 + \cdots + a_{2n}x_n = b_2 \\ \vdots \qquad \vdots \qquad\qquad \vdots \quad \vdots \\ a_{n1}x_1 + a_{n2}x_2 + \cdots + a_{nn}x_n = b_n \end{cases} \tag{5-1}$$

1. 역행렬을 이용하는 방법

식 (5-1)의 선형 연립방정식을 행렬로 표시하면 $AX=B$가 된다. 여기서

$$A=\begin{bmatrix} a_{11} & a_{12} \cdots & a_{1n} \\ a_{21} & a_{22} \cdots & a_{2n} \\ \vdots & \vdots & \vdots \\ a_{n1} & a_{n2} \cdots & a_{nn} \end{bmatrix} \quad X=\begin{bmatrix} x_1 \\ x_2 \\ \vdots \\ x_n \end{bmatrix} \quad B=\begin{bmatrix} b_1 \\ b_2 \\ \vdots \\ b_n \end{bmatrix} \tag{5-2}$$

만일 계수행렬 A의 역행렬이 존재하면 연립방정식의 해는 다음과 같다.

$$X=A^{-1}B \tag{5-3}$$ [1]

【예제 5-2】 다음 연립방정식의 해를 구하여라.

$$\begin{cases} x_1+4\,x_2+3\,x_3=1 \\ 2\,x_1+5\,x_2+4\,x_3=4 \\ -\,x_1+3\,x_2+2\,x_3=5 \end{cases}$$

【해】 연립방정식을 행렬로 나타내면 행렬 A와 B는

$$A=\begin{bmatrix} 1 & 4 & 3 \\ 2 & 5 & 4 \\ -1 & 3 & 2 \end{bmatrix} \quad B=\begin{bmatrix} 1 \\ 4 \\ 5 \end{bmatrix}$$

이며, 계수행렬 A의 역행렬은 다음과 같다.[2]

---

1) 역행렬을 계산하는 프로그램과 행렬의 곱셈 프로그램을 적절히 사용하면 연립방정식의 해를 구할 수 있다.

2) 역행렬을 구하는 파이썬 프로그램

```
import numpy as np
A = np.matrix( [ [1,4,3] , [2,5,4] , [-1,3,2] ] )
print( np.linalg.inv(A) )
```

$$A^{-1}=\begin{bmatrix} 2 & -1 & -1 \\ 8 & -5 & -2 \\ -11 & 7 & 3 \end{bmatrix}$$

따라서

$$X=\begin{bmatrix} x_1 \\ x_2 \\ x_3 \end{bmatrix}=\begin{bmatrix} 1 & 4 & 3 \\ 2 & 5 & 4 \\ -1 & 3 & 2 \end{bmatrix}^{-1}\begin{bmatrix} 1 \\ 4 \\ 5 \end{bmatrix}=\begin{bmatrix} 2 & -1 & -1 \\ 8 & -5 & -2 \\ -11 & 7 & 3 \end{bmatrix}\begin{bmatrix} 1 \\ 4 \\ 5 \end{bmatrix}=\begin{bmatrix} -7 \\ -22 \\ 32 \end{bmatrix}$$ ■

2. Cramer의 공식

역행렬을 이용하는 방법은 계수행렬의 행렬식이 0이 아닌 정칙인 경우만 풀 수 있다. 여기서 소개하는 Cramer의 공식도 계수행렬이 정칙인 경우에만 사용할 수 있다.

【정리 5-1】 $AX=B$로 표시된 n원 1차 연립방정식의 j번째 근 x_j는

$$x_j=\frac{\det(A_j)}{\det(A)}, \quad (j=1,2,\ldots,n) \tag{5-4}$$

이다. 여기서 A_j는 행렬 A의 제j열의 성분을 $B=\begin{bmatrix} b_1 \\ b_2 \\ \vdots \\ b_n \end{bmatrix}$으로 바꾼 행렬을 나타낸다.

<증명> 【정리 4-12】에서

$$A^{-1}=\frac{1}{\det(A)}adj(A)$$

이므로 연립방정식의 해는 다음과 같다.

$$X = A^{-1}B = \frac{1}{\det(A)} adj(A) \begin{bmatrix} b_1 \\ b_2 \\ \vdots \\ b_n \end{bmatrix}$$

$$= \frac{1}{\det(A)} \begin{bmatrix} c_{11} & c_{21} & \cdots & c_{n1} \\ c_{12} & c_{22} & \cdots & c_{n2} \\ \vdots & \vdots & & \vdots \\ c_{1j} & c_{2j} & \cdots & c_{nj} \\ \vdots & \vdots & & \vdots \\ c_{1n} & c_{2n} & \cdots & c_{nn} \end{bmatrix} \begin{bmatrix} b_1 \\ b_2 \\ \vdots \\ b_j \\ \vdots \\ b_n \end{bmatrix} \qquad (5\text{-}5)$$

이다. j번째의 근을 x_j라고 하면

$$x_j = \frac{1}{\det(A)} (c_{1j}b_1 + c_{2j}b_2 + c_{3j}b_3 + \cdots + c_{nj}b_n) \qquad (5\text{-}6)$$

이다. 식 (5-6)의 괄호 부분은 계수행렬 A의 j번째 열을 행렬 B로 대치하여 Laplace 전개를 시킨 값과 동일하므로 식 (5-4) 를 얻을 수 있다. ■

【예제 5-3】 다음 연립방정식의 해를 Cramer의 공식을 사용하여 계산하라.

$$\begin{cases} 3x_1 + x_2 - 2x_3 = 1 \\ x_1 - 2x_2 + x_3 = 3 \\ x_1 + x_2 + 2x_3 = 9 \end{cases}$$

【해】 행렬 A와 B는

$$A = \begin{bmatrix} 3 & 1 & -2 \\ 1 & -2 & 1 \\ 1 & 1 & 2 \end{bmatrix} \quad B = \begin{bmatrix} 1 \\ 3 \\ 9 \end{bmatrix}$$

이고, 행렬 A의 제i열$(i = 1,2,3)$을 B로 대체한 행렬을 A_1, A_2, A_3 이라고 하면

$$A_1 = \begin{bmatrix} 1 & 1 & -2 \\ 3 & -2 & 1 \\ 9 & 1 & 2 \end{bmatrix} \quad A_2 = \begin{bmatrix} 3 & 1 & -2 \\ 1 & 3 & 1 \\ 1 & 9 & 2 \end{bmatrix} \quad A_3 = \begin{bmatrix} 3 & 1 & 1 \\ 1 & -2 & 3 \\ 1 & 1 & 9 \end{bmatrix}$$

이며, 각각의 행렬식을 구해보면

$$\det(A) = -22 \qquad \det(A_1) = -44$$
$$\det(A_2) = -22 \qquad \det(A_3) = -66$$

가 된다. 따라서

$$x_1 = \frac{\det(A_1)}{\det(A)} = 2 \ , \ x_2 = \frac{\det(A_2)}{\det(A)} = 1 \ , \ x_3 = \frac{\det(A_3)}{\det(A)} = 3$$ [3)]

3. LU 분해법

LU분해법이란 주어진 행렬을 상삼각행렬과 하삼각행렬로 분해하는 것을 말하며, 다음과 같은 세 가지 방식이 알려져 있다.

Choleski 방법은 $l_{ii} = u_{ii} \ (i = 1, 2, ...)$가 되도록 LU분해하는 방식이다. 여기서 l_{ii}는 하삼각행렬의 주대각성분이고, u_{ii}는 상삼각행렬의 주대각성분이다. Doolittle 방법은 하삼각행렬의 주대각성분이 모두 1 이 되도록 LU분해하는 방식이다.

Choleski 등이 제안한 방법을 고려하지 않고 (2×2)행렬 $A = \begin{bmatrix} a_{11} & a_{12} \\ a_{21} & a_{22} \end{bmatrix}$를 주대각성분이 모두 1인 $U = \begin{bmatrix} 1 & u_{12} \\ 0 & 1 \end{bmatrix}$ 와 $L = \begin{bmatrix} 1 & 0 \\ l_{21} & 1 \end{bmatrix}$ 의 곱으로 계산하면

$$\begin{bmatrix} a_{11} & a_{12} \\ a_{21} & a_{22} \end{bmatrix} = \begin{bmatrix} 1 & 0 \\ l_{21} & 1 \end{bmatrix} \begin{bmatrix} 1 & u_{12} \\ 0 & 1 \end{bmatrix} = \begin{bmatrix} 1 & u_{12} \\ l_{21} & l_{21} \times u_{12} + 1 \end{bmatrix}$$

이 된다. 따라서 $a_{11} = 1$, $a_{22} = l_{21} \times u_{12} + 1 = a_{12} \times a_{21} + 1$ 이라는 결과가 만들어지므로, 주대각성분의 값이 반드시 1이 되는 지는 장담할 수 없다.

3) 프로그램 모음에 파이썬으로 작성된 프로그램을 실어놓았다.

여기에서는 Doolittle의 방식을 사용하여 LU 분해하는 방법을 다루기로 한다.[4)]

선형 연립방정식의 계수행렬 A가 비정칙이고 (2×2) 행렬이라고 할 때

$$A = LU \tag{5-7}$$

로 분해된다고 하자. 여기서 U는 상삼각행렬이고 L은 주대각성분이 모두 1인 하삼각행렬이다. 즉

$$L = \begin{bmatrix} 1 & 0 \\ l_{21} & 1 \end{bmatrix} \qquad U = \begin{bmatrix} u_{11} & u_{12} \\ 0 & u_{22} \end{bmatrix}$$

이제 행렬 A를 다음과 같은 L과 U의 곱으로 표시하여보자.

$$\begin{bmatrix} a_{11} & a_{12} \\ a_{21} & a_{22} \end{bmatrix} = \begin{bmatrix} 1 & 0 \\ l_{21} & 1 \end{bmatrix} \begin{bmatrix} u_{11} & u_{12} \\ 0 & u_{22} \end{bmatrix} = \begin{bmatrix} u_{11} & u_{12} \\ l_{21}\times u_{11} & l_{21}\times u_{12} + u_{22} \end{bmatrix}$$

동치인 행렬이므로 행렬의 성분은 같아야한다. 따라서 L과 U의 성분 각각은 다음과 같은 관계식으로 만들 수 있다.

1) U의 제1행은 다음과 같다.

$$u_{1j} = a_{1j}, \quad j = 1,2 \tag{5-8}$$

2) L의 제1열은 다음과 같다.

$$l_{i1} = \frac{a_{i1}}{u_{11}}, \quad i = 2 \tag{5-9}$$

3) U의 제2행은 다음과 같다. 여기서 $r = 2$

$$u_{rj} = a_{rj} - \sum_{k=1}^{r-1} l_{rk}\times u_{kj}, \quad j = 2,..,r \tag{5-10}$$

---

4) R 프로그램에 설치된 matlib에는 Doolittle의 방법으로 분해하는 함수가 존재한다.

4) L의 제2열은 다음과 같다. 여기서 $r=2$

$$l_{ir} = \frac{a_{ir} - \sum_{k=1}^{r-1} l_{ik} \times u_{kr}}{u_{rr}}, \quad i = 2, \ldots, r \tag{5-11}$$

위의 행과 열의 값을 계산하는 것이 복잡해 보이지만, 2차 행렬인 경우는 차근차근 계산해보면 비교적 l_{ij}, u_{ij}의 값을 구하기가 수월하다.

【예제 5-4】 다음의 행렬 A를 LU분해하여라.

$$A = \begin{bmatrix} 2 & 3 \\ 1 & 5 \end{bmatrix}$$

【해】 행렬 L과 U의 성분을 번호에 따라 계산하는 절차는 다음과 같다.

1) $u_{11} = a_{11} = 2$, $u_{12} = a_{12} = 3$

2) $l_{11} = 1$, $l_{21} = \dfrac{a_{21}}{u_{11}} = 0.5$

이고, 행렬 L과 U의 정의에 따라 $u_{21} = l_{12} = 0$ 이다. 따라서

3) $u_{22} = a_{22} - l_{21} \times u_{12} = 3.5$

4) $l_{22} = \dfrac{a_{22} - l_{21} \times u_{12}}{u_{22}} = 1$

이므로 상삼각행렬과 하삼각행렬은 다음과 같고, << 프로그램 5-2 >>의 실행 결과와 일치하고 있음을 확인할 수 있다.

$$L = \begin{bmatrix} 1 & 0 \\ 0.5 & 1 \end{bmatrix} \quad U = \begin{bmatrix} 2 & 3 \\ 0 & 3.5 \end{bmatrix}$$ [5]

5) 파이썬에서는 LU 분해하는 프로그램의 완성도가 낮으나, R 프로그램은 정확히 LU 분해하는 것으로 파악되었다.

계속하여 (3×3) 행렬 A의 LU분해를 하여보기로 한다. Dolittle이 제안한 LU 분해법은 윗 식의 좌-우변의 성분들을 비교하는 방법이며 주의할 것은 하삼각행렬의 주대각성분은 1이라는 것이다.

$$A=\begin{bmatrix} a_{11} & a_{12} & a_{13} \\ a_{21} & a_{22} & a_{23} \\ a_{31} & a_{32} & a_{33} \end{bmatrix}$$

이고

$$LU=\begin{bmatrix} 1 & 0 & 0 \\ l_{21} & 1 & 0 \\ l_{31} & l_{32} & 1 \end{bmatrix}\begin{bmatrix} u_{11} & u_{12} & u_{13} \\ 0 & u_{22} & u_{23} \\ 0 & 0 & u_{33} \end{bmatrix} \tag{5-12}$$

$$=\begin{bmatrix} u_{11} & u_{12} & u_{13} \\ l_{21}u_{11} & l_{21}u_{12}+u_{22} & l_{21}u_{13}+u_{23} \\ l_{31}u_{11} & l_{31}u_{12}+l_{32}u_{22} & l_{31}u_{13}+l_{32}u_{23}+u_{33} \end{bmatrix}$$

이므로 다음과 같은 관계식을 얻을 수 있다.

$$\begin{cases} u_{1i}=a_{1i}, \ i=1,2,3 \\ l_{j1}=\dfrac{a_{j1}}{a_{11}}, \ j=2,3 \\ u_{rj}=a_{rj}-\displaystyle\sum_{k=1}^{r-1} l_{rk}\times u_{kj}, \ r=2,3 \ , j=r,..,3 \\ l_{ir}=\dfrac{a_{ir}-\displaystyle\sum_{k=1}^{r-1} l_{ik}\times u_{kr}}{u_{rr}}, \ r=2,...,3-1 \ , \ i=r+1,...,3 \end{cases}$$

【예제 5-5】 다음 행렬 A를 LU 분해하라.

$$A=\begin{bmatrix} 4 & -2 & 3 \\ 2 & -2 & 1 \\ 1 & 3 & -1 \end{bmatrix}$$

【해】 위의 행의 성분과 열의 성분을 구하는 관계식에 행렬 A의 성분들을 대입하면

$$\begin{cases} u_{11}=4,\ u_{12}=-2,\ u_{13}=3 \\ l_{21}=2/4=0.5,\ l_{31}=1/4=0.25 \\ u_{22}=-2-0.5\times(-2)=-1,\ u_{23}=1-0.5\times(3)=-0.5 \\ u_{33}=-1-[0.25\times 3+(-3.5)\times(-0.5)]=-3.5 \\ l_{32}=[3-0.25\times(-2)]/(-1)=-3.5 \end{cases}$$

이므로 행렬 A는 다음과 같이 LU 분해된다.[6]

$$\begin{bmatrix} 4 & -2 & 3 \\ 2 & -2 & 1 \\ 1 & 3 & -1 \end{bmatrix} = \begin{bmatrix} 1 & 0 & 0 \\ 0.5 & 1 & 0 \\ 0.25 & -3.5 & 1 \end{bmatrix} \begin{bmatrix} 4 & -2 & 3 \\ 0 & -1 & -0.5 \\ 0 & 0 & -3.5 \end{bmatrix} \qquad \blacksquare$$

일반적으로 $n\times n$ 행렬을 LU 분해하여보면 다음과 같은 관계식을 유추해 낼 수 있다.

$$\begin{cases} u_{1i}=a_{1i},\ i=1,2,3,...,n \\ l_{j1}=\dfrac{a_{j1}}{a_{11}},\ j=2,3,4,...,n \\ u_{rj}=a_{rj}-\displaystyle\sum_{k=1}^{r-1} l_{rk}\times u_{kj},\ r=2,3,...,n\ ,\ j=r,r+1,..,n \\ l_{ir}=\dfrac{a_{ir}-\displaystyle\sum_{k=1}^{r-1} l_{ik}\times u_{kr}}{u_{rr}},\ r=2,3...,n-1\ ,\ i=r+1,r+2,...,n \end{cases} \tag{5-13}$$

【예제 5-6】 4차 정방행렬 A를 LU 분해한 행렬을 이용하여 $A=LU$ 임을 확인하라.

$$A=\begin{bmatrix} 2 & -4 & 6 & 8 \\ 2 & -1 & 3 & -5 \\ 4 & 5 & 9 & 3 \\ 0 & 1 & 1 & -2 \end{bmatrix}$$

---

6) <<프로그램 5-2>>를 실행시켜 결과를 확인할 수 있다.

【해】 프로그램으로 하삼각행렬 L과 상삼각행렬 U를 구하면 다음과 같다.

```
선택 C:₩WINDOWS₩system32₩cmd.exe
계수행렬 A의 차수를 입력하시오 : 4
계수행렬 A(i,j)의 성분을 입력하시오
2 -4  6  8
2 -1  3 -5
4  5  9  3
0  1  1 -2

          하삼각행렬  L
    ------------------------------
     1.000     0.000     0.000     0.000
     1.000     1.000     0.000     0.000
     2.000     4.333     1.000     0.000
     0.000     0.333     0.200     1.000
    ------------------------------

          상삼각행렬  U
    ------------------------------
     2.000    -4.000     6.000     8.000
     0.000     3.000    -3.000   -13.000
     0.000     0.000    10.000    43.333
     0.000     0.000     0.000    -6.333
    ------------------------------

계속하려면 아무 키나 누르십시오 . . .
```

그림 5-1 (4×4)행렬의 LU 분해

그림 5-1 에서 얻은 L과 U의 곱셈이 행렬 A가 되는 것을 R 프로그램으로 확인할 수 있다.[7]

이제부터는 LU분해한 행렬을 이용하여 방정식의 해를 구하는 방법에 대하여 알아보기로 한다. 선형 연립방정식은 $AX=B$로 표시된다. 여기서 계수행렬은 $A=LU$ 로 분해되므로

$$LUX=B \tag{5-14}$$

가 된다. 만일

$$UX=Y \tag{5-15}$$

라고 하면 식 (5-14)는 다음과 같이 표시된다.

---

7) LU 분해하는 R 프로그램

```
A = matrix(c(2,-4,6,8, 2,-1,3,-5, 4,5,9,3, 0,1,1,-2), 4,4, byrow=T)
LU(A) # LU 분해하는 함수
```

$$LY = B \tag{5-16}$$

식 (5-16)을 직접 행렬의 곱으로 표시하면

$$\begin{bmatrix} 1 & 0 & 0 & \cdots & \cdots & 0 \\ l_{21} & 1 & 0 & \cdots & \cdots & 0 \\ l_{31} & l_{32} & 1 & \cdots & \cdots & 0 \\ \cdots & \cdots & \cdots & \cdots & \cdots & \vdots \\ l_{n1} & l_{n2} & l_{n3} & \cdots & \cdots & 1 \end{bmatrix} \begin{bmatrix} y_1 \\ y_2 \\ y_3 \\ \vdots \\ y_n \end{bmatrix} = \begin{bmatrix} b_1 \\ b_2 \\ b_3 \\ \vdots \\ b_n \end{bmatrix} \tag{5-17}$$

이다. 식 (5-17)을 연립방정식으로 환원하면

$$\begin{cases} y_1 = b_1 \\ y_2 = b_2 - l_{21}y_1 \\ y_3 = b_3 - l_{31}y_1 - l_{32}y_2 \\ \vdots = \cdots \quad \cdots \quad \cdots \quad \cdots \\ y_n = b_n - (l_{n1}y_1 + l_{n2}y_2 + \cdots + l_{n,n-1}y_{n-1}) \end{cases} \tag{5-18}$$

이다. 이렇게 하여 구해진 $y_i\,(i = 1,2,...,n)$를 식 (5-15)에 대입하면

$$\begin{bmatrix} u_{11} & u_{12} & u_{13} & \cdots & \cdots & u_{1n} \\ 0 & u_{22} & u_{23} & \cdots & \cdots & u_{2n} \\ 0 & 0 & u_{33} & \cdots & \cdots & u_{3n} \\ \cdots & & \cdots & & \cdots & \vdots \\ 0 & 0 & 0 & \cdots & u_{n-1,n-1} & u_{n-1,n} \\ 0 & 0 & 0 & \cdots & 0 & u_{nn} \end{bmatrix} \begin{bmatrix} x_1 \\ x_2 \\ x_3 \\ \vdots \\ x_{n-1} \\ x_n \end{bmatrix} = \begin{bmatrix} y_1 \\ y_2 \\ y_3 \\ \vdots \\ y_{n-1} \\ y_n \end{bmatrix}$$

가 된다. 따라서 해는 맨 밑의 요소로부터 거꾸로 구하면 된다. 즉

$$\begin{cases} x_n = \dfrac{y_n}{u_{nn}} \\ x_{n-1} = \dfrac{y_{n-1} - u_{n-1,n}x_n}{u_{n-1,n-1}} \\ \cdots \quad \cdots \quad \cdots \quad \cdots \quad \cdots \\ x_1 = \dfrac{y_1 - (u_{12}x_2 + u_{13}x_3 + \cdots + u_{1n}x_n)}{u_{11}} \end{cases} \tag{5-19}$$

【예제 5-7】 다음 연립방정식의 해를 구하여라.

$$\begin{cases} x_1 + x_2 = 3 \\ -3x_1 + 2x_2 = 1 \end{cases}$$

【해】 먼저 주어진 행렬의 계수행렬을 << 프로그램 5-2 >>로 LU분해하면

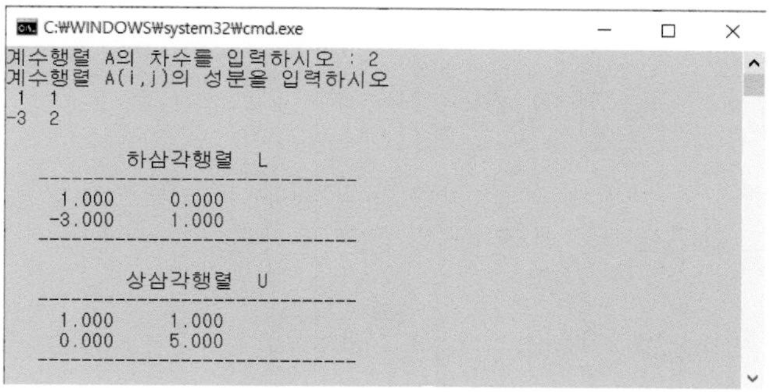

```
C:\WINDOWS\system32\cmd.exe
계수행렬 A의 차수를 입력하시오 : 2
계수행렬 A(i,j)의 성분을 입력하시오
 1  1
-3  2

          하삼각행렬  L
    ------------------------------
      1.000     0.000
     -3.000     1.000
    ------------------------------

          상삼각행렬  U
    ------------------------------
      1.000     1.000
      0.000     5.000
    ------------------------------
```

그림 5-2 LU분해

따라서

$$L = \begin{bmatrix} 1 & 0 \\ -3 & 1 \end{bmatrix}, \quad U = \begin{bmatrix} 1 & 1 \\ 0 & 5 \end{bmatrix}, \quad B = \begin{bmatrix} 3 \\ 1 \end{bmatrix}, \quad n = 2$$

이므로

$$\begin{cases} y_1 = b_1 = 3 \\ y_2 = b_2 - l_{21}y_1 = 1 - (-3) \times 3 = 10 \end{cases}$$

그러므로

$$\begin{cases} x_2 = \dfrac{y_2}{u_{22}} = \dfrac{10}{5} = 2 \\ x_1 = \dfrac{y_1 - u_{12}x_2}{u_{11}} = \dfrac{3 - 1 \times 2}{1} = 1 \end{cases}$$ ■

【예제 5-8】 다음 연립방정식의 해를 구하여라.

$$\begin{cases} 2x_1 + 3x_2 - \ \ x_3 = 5 \\ 4x_1 + 4x_2 - 3x_3 = 3 \\ -2x_1 + 3x_2 - \ \ x_3 = 1 \end{cases}$$

【해】 행렬 A, B는 각각

$$A = \begin{bmatrix} 2 & 3 & -1 \\ 4 & 4 & -3 \\ -2 & 3 & -1 \end{bmatrix} \quad , \quad B = \begin{bmatrix} 5 \\ 3 \\ 1 \end{bmatrix}$$

이다. << 프로그램 5-2 >> 에 의해 L, U를 구하면

$$L = \begin{bmatrix} 1 & 0 & 0 \\ 2 & 1 & 0 \\ -1 & -3 & 1 \end{bmatrix} \quad , \quad U = \begin{bmatrix} 2 & 3 & -1 \\ 0 & -2 & -1 \\ 0 & 0 & -5 \end{bmatrix}$$

가 되므로

$$\begin{cases} y_1 = 5 \\ y_2 = 3 - 2 \times 5 = -7 \\ y_3 = 1 - (-1) \times 5 - (-3) \times (-7) = -15 \end{cases}$$

이 된다. 따라서 $x_i \, (i = 1,2,3)$의 값을 계산하면 다음과 같다.

$$\begin{cases} x_3 = -\dfrac{15}{(-5)} = 3 \\ x_2 = \dfrac{-7 - (-1) \times 3}{(-2)} = 2 \\ x_1 = \dfrac{5 - \{3 \times 2 + (-1) \times 3\}}{2} = 1 \end{cases}$$

즉, $x_1 = 1$, $x_2 = 2$, $x_3 = 3$ 이다. ■

<< 프로그램 5-2 >> 로 이를 확인하면 다음과 같다.

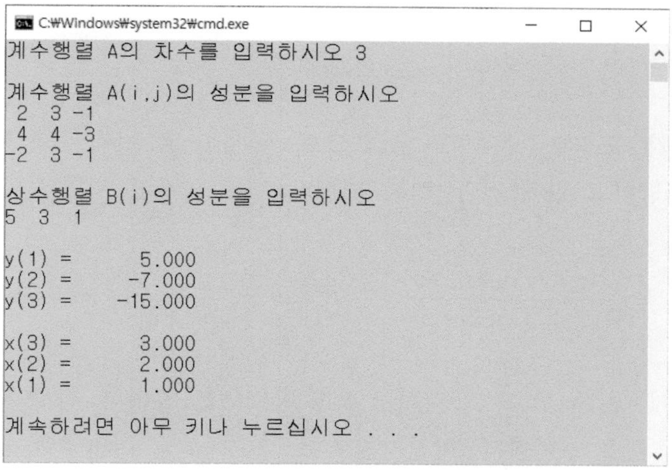

```
C:\Windows\system32\cmd.exe
계수행렬 A의 차수를 입력하시오 3

계수행렬 A(i,j)의 성분을 입력하시오
 2  3 -1
 4  4 -3
-2  3 -1

상수행렬 B(i)의 성분을 입력하시오
5  3  1

y(1) =      5.000
y(2) =     -7.000
y(3) =    -15.000

x(3) =      3.000
x(2) =      2.000
x(1) =      1.000

계속하려면 아무 키나 누르십시오 . . .
```

그림 5-3 LU분해로 구한 연립방정식의 해

4. Gauss 소거법 (Gauss elimination)

Gauss 소거법을 이용하면 연립방정식의 해를 직접 구할 수 있다. 이제 다음과 같은 연립방정식을 고려해보자.

$$\begin{cases} a_{11}x_1 + a_{12}x_2 + \cdots + a_{1n}x_n = b_1 \\ a_{21}x_1 + a_{22}x_2 + \cdots + a_{2n}x_n = b_2 \\ \vdots \qquad \vdots \qquad\qquad \vdots \quad \vdots \\ a_{n1}x_1 + a_{n2}x_2 + \cdots + a_{nn}x_n = b_n \end{cases}$$

이러한 연립방정식은 Gauss 소거법에 의하여 다음과 같이 계수행렬이 상삼각행렬인 형태로 변형시킬 수 있다.

$$\begin{cases} c_{11}x_1 + c_{12}x_2 + \cdots + c_{1,n-1}x_{n-1} + c_{1n}x_n = d_1 \\ \qquad c_{22}x_2 + \cdots + c_{2,n-1}x_{n-1} + c_{2n}x_n = d_2 \\ \qquad\quad \cdots \quad \cdots\cdots \quad \cdots \quad \cdots \quad \cdots \vdots \\ \qquad\qquad c_{n-1,n-1}x_{n-1} + c_{n-1,n}x_n = d_{n-1} \\ \qquad\qquad\qquad c_{nn}x_n = d_n \end{cases} \tag{5-20}$$

식 (5-20)의 마지막 식을 보면, 단지 x_n만을 포함하므로 $c_{nn} \neq 0$ 이면

$$x_n = \frac{d_n}{c_{nn}} \tag{5-21}$$

이 된다. 이제 x_n의 값은 알고 있으므로 끝에서 두 번째 방정식은 미지인 x_{n-1}만을 포함하고 있게 된다. 마찬가지로 $c_{n-1,n-1} \neq 0$ 이면

$$x_{n-1} = \frac{d_{n-1} - c_{n-1,n}x_n}{c_{n-1,n-1}} \tag{5-22}$$

이 된다. 이제 x_n, x_{n-1}은 그 값을 알고 있으므로 끝에서 세 번째 방정식은 미지인 x_{n-2} 만을 포함한다. 마찬가지로 $c_{n-2,n-2} \neq 0$ 이면

$$x_{n-2} = \frac{d_{n-2} - c_{n-2,n-1}x_{n-1} - c_{n-2,n}x_n}{c_{n-2,n-2}} \tag{5-23}$$

이다. 일반적으로 $x_{k+1}, x_{k+2}, \ldots, x_n$ 이 계산된 값이라고 하고 $c_{kk} \neq 0$ 이면

$$x_{n-k} = \frac{d_{n-k} - \sum_{j=0}^{k-1} c_{n-k,n-j} \times x_{n-j}}{c_{n-k,n-k}} \qquad k = 1, 2, \ldots, n-1 \tag{5-24}$$

이론적으로는 위의 방법으로 연립방정식의 해를 구하게 된다. 하지만 프로그램을 이용하게 된다면 이러한 복잡한 계산을 하지 않고 Gauss 소거법의 원리에 입각하여 해를 구하게 된다.

【예제 5-9】 다음 연립방정식의 해를 구하여라.

$$\begin{cases} 2x_1 + 3x_2 + x_3 = 1 \\ 4x_1 + x_2 - 3x_3 = 2 \\ -x_1 + 2x_2 + 2x_3 = 3 \end{cases}$$

【해】 계수행렬과 상수행렬을 결합하여 행렬 C를 만들면 다음과 같이 된다.

$$C=\left[\begin{array}{ccc|c} 2 & 3 & 1 & 1 \\ 4 & 1 & -3 & 2 \\ -1 & 2 & 2 & 3 \end{array}\right] \begin{array}{l} R_1 \\ R_2 \\ R_3 \end{array}$$

$$\Rightarrow \left[\begin{array}{ccc|c} 2 & 3 & 1 & 1 \\ 0 & -5 & -5 & 0 \\ 0 & 7 & 5 & 7 \end{array}\right] \begin{array}{ll} R_1 \leftarrow & R_1 \\ R_2 \leftarrow & R_2 - 2R_1 \\ R_3 \leftarrow & 2R_3 + R_1 \end{array}$$

$$\Rightarrow \left[\begin{array}{ccc|c} 2 & 3 & 1 & 1 \\ 0 & -5 & -5 & 0 \\ 0 & 0 & 10 & 35 \end{array}\right] \begin{array}{ll} R_1 \leftarrow & R_1 \\ R_2 \leftarrow & R_2 \\ R_3 \leftarrow & 5R_3 + 7R_1 \end{array}$$

따라서 다음과 같은 연립방정식을 얻는다.

$$\begin{cases} 2x_1 + 3x_2 + \quad x_3 = 1 \\ \quad\ \ - 5x_2 - \ 5x_3 = 0 \\ \qquad\quad\ - 10x_3 = 35 \end{cases} \tag{5-25}$$

식 (5-24)의 제일 마지막 식으로부터 차례로 x_1, x_2, x_3의 값을 계산하면

$$x_3 = -3.5\,,\ \ x_2 = 3.5\,,\ \ x_1 = -3 \qquad \blacksquare$$

5. Gauss - Jordan 소거법

앞에서 다룬 세 가지 방법은 계수행렬 A가 정방행렬인 경우에만 사용할 수 있다. 하지만 Gauss - Jordan 소거법은 방정식의 개수가 구하려는 근의 개수보다 적은 경우에도 사용할 수 있는 방법이다.[8]

이제 식 (5-1)과 같은 연립방정식을 고려해보자. 연립방정식에 대한 계수행렬 A의 증대행렬(augmented matrix)을

$$K=\left[\begin{array}{cccc|c} a_{11} & a_{12} & \cdots & a_{1m} & b_1 \\ a_{21} & a_{22} & \cdots & a_{2m} & b_2 \\ \vdots & \vdots & & \vdots & \vdots \\ a_{n1} & a_{n2} & \cdots & a_{nm} & b_n \end{array}\right]$$

---

8) 미지수보다 방정식의 개수가 많은 경우는 불능(不能)이므로 여기서는 다룰 필요가 없다. 행렬 K에서는 $n \leq m$ 인 경우를 가정한다.

로 만든 다음, 일련의 조작을 통하여

$$K=\begin{bmatrix} a_{11} & a_{12} \cdots & a_{1m} & | & b_1 \\ a_{21} & a_{22} \cdots & a_{2m} & | & b_2 \\ \vdots & \vdots & \vdots & | & \vdots \\ a_{n1} & a_{n2} \cdots & a_{nm} & | & b_n \end{bmatrix}$$

$$=\begin{bmatrix} c_{11} & 0 & 0 & \cdots & 0 & | & \alpha_{1,n+1} & \cdots & \alpha_{1m} & | & \beta_1 \\ 0 & c_{22} & 0 & \cdots & 0 & | & \alpha_{2,n+1} & \cdots & \alpha_{2m} & | & \beta_2 \\ 0 & 0 & c_{33} & \cdots & 0 & | & \cdots & \cdots & \cdots & | & \vdots \\ \cdots & & \cdots & & \cdots & | & \cdots & \cdots & \cdots & | & \vdots \\ 0 & 0 & 0 & \cdots & c_{nn} & | & \alpha_{n,n+1} & \cdots & \alpha_{nm} & | & \beta_n \end{bmatrix}$$

와 같은 꼴로 만들어 해를 구할 수 있는 데, 이를 Gauss - Jordan 소거법이라 한다.

다음의 예제는 <<프로그램 5-4>>를 이용하여 계산된 값과는 단계별로 차이가 발생하고 있지만 궁극적으로 연립방정식의 해는 동일함을 알 수 있다.

【예제 5-10】 Gauss - Jordan 소거법으로 다음 방정식의 해를 구하여라.

$$\begin{cases} 2x_1+3x_2-\ x_3=5 \\ 4x_1+4x_2-3x_3=3 \\ -2x_1+3x_2-\ x_3=1 \end{cases}$$

【해】 계수행렬에 대한 증대행렬은 다음과 같다.

$$K=\begin{bmatrix} 2 & 3 & -1 & | & 5 \\ 4 & 4 & -3 & | & 3 \\ -2 & 3 & -1 & | & 1 \end{bmatrix} \begin{matrix} R_1 \\ R_2 \\ R_3 \end{matrix}$$

이제 다음과 같은 일련의 조작을 하면

$$\Rightarrow \begin{bmatrix} 2 & 3 & -1 & | & 5 \\ 0 & 2 & 1 & | & 7 \\ 0 & 6 & -2 & | & 6 \end{bmatrix} \begin{matrix} R_1 \leftarrow \ R_1 \\ R_2 \leftarrow 2R_1-R_2 \\ R_3 \leftarrow R_1+R_3 \end{matrix}$$

$$
\Rightarrow \left[\begin{array}{ccc|c} 2 & 0 & 0 & 2 \\ 0 & 2 & 1 & 7 \\ 0 & 0 & -5 & -15 \end{array}\right] \begin{array}{l} R_1 \leftarrow R_1 - 0.5R_3 \\ R_2 \leftarrow R_2 \\ R_3 \leftarrow R_3 - 3R_2 \end{array}
$$

$$
\Rightarrow \left[\begin{array}{ccc|c} 1 & 0 & 0 & 1 \\ 0 & 2 & 1 & 7 \\ 0 & 0 & 1 & 3 \end{array}\right] \begin{array}{l} R_1 \leftarrow R_1 / 2 \\ R_2 \leftarrow R_2 \\ R_3 \leftarrow R_3 / (-5) \end{array}
$$

$$
\Rightarrow \left[\begin{array}{ccc|c} 1 & 0 & 0 & 1 \\ 0 & 1 & 0 & 2 \\ 0 & 0 & 1 & 3 \end{array}\right] \begin{array}{l} R_1 \leftarrow R_1 \\ R_2 \leftarrow (R_2 - R_3)/2 \\ R_3 \leftarrow R_3 \end{array}
$$

가 된다. 따라서 연립방정식의 해는 $x_1 = 1$, $x_2 = 2$, $x_3 = 3$ 이다. ■

<< 프로그램 5-4 >>를 이용하면 결과를 단계별로 출력할 수 있으나, 다음은 단계별 출력은 생략하고 결과만을 나타낸 것이다.

```
C:\WINDOWS\system32\cmd.exe
주어진 행렬의 행의 크기, 열의 크기를 입력하시오 : 3  4

행렬의 성분 A(i,j)의 값을 입력하시오 :
 2   3  -1   5
 4   4  -3   3
-2   3  -1   1

               행 렬
-------------------------------------------
    2.0000    3.0000   -1.0000    5.0000
    4.0000    4.0000   -3.0000    3.0000
   -2.0000    3.0000   -1.0000    1.0000
-------------------------------------------

Gauss소거법(또는 Gauss-Jordan 소거법) 수행 결과
-------------------------------------------
    1.0000    0.0000    0.0000    1.0000
   -0.0000    1.0000   -0.0000    2.0000
   -0.0000   -0.0000    1.0000    3.0000
-------------------------------------------
계속하려면 아무 키나 누르십시오 . . .
```

그림 5-4 가우스-조던 소거법

♣ 연습문제 ♣

1. 다음 연립방정식을 Cramer의 방법으로 풀어라.

$$\begin{cases} x + y + z = 6 \\ 2x - y + z = 3 \\ 3x + 2y - z = 4 \end{cases}$$

2. 다음의 행렬 A 를 LU 분해하라.

$$A = \begin{bmatrix} 3 & 1 & -4 \\ -1 & 0 & 2 \\ 2 & 7 & 6 \end{bmatrix}$$

3. 다음 연립방정식을 아래에 주어진 방법으로 풀어라.

$$\begin{cases} 2x + y + 3z = 4 \\ -x + y - 2z = 2 \\ 4x + 5z = 8 \end{cases}$$

(1) 역행렬을 이용
(2) Cramer 의 공식
(3) LU 분해법
(4) Gauss 소거법
(5) Gauss - Jordan 소거법

제2절 연립방정식의 반복해법

앞에서 소개한 직접법으로 연립방정식의 해를 구하는 것 외에도 반복법의 원리를 이용하여 연립방정식의 해를 구할 수 있다.

이제 다음과 같은 연립방정식을 고려하여 보자.

$$\begin{cases} a_{11}x_1 + a_{12}x_2 + a_{13}x_3 + \cdots + a_{1n}x_n = b_1 \\ a_{21}x_1 + a_{22}x_2 + a_{23}x_3 + \cdots + a_{2n}x_n = b_2 \\ \quad \cdots \qquad \cdots \qquad \cdots \qquad \cdots \\ a_{n1}x_1 + a_{n2}x_2 + a_{n3}x_3 + \cdots + a_{nn}x_n = b_n \end{cases} \tag{5-26}$$

이 연립방정식은 다음과 같이 고쳐 쓸 수 있다.[9]

$$\begin{cases} x_1 = (a_{11}+1)x_1 + a_{12}x_2 + a_{13}x_1 + \cdots + a_{1n}x_1 - b_1 \\ x_2 = a_{21}x_1 + (a_{22}+1)x_2 + a_{23}x_3 + \cdots + a_{2n}x_n - b_2 \\ \vdots \qquad \cdots \qquad \cdots \qquad \cdots \qquad \cdots \qquad \cdots \\ x_n = a_{n1}x_1 + a_{n2}x_2 + a_{n3}x_3 + \cdots + (a_{nn}+1)x_n - b_n \end{cases} \tag{5-27}$$

식 (5-27)은 $X = CX + D$ 의 형태이므로 계수행렬 C에 약간의 조건을 가하면 고정점 반복법(fixed-point iteration)으로 해를 구할 수 있다. 제2장 에서도 언급한 바와 같이, 고정점 반복법은 근에 도달하는 데 걸리는 횟수는 많지만 반복법의 원리를 설명하는 데는 제일 좋은 방법이었음을 상기하기 바란다.

연립방정식의 반복해법으로는 Jacobi 반복법, Gauss-Seidel 반복법을 꼽을 수 있다. 해를 구하는 방식에는 차이가 약간 있지만 궁극적으로는 Gauss-Seidel 반복법이 훨씬 좋은 방법임을 알게 될 것이다.

1. Jacobi 반복법

Jacobi 반복법은 각 단계별로 근사해를 모두 구한 뒤, 이들 근사해를 다음 단계의 반복 식에 대입하여 방정식의 해를 구하는 방법이다.

---

9) 양변에 x_i 를 더하고 우변의 $b_i\,(i=1,2,\ldots)$ 를 이항하여 정리한 것이다. 따라서 다른 방식으로 변환할 수도 있다.

【예제 5-11】 다음 연립방정식의 해를 Jacobi 반복법으로 계산하라. 단, 초기치는 $x_1 = 0, x_2 = 0$이다.

$$\begin{cases} 4x_1 + \ \ x_2 = 5 \\ x_1 \ \ + 2x_2 = 3 \end{cases}$$

【해】 연립방정식을 다음과 같이 변형하여 보자.

$$\begin{cases} x_1 = 1.25 - 0.25x_2 \\ x_2 = 1.5 \ - \ 0.5x_1 \end{cases} \tag{5-28}$$

식 (5-28)의 우변에 초기치 $x_1 = x_2 = 0$을 대입하면 1단계의 근사 값을 얻는다.

$$\begin{cases} x_1 = 1.25 - 0.25 \times 0 = 1.25 \\ x_2 = 1.5 \ - \ 0.5 \times 0 = 1.5 \end{cases}$$

이제 $x_1 = 1.25, x_2 = 1.5$를 식 (5-28)의 우변에 다시 대입하면

$$\begin{cases} x_1 = 1.25 - 0.25 \times 1.5 = 0.875 \\ x_2 = 1.5 \ - \ 0.5 \times 1.25 = 0.875 \end{cases}$$

가 된다. 이와 같은 과정을 반복하면 $x_1 = 1, x_2 = 1$ 을 얻게 된다. ■

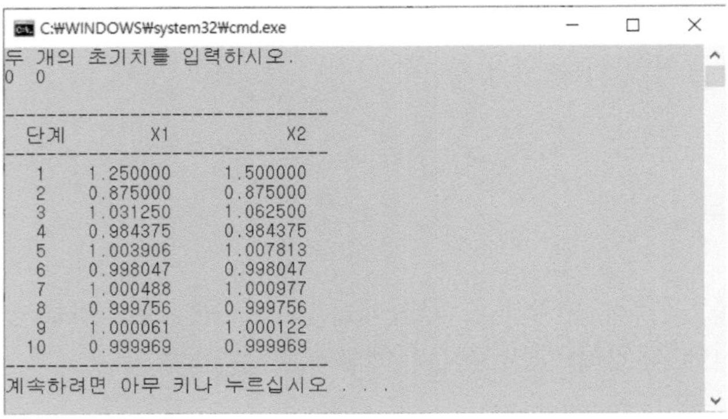

```
C:\WINDOWS\system32\cmd.exe
두 개의 초기치를 입력하시오.
0 0
---------------------------------
 단계          X1              X2
---------------------------------
  1     1.250000       1.500000
  2     0.875000       0.875000
  3     1.031250       1.062500
  4     0.984375       0.984375
  5     1.003906       1.007813
  6     0.998047       0.998047
  7     1.000488       1.000977
  8     0.999756       0.999756
  9     1.000061       1.000122
 10     0.999969       0.999969
---------------------------------
계속하려면 아무 키나 누르십시오 . . .
```

그림 5-5 Jacobi 반복법

하지만 주어진 연립방정식의 반복식을 $\begin{cases} x_1 = 3 - 2x_2 \\ x_2 = 5 - 4x_1 \end{cases}$ 으로 변형시키면 $x_i\,(i=1,2)$의 값은 발산한다.

【정의 5-1】 $(n \times n)$ 행렬 $C = (c_{ij})$ 가 주어졌을 때

$$Max \sum_{j=1}^{n} |c_{ij}| \quad (i = 1,2,\ldots,n)$$

을 **행노름**(row norm)이라고 부르며 $\| C \|_r$로 표시한다. 그리고

$$Max \sum_{i=1}^{n} |c_{ij}| \quad (j = 1,2,\ldots,n)$$

을 **열노름**(column norm)이라고 부르며 $\| C \|_c$로 표시한다.

【정리 5-2】 $Min(\| C \|_r, \| C \|_c) < 1$ 이면 연립방정식은 유일한 해를 갖는다.

<증명> 연립방정식을 고정점 반복법의 형태로 변형하면 $X = CX + D$ 가 된다. 이 식의 해가 존재함을 증명하는 것은

$$X = CX \tag{5-29}$$

의 해가 존재하는 것을 증명하는 것과는 동일하다. 여기서 X의 k 번째 근사해를 $X^{(k)}$ 라고 하자. 일반적으로

$$\| CX \| \leqq \| C \| \, \| X \| \tag{5-30}$$

이므로 식 (5-29)와 식 (5-30)으로부터

$$0 \leqq \| \vec{X} \| \leqq \| \vec{C} \| \, \| \vec{X} \|$$

인 관계가 성립한다. 반복법의 원리에 따라 m 번째의 근사해는 $(m-1)$ 번째의 근사해로부터 계산되므로, 임의의 m 에 대하여[10)]

$$\begin{aligned} X-X^{(m)} = (CX+D)-(CX^{(m-1)}+D) &= C(X-X^{(m-1)}) \\ &= C^2(X-X^{(m-2)}) \\ &= \cdots \quad \cdots \\ &= C^m(X-X^0) \end{aligned}$$

의 관계식을 얻을 수 있다. 식 (5-30)으로부터

$$\| X-X^{(m)} \| \leqq \| C^m \| \, \| (X-X^{(0)}) \|$$

인식이 얻어지므로 수렴하기 위한 조건은 $\| C \| < 1$ 인 관계식을 만족해야 한다. ■

【정의 5-2】 행렬 A의 주대각성분 a_{ii}와 제i 행의 나머지 성분 사이에

$$|a_{ii}| > \sum_{j=1}^{n} |a_{ij}|, \quad i \neq j$$

가 성립하는 행렬을 **대각지배행렬**(diagonally dominant matrix)이라 한다.

【정리 5-3】 연립방정식의 계수행렬이 대각지배행렬이면 연립방정식의 해는 유일하다.

<증명> 조건에서 계수행렬이 대각지배행렬이라 했으므로 식 (5-34)로부터

$$\frac{1}{|a_{ii}|}(|a_{i1}| + |a_{i2}| + \cdots + |a_{i,i-1}| + |a_{i,i+1}| + \cdots + |a_{in}|) < 1$$

인 관계식이 성립한다. 연립방정식 (5-1)의 i 번째 행은

10) $x^{(m)} = CX^{(m-1)} + D$ 으로 표시할 수 있다.

$$a_{i\,1}x_1 + a_{i\,2}x_2 + a_{i\,3}x_3 + \cdots + a_{i\,n}x_n = b_i \tag{5-31}$$

이므로 이 식을 x_i에 관하여 정리하면

$$x_i = -\left(\frac{a_{i\,1}}{a_{ii}}x_1 + \frac{a_{i\,2}}{a_{ii}}x_2 + \cdots + \frac{a_{i,i-1}}{a_{ii}}x_{i-1} + \frac{a_{i,i+1}}{a_{ii}}x_{i+1} + \cdots + \frac{a_{in}}{a_{ii}}x_n\right)$$

이다. 따라서 i 행의 norm은

$$\left|\frac{a_{i\,1}}{a_{ii}}\right| + \left|\frac{a_{i\,2}}{a_{ii}}\right| + \cdots + \left|\frac{a_{i,i-1}}{a_{ii}}\right| + \left|\frac{a_{i,i+1}}{a_{ii}}\right| + \cdots + \left|\frac{a_{in}}{a_{ii}}\right|$$
$$= \frac{1}{|a_{ii}|}\left(|a_{i\,1}| + |a_{i\,2}| + \cdots + |a_{i,i-1}| + |a_{i,i+1}| + \cdots + |a_{i\,n}|\right) < 1$$

따라서 주어진 행렬이 대각지배행렬이면 $i\,(i = 1,2,..,n)$행의 norm은 1 보다 작으므로 $\| C \|_r < 1$ 의 관계식을 얻을 수 있다. 만일 $\| C \|_c$ 의 값이 1 보다 크다 하더라도 $Min(\| C \|_r, \| C \|_c) < 1$ 이므로【정리 5-2】에 의하여 연립방정식의 해는 유일하다. ■

【예제 5-12】다음 연립방정식의 수렴여부를 판정하라.

$$\begin{cases} 4x_1 + x_2 = 5 \\ x_1 + 2x_2 = 3 \end{cases}$$

【해】연립방정식을 행렬로 표현하면

$$\begin{bmatrix} x_1 \\ x_2 \end{bmatrix} = \begin{bmatrix} 0 & -0.25 \\ -0.5 & 0 \end{bmatrix}\begin{bmatrix} x_1 \\ x_2 \end{bmatrix} + \begin{bmatrix} 1.25 \\ 1.5 \end{bmatrix}$$

여기서 $\| C \|_r = 0.5$, $\| C \|_c = 0.5$ 이므로 $Min(0.5, 0.5) = 0.5 < 1$ 이다. 따라서 연립방정식의 해는 유일하다. ■

【예제 5-13】 다음의 반복식은 수렴하는가를 판별하라.

$$\begin{cases} x_1 = 3 - 2x_2 \\ x_2 = 5 - 4x_1 \end{cases}$$

【해】 연립방정식을 교환하여 다음과 같이 변형한 경우를 고려해 보자.

$$\begin{cases} x_1 = 1.25 - 0.25x_2 \\ x_2 = 1.5 - 0.5x_1 \end{cases}$$

주어진 연립방정식을 행렬로 표기하면

$$\begin{bmatrix} x_1 \\ x_2 \end{bmatrix} = \begin{bmatrix} 0 & -2 \\ -4 & 0 \end{bmatrix} \begin{bmatrix} x_1 \\ x_2 \end{bmatrix} + \begin{bmatrix} 3 \\ 5 \end{bmatrix}$$

이므로 $\| C \|_r = 4$, $\| C \|_c = 4$ 이다. 따라서 $Min(4, 4) = 4$ 이므로 윗 식처럼 반복식을 만들면 발산한다. ■

2. Gauss - Seidel 반복법

Jacobi 반복법은 방정식의 근사해가 단계별로 한 번에 구한다. 이러한 근사해를 다음 단계에 대입하는 절차를 반복하여 방정식의 해를 구한다. 그런데 Gauss - Seidel 반복법은 연립방정식의 해를 단계별로 구하지만 이와는 별도로 각 단계 내에서도 근사값을 구하므로 수렴속도가 빠르다. 또한 컴퓨터 프로그래밍을 할 때에도 Jacobi 반복법은 배열을 사용하지만 Gauss - Seidel 반복법은 반복식을 그대로 사용하므로 훨씬 이점이 있다.

이제 다음과 같은 연립방정식을 생각해보자.

$$\begin{cases} 13x_1 + 5x_2 - 3x_3 + x_4 = 18 \\ 2x_1 + 12x_2 + x_3 - 4x_4 = 13 \\ 3x_1 - 4x_2 + 10x_3 + x_4 = 29 \\ 2x_1 + x_2 - 3x_3 + 9x_4 = 31 \end{cases} \tag{5-32}$$

이 연립방정식으로부터 다음과 같은 반복함수를 만든다.

$$x_1 = \frac{1}{13}(18 - 5x_2 + 3x_3 - x_4) \tag{5-33}$$

$$x_2 = \frac{1}{12}(13 - 2x_1 - x_3 + 4x_4) \tag{5-34}$$

$$x_3 = \frac{1}{10}(29 - 3x_1 + 4x_2 - x_4) \tag{5-35}$$

$$x_4 = \frac{1}{9}(31 - 2x_1 - x_2 + 3x_3) \tag{5-36}$$

초기치를 $x_1 = x_2 = x_3 = x_4 = 0$ 이라고 하면 식 (5-33)으로부터 $x_1 = 1.385$ 가 얻어진다. 그런데 $x_1 = 1.385$는 x_1의 근사값 중의 하나이므로 식 (5-34)에 대입하여도 무방하다. 따라서 식 (5-34)에 $x_1 = 1.385$, $x_2 = x_3 = x_4 = 0$을 대입하면 $x_2 = 0.853$을 얻을 수 있다. 이러한 과정을 요약하면 다음과 같다.

표 5-1 제1단계 계산 결과 요약

단계	투입된 값	계산 결과			
		x_1	x_2	x_3	x_4
1	$x_1=x_2=x_3=x_4=0$	1.385			
2	$x_1=1.385$, $x_2=x_3=x_4=0$	1.385	0.853		
3	$x_1=1.385$, $x_2=0.853$, $x_3=x_4=0$	1.385	0.853	2.826	
4	$x_1=1.385$, $x_2=0.853$, $x_3=2.826$, $x_4=0$	1.385	0.853	2.826	3.984

```
C:\WINDOWS\system32\cmd.exe
4개의 초기치를 입력하시오.
0 0 0 0

------------------------------------------------------
단계        X1            X2            X3            X4
------------------------------------------------------
 1   1.384615    0.852564    2.825641    3.983903
 2   1.402323    1.942111    2.857757    3.869613
 3   0.999470    1.968480    3.000590    4.003817
 4   1.011966    1.999229    2.995720    3.996000
 5   0.999617    1.999087    3.000150    4.000237
 6   1.000368    2.000005    2.999868    3.999874
 7   0.999977    1.999973    3.000009    4.000011
 8   1.000012    2.000001    2.999996    3.999996
 9   0.999999    1.999999    3.000000    4.000000
10   1.000000    2.000000    3.000000    4.000000
------------------------------------------------------
계속하려면 아무 키나 누르십시오 . . .
```

그림 5-6 Gauss-Seidel 반복법

3. 비선형 연립방정식의 해법

비선형 방정식(nonlinear equation)은 선형방정식으로 표시할 수 없는 방정식이다. 비선형 연립방정식의 해를 구하는 방식은 여러 가지가 있으나, 여기서는 대표적인 방식인 Newton-Raphson 방법을 소개한다. 이제 다음과 같은 연립방정식을 고려해보자.

$$\begin{cases} f_1(x_1, x_2, ..., x_n) = 0 \\ f_2(x_1, x_2, ..., x_n) = 0 \\ \quad \cdots \quad \cdots \quad \cdots \\ f_n(x_1, x_2, ..., x_n) = 0 \end{cases} \tag{5-37}$$

이러한 연립방정식은 단순히

$$f_i(\overrightarrow{X}) = 0\,, \qquad i = 1, 2, ..., n \tag{5-38}$$

으로 표시된다. 여기서 $\overrightarrow{X} = (x_1, x_2, ..., x_n)$이다.[11]

식 (5-38)의 근사해를 α라고 하면

$$f_i(\overrightarrow{\alpha}) = 0 \tag{5-39}$$

의 관계식이 성립한다. $\overrightarrow{X}$에서 $\overrightarrow{\alpha}$까지의 증분을 $\Delta\overrightarrow{X}$라고 하면 $\overrightarrow{\alpha} = \overrightarrow{X} + \Delta\overrightarrow{X}$이므로 식 (5-39)로부터

$$f_i(\overrightarrow{\alpha}) = f_i(\overrightarrow{X} + \Delta\overrightarrow{X}) = 0\,, \qquad i = 1, 2, ..., n \tag{5-40}$$

가 된다. 이 식을 Taylor 급수전개하면

$$f_i(\overrightarrow{X} + \Delta\overrightarrow{X}) \simeq f_i(\overrightarrow{X}) + \frac{\partial f_i(\overrightarrow{X})}{\partial x_i} dx_i + \cdots + \frac{\partial f_i(\overrightarrow{X})}{\partial x_n} dx_n = 0$$

---

11) $\overrightarrow{X}$ 는 해집합을 나타내는 행벡터이다.

이므로 다음과 같은 연립방정식이 만들어진다.

$$\begin{cases} f_1(\overrightarrow{X}) + \dfrac{\partial f_1(\overrightarrow{X})}{\partial x_1}dx_1 + \cdots + \dfrac{\partial f_1(\overrightarrow{X})}{\partial x_n}dx_n = 0 \\ f_2(\overrightarrow{X}) + \dfrac{\partial f_2(\overrightarrow{X})}{\partial x_1}dx_1 + \cdots + \dfrac{\partial f_2(\overrightarrow{X})}{\partial x_n}dx_n = 0 \\ \cdots \quad \cdots \quad \cdots \quad \cdots \quad \cdots \\ f_n(\overrightarrow{X}) + \dfrac{\partial f_n(\overrightarrow{X})}{\partial x_1}dx_1 + \cdots + \dfrac{\partial f_n(\overrightarrow{X})}{\partial x_n}dx_n = 0 \end{cases} \tag{5-41}$$

식 (5-41)의 $f_1(\overrightarrow{X}),\ldots,f_n(\overrightarrow{X})$을 우변으로 이항하고 행렬로 표시하면 다음과 같다.

$$\begin{bmatrix} \dfrac{\partial f_1(\overrightarrow{X})}{\partial x_1} & \dfrac{\partial f_1(\overrightarrow{X})}{\partial x_2} & \cdots & \dfrac{\partial f_1(\overrightarrow{X})}{\partial x_n} \\ \dfrac{\partial f_2(\overrightarrow{X})}{\partial x_1} & \dfrac{\partial f_2(\overrightarrow{X})}{\partial x_2} & \cdots & \dfrac{\partial f_2(\overrightarrow{X})}{\partial x_n} \\ \cdots & \cdots & \cdots & \cdots \\ \dfrac{\partial f_n(\overrightarrow{X})}{\partial x_1} & \dfrac{\partial f_n(\overrightarrow{X})}{\partial x_2} & \cdots & \dfrac{\partial f_n(\overrightarrow{X})}{\partial x_n} \end{bmatrix} \begin{bmatrix} dx_1 \\ dx_2 \\ \cdots \\ dx_n \end{bmatrix} = - \begin{bmatrix} f_1(\overrightarrow{X}) \\ f_2(\overrightarrow{X}) \\ \cdots \\ f_n(\overrightarrow{X}) \end{bmatrix} \tag{5-42}$$

따라서

$$f'(\overrightarrow{X})\, d\overrightarrow{X} = -f(\overrightarrow{X}) \tag{5-43}$$

가 된다. 여기서 $f'(\overrightarrow{X})$가 정칙이면 식 (5-43)으로부터

$$d\overrightarrow{X} = -\{f'(\overrightarrow{X})\}^{-1} f(\overrightarrow{X})$$

이다. $f'(\overrightarrow{X})$ 를 $\overrightarrow{X}$ 에서의 f 의 **야코비안 행렬**(Jacobian matrix)라고 부른다.

$$\vec{\alpha} = \overrightarrow{X} + d\overrightarrow{X} = \overrightarrow{X} - \{f'(\overrightarrow{X})\}^{-1} f(\overrightarrow{X}) \tag{5-44}$$

이므로 다음의 반복식 으로 부터 비선형 연립방정식의 해를 구할 수 있다.

$$\begin{aligned} \overrightarrow{X}_{k+1} &= \overrightarrow{X}_k + d\overrightarrow{X}_k \\ &= \overrightarrow{X}_k - \{f'(\overrightarrow{X})\}^{-1} f(\overrightarrow{X}), \quad k = 0,1,2,\ldots \end{aligned} \tag{5-45}$$

【예제 5-11】 다음 연립방정식의 해를 구하여라. 초기치는 $x_0 = 2, y_0 = 1$이다.

$$\begin{cases} x^2 + y^2 = 4 \\ x^2 - y^2 = 1 \end{cases}$$

【해】 $\overrightarrow{X} = \begin{bmatrix} x \\ y \end{bmatrix}$, $f(\overrightarrow{X}) = \begin{bmatrix} x^2 + y^2 - 4 \\ x^2 - y^2 - 1 \end{bmatrix}$ 이므로 야코비안 행렬 $f'(\overrightarrow{X})$ 는

$$f'(\overrightarrow{X}) = \begin{bmatrix} \dfrac{\partial f_1(\overrightarrow{X})}{\partial x} & \dfrac{\partial f_1(\overrightarrow{X})}{\partial y} \\ \dfrac{\partial f_2(\overrightarrow{X})}{\partial x} & \dfrac{\partial f_2(\overrightarrow{X})}{\partial y} \end{bmatrix} = \begin{bmatrix} 2x & 2y \\ 2x & -2y \end{bmatrix}$$

이다. 따라서

$$\begin{aligned} d\overrightarrow{X} = -\{f'(\overrightarrow{X})\}^{-1} f(\overrightarrow{X}) &= -\begin{bmatrix} 2x & 2y \\ 2x & -2y \end{bmatrix}^{-1} \begin{bmatrix} x^2 + y^2 - 4 \\ x^2 - y^2 - 1 \end{bmatrix} \\ &= \frac{1}{4xy} \begin{bmatrix} -2x^2 y + 5y \\ -2xy^2 + 3x \end{bmatrix} \end{aligned}$$

가 된다. 그러므로 식 (5-45)로부터

$$\overrightarrow{X}_{k+1} = \begin{bmatrix} x_{k+1} \\ \\ y_{k+1} \end{bmatrix} = \begin{bmatrix} x_k \\ \\ y_k \end{bmatrix} + \frac{1}{4x_k y_k} \begin{bmatrix} -2x_k^2 y_k + 5y_k \\ \\ -2x_k y_k^2 + 3x_k \end{bmatrix}$$

을 얻게 된다. 이 식을 정리하면 다음과 같은 반복식이 만들어진다.

$$\begin{cases} x_{k+1} = x_k + \dfrac{1}{4x_k}(-2x_k^2 + 5) \\ y_{k+1} = y_k + \dfrac{1}{4y_k}(-2y_k^2 + 3) \end{cases}$$

파이썬 프로그램으로 풀면 해는 $x = 1.581139$, $y = 1.224745$ 로 수렴한다.[12]

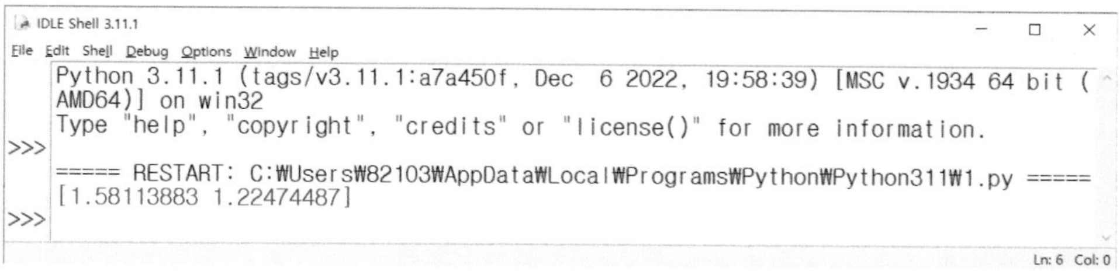

```
IDLE Shell 3.11.1
File Edit Shell Debug Options Window Help
Python 3.11.1 (tags/v3.11.1:a7a450f, Dec  6 2022, 19:58:39) [MSC v.1934 64 bit (
AMD64)] on win32
Type "help", "copyright", "credits" or "license()" for more information.
>>>
===== RESTART: C:₩Users₩82103₩AppData₩Local₩Programs₩Python₩Python311₩1.py =====
[1.58113883 1.22474487]
>>>
Ln: 6 Col: 0
```

그림 5-7 비선형방정식의 해

참고로, << 프로그램 5-7 >>에는 야코비안을 구하는 파이썬 프로그램을 실어 놓았다.

---

12) 파이썬 프로그램은 다음과 같다.

```
import numpy as np
import scipy.optimize
def fun(variables) :
    (x,y)= variables
    eqn_1 = x**2+y**2-4
    eqn_2 = x**2-y**2-1
    return [eqn_1,eqn_2]
result = scipy.optimize.fsolve(fun, (2, 1))
print(result)
```

<<프로그램 5-6>>은 야코비안을 계산하는 부분이 없다. 단지 반복식 만을 적용시켰으므로 엄밀히 비선형 연립방정식 프로그램이라고 할 수는 없다.

```
C:\WINDOWS\system32\cmd.exe
초기치 x, y를 입력하시오. : 2 1
-------------------------------
 단계          x            y
-------------------------------
   0     1.625000     1.250000
   1     1.581731     1.225000
   2     1.581139     1.224745
   3     1.581139     1.224745
   4     1.581139     1.224745
   5     1.581139     1.224745
-------------------------------
계속하려면 아무 키나 누르십시오 . . .
```

그림 5-8 비선형 연립방정식의 해

함수에 초월함수가 포함된 경우에는 도함수를 구하기가 쉽지 않으므로 야코비안을 생성하기 어렵기 때문에 파이썬 프로그램을 이용하는 것이 바람직하다.

♣ 연습문제 ♣

1. 다음 행렬은 대각지배행렬인가 ?

(1) $\begin{bmatrix} 1 & \sin(x) \\ \cos(x) & 1 \end{bmatrix}$ (2) $\begin{bmatrix} 3 & 1 & 2 \\ 4 & -6 & 1 \\ 1 & -2 & 4 \end{bmatrix}$ (3) $\begin{bmatrix} 8 & 1 & 1 \\ 1 & -9 & 1 \\ 1 & 1 & 10 \end{bmatrix}$

2. Jacobi 반복법과 Gauss - Seidel 반복법을 사용하여 다음 연립방정식의 해를 구하여라. 단, 초기치는 $x_0 = 1$, $y_0 = 2$, $z_0 = 3$ 으로 하라.

$$\begin{cases} 2x + y + 3z = 4 \\ -x + y - 2z = 2 \\ 4x + 5z = 8 \end{cases}$$

3. 다음 연립방정식의 해를 반복법으로 구하여라.

$$\begin{cases} 5x + 5y + 2z = 12 \\ 2x + 5y + 5z = 12 \\ 5x + 2y + 5z = 12 \end{cases}$$

4. 다음 비선형 연립방정식에 대하여 다음에 답하여라.

$$\begin{cases} \sin(x) - y = -1.32 \\ x - \cos(y) = 0.85 \end{cases}$$

(1) Jacobian 행렬을 구하여라.
(2) 반복식을 구하여라.
(3) 초기치를 $x = 1, y = 1$ 로 하여 비선형 연립방정식의 해를 구하여라.

5. 다음 비선형 연립방정식의 해를 구하여라. 초기치는 $x=1, y=1$로 하라.

(1) $\begin{cases} x^2 + 2xy - y = -3 \\ 2x^2 - xy + y^2 = -1 \end{cases}$

(2) $\begin{cases} f_1(x,y) = x + 3\log_{10}x - y^2 = 0 \\ f_2(x,y) = \dfrac{1}{x} + 2x - y - 5 = 0 \end{cases}$

프로그램 모음

<< 프로그램 5-1 : Cramer의 공식 >>

```
import numpy as np
def cramer(mat, constant):
    mat1 = np.array([constant, mat[1], mat[2]])
    mat2 = np.array([mat[0], constant, mat[2]])
    mat3 = np.array([mat[0], mat[1], constant])
    print(mat1.T)

    D = np.linalg.det(mat)
    D1 = np.linalg.det(mat1)
    D2 = np.linalg.det(mat2)
    D3 = np.linalg.det(mat3)

    X1 = D1/D
    X2 = D2/D
    X3 = D3/D
    print(X1, X2, X3)

A = np.array([[3,1,-2] , [1,-2,1] , [1,1,2]])
B = np.array([1,3,9])
AT = A.T
cramer(AT,B)
```

<< 프로그램 5-2 : LU분해 >>

```
#include "stdafx.h"
#include "stdio.h"
int main()
{
float a[10][10],l[10][10],y[10],b[10],x[10],s,u[10][10];
int i,j,k,m,n;
    printf("계수행렬 A의 차수를 입력하시오 : ");
    scanf("%d",&n);
    printf("계수행렬 A(i,j)의 성분을 입력하시오\n");
    for(i=1;i<=n;i++){
        for(j=1;j<=n;j++)
            scanf("%f",&a[i][j]);
```

```
    }
    for(i=1;i<=n;i++){
        for(j=1;j<=n;j++){
            l[i][j]=0;
            u[i][j]=0;
        }
    }
    for(i=1;i<=n;i++)
        l[i][i]=1;
    for(m=1;m<=n;m++){
        for(j=m;j<=n;j++){
            s=0;
           for(k=1;k<=m-1;k++)
                s+=l[m][k]*u[k][j];
            u[m][j]=a[m][j]-s;
        }
        for(i=m+1;i<=n;i++)
        {
            s=0;
            for(k=1;k<=m;k++)
                s+=l[i][k]*u[k][m];
            l[i][m]=(a[i][m]-s)/u[m][m];
        }
    }
    printf("\n                하삼각행렬  L\n");
    printf("    ------------------------------\n");
    for(i=1;i<=n;i++)
    {
        for(j=1;j<=n;j++)
            printf("%10.3f",l[i][j]);
        printf("\n");
    }
    printf("    ------------------------------\n\n");
    printf("                상삼각행렬  U \n");
    printf("    ------------------------------\n");
    for(i=1;i<=n;i++){
        for(j=1;j<=n;j++)
            printf("%10.3f",u[i][j]);
        printf("\n");
    }
    printf("    ------------------------------\n\n");
}
```

<< 프로그램 5-3 >> LU분해를 이용한 연립방정식의 해

```
#include "stdafx.h"
#include "stdio.h“
int main()
{
float a[10][10],l[10][10],y[10],b[10],x[10],s,u[10][10];
int i,j,k,m,n;
    printf("계수행렬 A의 차수를 입력하시오 ");
    scanf("%d",&n);
    printf("\n계수행렬 A(i,j)의 성분을 입력하시오\n");
    for(i=1;i<=n;i++){
        for(j=1;j<=n;j++)
            scanf("%f",&a[i][j]);
    }
    for(i=1;i<=n;i++){
        for(j=1;j<=n;j++){
            l[i][j]=0;
            u[i][j]=0;
        }
    }
    for(i=1;i<=n;i++)
        l[i][i]=1;
    printf("\n상수행렬 B(i)의 성분을 입력하시오\n");
    for(i=1;i<=n;i++)
        scanf("%f",&b[i]);
         printf("\n") ;
    for(m=1;m<=n;m++){
        for(j=m;j<=n;j++){
            s=0;
            for(k=1;k<=m-1;k++)
                s+=l[m][k]*u[k][j];
            u[m][j]=a[m][j]-s;
        }
        for(i=m+1;i<=n;i++){
            s=0;
            for(k=1;k<=m-1;k++)
                s+=l[i][k]*u[k][m];
            l[i][m]=(a[i][m]-s)/u[m][m];
        }
    }
    y[1]=b[1];
    for(i=1;i<=n;i++){
        s=0;
        for(j=1;j<=i-1;j++)
```

```
            s+=l[i][j]*y[j];
        y[i]=b[i]-s;
        printf("y(%d) = %10.3f \n", i, y[i] ) ;
    }
         printf("\n") ;
    for(i=n;i>=1;i--){
        s=0;
        for(j=i+1;j<=n;j++)
            s+=u[i][j]*x[j];
        x[i]=(y[i]-s)/u[i][i];
        printf("x(%d) = %10.3f\n", i, x[i] ) ;
    }
         printf("\n") ;
}
```

<< 프로그램 5-4 : Gauss-Jordan 소거법으로 방정식의 해 구하기 >>

```
#include "stdafx.h"
#include "stdio.h"

int change(double a[10][10],int m,int n)
{
int i,j,k; float s ;
    for(i=1; i<=n; i++)
    for(k=1; k<=n; k++)
    {
         s = 0 ;
         for(j=i;j<=m;j++)
             s = s + a[j][k] ;
         a[i][k] = s ;
    }
    printf("              교 환 행 렬                 \n") ;
    printf("----------------------------------------\n");
    for(i=1;i<=m;i++)
    {
        for(j=1;j<=n;j++)
             printf("%10.4f", a[i][j]);
         printf("\n") ;
    }
    printf("----------------------------------------\n\n");
    return 0 ;
}
```

```
int main()
{
    double r,a[10][10], b[10][10], c[10][10],lead[10], element;
    int n,i,j,k,m, sol;
    printf("주어진 행렬의 행의 크기, 열의 크기를 입력하시오 : ");
    scanf("%d %d",&m, &n);
    printf("\n행렬의 성분 A(i,j)의 값을 입력하시오 : \n");
    for(i=1;i<=m;i++)
    {
        for(j=1;j<=n;j++)
            scanf("%lf",&a[i][j]);
    }
    printf("\n                    행 렬                 \n");
    printf("----------------------------------------\n");
    for(i=1;i<=m;++i)
    {
        for(j=1;j<=n;j++)
            printf("%10.4f",a[i][j]);
        printf("\n");
    }
    printf("----------------------------------------\n\n");
    for(i=1;i<=m;i++)
    {
        if( -1e-6 < a[i][i] && a[i][i] < 1e-6 ) change(a,m,n) ;
//      for(j=i;j<=m;j++){  // Gauss소거법일 때 사용
        for(j=1;j<=m;j++){  // Gauss-Jordan소거법일 때 사용
            if( i==j ) { r=0 ; goto aa ; }
            r=a[j][i]/a[i][i] ;
aa:         for(k=1;k<=n;k++)
            {
                b[j][k] = a[j][k] - r*a[i][k];
                a[j][k] = b[j][k] ;
            }
        }
    printf("%d 단계\n",i);
    printf("----------------------------------------\n");
        for(j=1;j<=m;j++)
        {
            for(k=1;k<=n;k++)
            {
                element = a[j][k] ;
                if( -1e-6< element && element<1e-6) element=0 ;
                printf("%10.4f", element);
            }
        printf("\n");
```

```
            }
        printf("----------------------------------------\n\n");
        }
        printf("Gauss소거법(또는 Gauss-Jordan 소거법) 수행 결과\n") ;
        printf("----------------------------------------\n");
            for(j=1;j<=m;j++)
            {
                for(k=1;k<=n;k++)
                {
                    element = a[j][k] ;
                    if( -1e-6< element && element<1e-6) element=0 ;
                    printf("%10.4f", element/a[j][j]);
                }
            printf("\n");
            }
        printf("----------------------------------------\n");
}
```

```
<< 프로그램 5-5 : Jacobi 반복법 >>
#include "stdafx.h"
#include "stdio.h"
int main()
{
int i;
float x1[100], x2[100];
    printf("\n두 개의 초기치를 입력하시오.\n");
    scanf("%f  %f",&x1[0], &x2[0]);
    printf("\n--------------------------------\n");
    printf("  단계         X1            X2\n");
    printf("--------------------------------\n");
    for(i=1;i<=15;i++){
        x1[i] = 1.25 - 0.25*x2[i-1];
        x2[i] = 1.5  -  0.5*x1[i-1];
    printf("  %2d     %f      %f\n", i, x1[i], x2[i]);
    }
    printf("--------------------------------\n");
}
```

<< 프로그램 5-5 : Gauss - Seidel 반복법 >>

```
#include "stdafx.h"
#include "stdio.h"
int main()
{
int i;
float x1,x2,x3,x4;
    printf("\n4개의 초기치를 입력하시오.\n");
    scanf("%f %f %f %f",&x1,&x2,&x3,&x4);
    printf("\n");
    printf("--------------------------------------------------\n");
    printf(" 단계        X1          X2          X3          X4\n");
    printf("--------------------------------------------------\n");
    for(i=1;i<=15;i++){
        x1 = ( 18 - 5*x2 + 3*x3 -   x4 ) / 13;
        x2 = ( 13 - 2*x1 -   x3 + 4*x4 ) / 12;
        x3 = ( 29 - 3*x1 + 4*x2 -   x4 ) / 10;
        x4 = ( 31 - 2*x1 -   x2 + 3*x3 ) /  9;
    printf(" %2d    %f     %f     %f     %f\n",i, x1, x2, x3, x4);
    }
    printf("--------------------------------------------------\n");
}
```

<< 프로그램 5-6 : 비선형 연립방정식 >>

```
#include "stdafx.h"
#include "stdio.h"

int main()
{
    float x, y;
    int i;
    printf("\n초기치 x, y를 입력하시오. : ");
    scanf("%f %f",&x, &y);
    printf("\n");
    printf("------------------------------\n");
    printf(" 단계            x              y\n");
    printf("------------------------------\n");
    for(i=0; i<=5; i++){
        x = x + (-2*x*x + 5) / (4*x);
        y = y + (-2*y*y + 3) / (4*y);
        printf("  %2d    %f      %f\n", i, x, y);
```

```
    }
    printf("------------------------------\n");
}
```

<< 프로그램 5-7 : 야코비안(Jacobian)을 구하는 파이썬 프로그램 >>

```
(a) 함수가 첨자(또는 배열)로 표시된 경우
import numpy as np
from sympy import *
x1, x2 = symbols('x1 x2')
x = np.array([x1,x2])
F0 = x[0]**2 - x[1] + x[0]*cos(pi*x[0])     # 함수가 배열(첨자)로 표시된 경우
F1 = x[0]*x[1] + exp(-x[1]) - x[0]**(-1)
F = np.array([ F0 , F1 ])
n = len(F)
for i in range(0,n) :
    print(diff(F[i], x1) , diff(F[i], x2), sep="      ")

(b) 함수가 변수로 표시된 경우
import numpy as np
from sympy import *
def f1(x,y) :
   return (x**2 + y**2 - 4)
def f2(x,y) :
   return (x**2 - y**2 - 1)
x, y = symbols('x y')
F0 = f1(x,y)
F1 = f2(x,y)
F = np.array([ F0 , F1 ])
n = len(F)
for i in range(0,n) :
    print(diff(F[i], x) , diff(F[i], y), sep="      ")
```

제6장 고윳값과 고유벡터

학습목표
- 고윳값의 정의에 대하여 학습한다.
- 고윳값에 대응하는 고유벡터 계산 방법에 관해 공부한다.
- 대각화행렬에 대해 살펴본다.
- 멱승법으로 고유벡터를 구하는 방법을 다루어본다.
- 수축과 역멱승법으로 모든 고유벡터를 구하는 방법에 관해 학습한다.
- 삼중대각행렬을 만드는 Householder 방법을 학습한다.
- 직교행렬을 이용하여 대각행렬을 구하는 Jacobi방법에 대해 학습한다.

제1절 고윳값과 고유벡터

오늘날 선형대수학에 속하는 고윳값과 고유 벡터의 개념은 원래 이차 형식 및 미분 방정식 이론으로부터 발달하였다. 19세기에 코시(A.L. Cauchy)는 고전역학에서 관성 모멘트의 주축의 개념을 추상화하여 이차 곡면을 분류하였고, 고윳값의 개념을 도입하였다. 코시는 오늘날 고윳값에 해당하는 개념을 특성근(characteristic root)이라고 불렀다. 20세기 초에 힐버트(D. Hilbert)는 오늘날 사용되고 있는 용어인 고유벡터(Eigenvector)와 고윳값(Eigen value)을 도입하였다. (위키백과 중에서)

통계학의 주성분분석(또는 인자분석), 역학에서의 파동방정식, 진동의 문제, 공학에서의 응력해석 문제 등의 풀이는 고윳값을 구하는 문제로 귀결된다. 그 외에도 경제학과 기하학 등에서도 사용되고 있다.

n차 정방행렬 A와 벡터 $\mathbf{x}$ 의 곱에 의한 상(image)인 $A\mathbf{x}$ 는 일반적으로는 벡터 $\mathbf{x}$ 와 같은 방향을 갖지는 않는다. 하지만 종종 A가 그 자신의 스칼라 곱으로 사상(mapping)하는 영이 아닌 벡터 $\mathbf{x}$ 가 존재한다.[1)]

【예제 6-1】 다음과 같은 두 개의 행렬 A, $\mathbf{x}$ 에 대해 $\mathbf{x}$ 에 어떠한 값(스칼라)을 곱하면 $A\mathbf{x}$ 와 동일한 벡터를 갖게 되는가를 구하여라.

$$A = \begin{bmatrix} 2 & 4 \\ 3 & 1 \end{bmatrix} \qquad \mathbf{x} = \begin{bmatrix} 1 \\ 1 \end{bmatrix}$$

【해】 먼저 $A\mathbf{x}$를 계산해보면

$$A\mathbf{x} = \begin{bmatrix} 2 & 4 \\ 3 & 1 \end{bmatrix} \begin{bmatrix} 1 \\ 1 \end{bmatrix} = \begin{bmatrix} 5 \\ 5 \end{bmatrix} \quad , \quad 5\mathbf{x} = \begin{bmatrix} 5 \\ 5 \end{bmatrix}$$

이므로 $A\mathbf{x} = 5\mathbf{x}$ 가 성립된다. 따라서 구하는 스칼라 중의 하나는 5이다. ■

1) 일반적으로 벡터는 굵은 고딕체로 표시하거나 화살표를 사용하여 표시한다. 예를 들면 $\mathbf{x}$와 $\vec{x}$는 동일한 표시법이다.

행렬 A에 대하여 0이 아닌 벡터 $\mathbf{x}$ 와 미지의 스칼라(일반적으로 λ로 나타냄)를 구하는 방법을 소개하기 전에 하나의 예를 더 들어본다.

이제 다음과 같은 동차 연립방정식을 푸는 것을 생각하자.[2)]

$$\begin{cases}(1-\lambda)x+2y=0 \\ 2x+(1-\lambda)y=0\end{cases}$$

연립방정식의 해는 $x=0$, $y=0$ 이다. 하지만 $\lambda=3$일 때는 연립방정식의 해가 $x=y$이고, $\lambda=-1$이면 해가 $x=-y$이다. 이처럼 방정식이 0이 아닌 해를 갖는 2개의 λ를 고윳값이라 한다.

> 【정의 6-1】 n차 정방행렬 A와 R^n에 속하는 0이 아닌 벡터 $\mathbf{x}$ 에 대하여 $A\mathbf{x} = \lambda\mathbf{x}$ 를 만족하는 λ를 행렬 A의 고윳값(eigenvalue), $\mathbf{x}$ 를 λ에 대응하는 고유벡터(eigenvector)라 한다.

위의 $A\mathbf{x} = \lambda\mathbf{x}$ 를 다시 쓰면

$$(A-\lambda I)\mathbf{x} = \mathbf{0} \qquad (6\text{-}1)$$ [3)]

인 관계식이 성립한다. 여기서 I는 단위행렬이며, 행렬의 기본정리에 따라 관계식이 성립할 필요충분조건은 0(零)이 아닌 벡터 $\mathbf{x}$ 에 대하여

$$\det(A-\lambda I)=0 \qquad (6\text{-}2)$$

이다. A가 n차 정방행렬이므로 $\det(A-\lambda I)=0$ 은 λ에 관한 n차 다항식이 되므로 다음과 같이 $(n+1)$개의 상수 $a_0, a_1, ..., a_n$으로 표현할 수 있다.

---

2) 앞의 예제의 형태로 나타내면 $A=\begin{bmatrix}1-\lambda & 2 \\ 2 & 1-\lambda\end{bmatrix}$ 이고 $\mathbf{x}=\begin{bmatrix}x \\ y\end{bmatrix}$ 이다.

3) $(A-\lambda I)$는 행렬 A의 모든 주대각성분에서 λ를 뺀 행렬이다.

$$a_0 + a_1 \lambda + a_2 \lambda^2 + \cdots + a_n \lambda^n = 0 \tag{6-3}$$

이 식을 행렬 A의 특성방정식(characteristic equation)이라 하며, 좌변을 고윳값 λ에 대한 특성다항식(characteristic polynomial)이라 한다. 즉, 행렬 A에 관한 특성다항식을 $f(\lambda)$라고 하면

$$f(\lambda) = \begin{bmatrix} a_{11}-\lambda & a_{12} & \cdots & a_{1n} \\ a_{21} & a_{22}-\lambda & \cdots & a_{2n} \\ \vdots & \vdots & \cdots & \vdots \\ a_{n1} & a_{n2} & \cdots & a_{nn}-\lambda \end{bmatrix} \tag{6-4}$$

$$= a_0 + a_1 \lambda + a_2 \lambda^2 + \cdots + a_n \lambda^n$$

로 나타낼 수 있다.

【예제 6-2】 다음 행렬 A의 고윳값과 고유벡터를 구하여라.

$$A = \begin{bmatrix} 5 & 4 \\ 1 & 2 \end{bmatrix}$$

【해】 행렬 A의 특성다항식 $f(\lambda)$는

$$f(\lambda) = \det(A - \lambda I) = \begin{vmatrix} 5-\lambda & 4 \\ 1 & 2-\lambda \end{vmatrix} = \lambda^2 - 7\lambda + 6 \tag{6-5}$$

이므로 $f(\lambda) = 0$의 해(solution)인 고윳값은 $\lambda = 1, \lambda = 6$이 된다. 고유벡터는 고윳값으로부터 계산할 수 있는데 이에 관하여 다루어보자.

1) $\lambda = 1$ 일 때
$(A - \lambda I)\,\mathbf{x} = \mathbf{0}$ 이 성립하므로

$$\begin{bmatrix} 5-1 & 4 \\ 1 & 2-1 \end{bmatrix} \begin{bmatrix} x_1 \\ x_2 \end{bmatrix} = \begin{bmatrix} 0 \\ 0 \end{bmatrix} \tag{6-6}$$

인 관계식이 얻어진다. 이 식을 연립방정식으로 나타내면

$$\begin{cases} 4x_1 + 4x_2 = 0 \\ x_1 + x_2 \quad = 0 \end{cases}$$

이며, 두 개의 수식은 동일하므로 $x_1 + x_2 = 0$ 의 해를 구하는 것으로 된다.

$$\begin{cases} x_1 = -x_2 \\ x_2 = \quad x_2 \end{cases}$$

이므로 $x_2 = k$ (임의의 수)라고 하면 연립방정식의 해는

$$\begin{bmatrix} x_1 \\ x_2 \end{bmatrix} = k\begin{bmatrix} 1 \\ -1 \end{bmatrix}, \qquad k \neq 0$$

이다. 따라서 $\lambda = 1$ 에 대응하는 고유벡터는 $\begin{bmatrix} 1 \\ -1 \end{bmatrix}$ 이다.

2) $\lambda = 6$ 일 때

앞의 1)에서와 마찬가지로 $(A - \lambda I)\,\mathbf{x} = \mathbf{0}$ 이므로 다음 관계식이 성립한다.

$$\begin{bmatrix} -1 & 4 \\ 1 & -4 \end{bmatrix}\begin{bmatrix} x_1 \\ x_2 \end{bmatrix} = \begin{bmatrix} 0 \\ 0 \end{bmatrix} \tag{6-7}$$

이 식을 연립방정식으로 표현하면 다음과 같다.

$$\begin{cases} -x_1 + 4x_2 = 0 \\ \quad x_1 - 4x_2 = 0 \end{cases}$$

결국 $x_1 - 4x_2 = 0$ 의 해를 구하는 것과 동일하며 $\begin{bmatrix} x_1 \\ x_2 \end{bmatrix} = k\begin{bmatrix} 4 \\ 1 \end{bmatrix}$, $k \neq 0$ 이 된다. 따라서 $\lambda = 6$ 에 대응하는 고유벡터는 $\begin{bmatrix} 4 \\ 1 \end{bmatrix}$ 이다. ■

다음의 파이썬 프로그램을 사용하면 고윳값과 고유벡터를 동시 출력해준다.

```
import numpy as np
eig = np.linalg.eig
A = np.matrix([[5,4], [1,2]])
print(eig(A)) # 고유치와 고유벡터를 동시 출력
print("EIgenvalue = ", eig(A)[0])  # 고유치
print("Eigenvector \n", eig(A)[1]) # 고유벡터 출력
```

```
IDLE Shell 3.11.1
File Edit Shell Debug Options Window Help
>>>
===== RESTART: C:/Users/82103/AppData/Local/Programs/Python/Python311/1.py =====
(array([6., 1.]), matrix([[ 0.9701425 , -0.70710678],
        [ 0.24253563,  0.70710678]]))
EIgenvalue =  [6. 1.]
Eigenvector
 [[ 0.9701425  -0.70710678]
 [ 0.24253563  0.70710678]]
>>>
                                                        Ln: 599 Col: 0
```

그림 6-1 고윳값과 고유벡터

그림 6-1 에서 고유벡터는 열벡터로 표시되며, 제일 작은 값으로 나누면 직접 구한 고윳값과 동일한 결과를 얻을 수 있다. 제1열은 다음과 같으며, 최소값인 0.2425356 으로 나누면 고유벡터가 나온다.

$$\begin{bmatrix} 0.9701425 \\ 0.2425356 \end{bmatrix} \rightarrow \begin{bmatrix} 4 \\ 1 \end{bmatrix}$$

마찬가지로, 제2열도 -0.7071068 로 나누면 고유벡터가 얻어진다.

【예제 6-3】 다음 행렬 A의 고윳값과 고유공간의 기저를 구하여라.4)

$$A = \begin{bmatrix} 3 & -2 & 0 \\ -2 & 3 & 0 \\ 0 & 0 & 5 \end{bmatrix}$$

4) 고유벡터를 직접 구할 수 없으므로 기저를 구하는 문제로 만들었다. 하지만 R 프로그램에서는 곧바로 고유벡터가 구해진다.

【해】 행렬 A의 특성다항식 $f(\lambda)$는

$$f(\lambda)=\begin{vmatrix} 3-\lambda & -2 & 0 \\ -2 & 3-\lambda & 0 \\ 0 & 0 & 5-\lambda \end{vmatrix} = (\lambda-1)(\lambda-5)^2 \tag{6-8}$$

이므로 행렬 A의 고윳값은 $\lambda=1, \lambda=5$가 된다.

이제 정의에 따른 A의 고유벡터를 계산해보기로 한다. $(A-\lambda I)\mathbf{x} = \mathbf{0}$ 을 만족하는 벡터 $\mathbf{x}$ 를 구하는 것이므로

$$\begin{bmatrix} 3-\lambda & -2 & 0 \\ -2 & 3-\lambda & 0 \\ 0 & 0 & 5-\lambda \end{bmatrix}\begin{bmatrix} x_1 \\ x_2 \\ x_3 \end{bmatrix} = \begin{bmatrix} 0 \\ 0 \\ 0 \end{bmatrix} \tag{6-9}$$

인 관계식을 얻게 된다. 앞에서와 마찬가지로 행렬 A의 고윳값을 차례로 대입하여 고유벡터를 계산해보자.

1) $\lambda=5$ 일 때

$$\begin{bmatrix} -2 & -2 & 0 \\ -2 & -2 & 0 \\ 0 & 0 & 0 \end{bmatrix}\begin{bmatrix} x_1 \\ x_2 \\ x_3 \end{bmatrix} = \begin{bmatrix} 0 \\ 0 \\ 0 \end{bmatrix} \tag{6-10}$$

이므로 이를 연립방정식으로 다시 고쳐 쓰면

$$\begin{cases} 2x_1 + 2x_2 = 0 \\ 0x_3 = 0 \end{cases}$$

이 된다. 따라서 방정식의 해는

$$\begin{cases} x_1 = -x_2 \\ x_2 = x_2 \\ x_3 : \text{임의의 수} \end{cases}$$

이다. 연립방정식의 해에서 $x_2 = s, x_3 = t$ (s, t 는 임의의 수) 라고 놓으면

$$\begin{bmatrix} x_1 \\ x_2 \\ x_3 \end{bmatrix} = \begin{bmatrix} -s \\ s \\ t \end{bmatrix} = s \begin{bmatrix} -1 \\ 1 \\ 0 \end{bmatrix} + t \begin{bmatrix} 0 \\ 0 \\ 1 \end{bmatrix}$$

로 분해할 수 있으므로

$$\begin{bmatrix} -1 \\ 1 \\ 0 \end{bmatrix}, \begin{bmatrix} 0 \\ 0 \\ 1 \end{bmatrix}$$

로 만들어진 벡터 $\mathbf{x}$는 1차 독립이다.[5] 따라서 $\lambda = 5$에 대응하는 고유공간의 기저가 된다.[6]

2) $\lambda = 1$ 일 때

A의 특성방정식에 $\lambda = 1$ 을 대입하면 다음의 관계식을 얻을 수 있다.

$$\begin{bmatrix} 2 & -2 & 0 \\ -2 & 2 & 0 \\ 0 & 0 & 4 \end{bmatrix} \begin{bmatrix} x_1 \\ x_2 \\ x_3 \end{bmatrix} = \begin{bmatrix} 0 \\ 0 \\ 0 \end{bmatrix} \tag{6-11}$$

이므로 이것을 연립방정식으로 표현하면

$$\begin{cases} 2x_1 - 2x_2 = 0 \\ 4x_3 = 0 \end{cases}$$

---

5) 벡터 $\mathbf{v}_1, \mathbf{v}_2, \dots, \mathbf{v}_r$ 에 대하여 $k_1\mathbf{v}_1 + k_2\mathbf{v}_2 + \cdots + k_r\mathbf{v}_r = \mathbf{0}$ 의 해가 $k_i = 0 (i = 1, 2, \dots, r)$ 으로 유일하면 $\mathbf{v}_1, \mathbf{v}_2, \dots, \mathbf{v}_r$ 을 1차 독립집합이라 한다.

6) V가 공간벡터이고 그의 부분집합인 $S = \{\mathbf{v}_1, \mathbf{v}_2, \dots, \mathbf{v}_r\}$ 가 다음 조건을 만족하면 S를 기저(basis)라고 한다.
   (1) S는 1차 독립이다.
   (2) S는 V를 생성(span)한다.

이 된다. 따라서 해집합은 임의의 s 에 대하여

$$\begin{bmatrix} x_1 \\ x_2 \\ x_3 \end{bmatrix} = s \begin{bmatrix} 1 \\ 1 \\ 0 \end{bmatrix}$$

이므로 $\begin{bmatrix} 1 \\ 1 \\ 0 \end{bmatrix}$ 은 $\lambda = 1$에 대응하는 기저이다. ■

다음은 파이썬 프로그램으로 계산한 고윳값과 고유벡터이다.[7]

```
import numpy as np
eig = np.linalg.eig
A = np.matrix([ [3, -2, 0],
                [-2, 3, 0],
                [0, 0, 5]] )
print(eig(A)) # 고유치와 고유벡터를 동시 출력
print("EIgenvalue = ", eig(A)[0])  # 고유치
print("Eigenvector \n", eig(A)[1]) # 고유벡터 출력
```

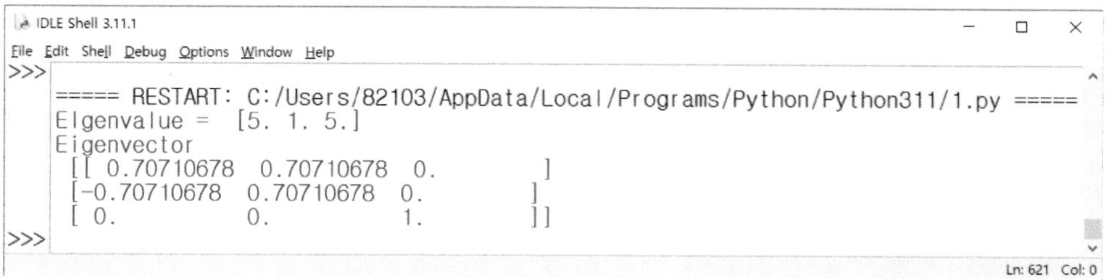

```
IDLE Shell 3.11.1
File Edit Shell Debug Options Window Help
>>>
    ===== RESTART: C:/Users/82103/AppData/Local/Programs/Python/Python311/1.py =====
    EIgenvalue =  [5. 1. 5.]
    Eigenvector
     [[ 0.70710678  0.70710678  0.        ]
     [-0.70710678  0.70710678  0.        ]
     [ 0.          0.          1.        ]]
>>>
Ln: 621  Col: 0
```

그림 6-2 **고윳값과 고유벡터**

7) 고유벡터의 제1열의 최소값인 -0.70710678 로 제1열의 성분을 나누면 $[-1,1,0]^T$ 가 된다. 나머지 열도 같은 방법으로 처리하면 고유공간의 기저를 구할 수 있다.

♣ 연습문제 ♣

1. $x+2y=0$ 의 해집합을 구하여라.

2. 다음 동차 연립방정식의 해를 구하여라.

$$\begin{cases} x \ \ +6y-2z=0 \\ 2x-3y+3z=0 \end{cases}$$

3. 다음 행렬의 특성방정식을 구하여라.

(1) $A=\begin{bmatrix} 3 & 2 & 4 \\ 2 & 0 & 2 \\ 4 & 2 & 3 \end{bmatrix}$ (2) $B=\begin{bmatrix} 2 & -2 & 3 \\ 1 & 1 & 1 \\ 1 & -3 & 1 \end{bmatrix}$

4. 다음 행렬의 고유치와 고유벡터를 구하여라.

(1) $A=\begin{bmatrix} -2 & -7 \\ 1 & 2 \end{bmatrix}$ (2) $B=\begin{bmatrix} 0 & 3 \\ 4 & 0 \end{bmatrix}$

(3) $C=\begin{bmatrix} 1 & 3 & -1 \\ 3 & 2 & 4 \\ -1 & 4 & 10 \end{bmatrix}$ (4) $D=\begin{bmatrix} 5 & 2 & 7 \\ 3 & 1 & 5 \\ 2 & 6 & 2 \end{bmatrix}$

5. 다음 행렬의 고유치와 고유공간의 기저를 구하여라.

$$A=\begin{bmatrix} 4 & 2 & 2 \\ 2 & 4 & 2 \\ 2 & 2 & 4 \end{bmatrix}$$

제2절 대각화 문제

이제부터는 고윳값의 문제에서 종종 등장하는 대각화의 문제를 다루어본다.

【정의 6-2】 정방행렬 A에 대해 $P^{-1}AP$가 대각행렬이 되도록 하는 행렬 P가 존재하면 행렬 A를 **대각화 가능**(diagonalizable)하다고 한다.

【정리 6-1】 n차 정방행렬 A가 대각화 가능일 필요충분조건은 행렬A가 n개의 1차 독립인 고유벡터를 갖는 것이다.

<증명> A는 대각화 가능이라고 하였으므로 정의에 의하여 $P^{-1}AP=D$를 만족하는 비정칙행렬 P가 존재하게 된다. 여기서

$$P=\begin{bmatrix} p_{11} & p_{12} & \cdots & p_{1n} \\ p_{21} & p_{22} & \cdots & p_{2n} \\ \cdots & \cdots & \cdots & \cdots \\ p_{n1} & p_{n2} & \cdots & p_{nn} \end{bmatrix} = [\mathbf{p}_1, \mathbf{p}_2, \cdots, \mathbf{p}_n] \tag{6-12}$$

이고

$$D=\begin{bmatrix} \lambda_1 & 0 & 0 & \cdots & 0 \\ 0 & \lambda_2 & 0 & \cdots & 0 \\ \cdots\cdots & & \cdots\cdots & & \cdots\cdots \\ 0 & 0 & 0 & \cdots & \lambda_n \end{bmatrix} \tag{6-13}$$

이다. $P^{-1}AP=D$의 양변에 P를 곱하면 $AP=PD$가 된다. 여기서

$$AP=A[\mathbf{p}_1, \mathbf{p}_2, \cdots, \mathbf{p}_n] = [A\mathbf{p}_1, A\mathbf{p}_2, \cdots, A\mathbf{p}_n]$$

이고, PD는

$$PD = \begin{bmatrix} p_{11} & p_{12} & \cdots & p_{1n} \\ p_{21} & p_{22} & \cdots & p_{2n} \\ \cdots & \cdots & \cdots & \cdots \\ p_{n1} & p_{n2} & \cdots & p_{nn} \end{bmatrix} \begin{bmatrix} \lambda_1 & 0 & 0 & \cdots & 0 \\ 0 & \lambda_2 & 0 & \cdots & 0 \\ \cdots\cdots & & \cdots\cdots & & \cdots\cdots \\ 0 & 0 & 0 & \cdots & \lambda_n \end{bmatrix}$$

$$= \begin{bmatrix} \lambda_1 p_{11} & \lambda_2 p_{12} & \cdots & \lambda_n p_{1n} \\ \lambda_1 p_{21} & \lambda_2 p_{22} & \cdots & \lambda_n p_{2n} \\ \cdots & \cdots & \cdots & \cdots \\ \lambda_1 p_{n1} & \lambda_2 p_{n2} & \cdots & \lambda_n p_{nn} \end{bmatrix}$$

$$= [\lambda_1 \mathbf{p}_1 \ , \ \lambda_2 \mathbf{p}_2 \ , \ \cdots \ , \ \lambda_n \mathbf{p}_n] \qquad (6\text{-}14)$$

이므로

$$[A\mathbf{p}_1 \ , \ A\mathbf{p}_2 \ , \cdots, \ A\mathbf{p}_n] = [\lambda_1 \mathbf{p}_1 \ , \ \lambda_2 \mathbf{p}_2 \ , \cdots, \ \lambda_n \mathbf{p}_n] \qquad (6\text{-}15)$$

인 관계식이 얻어진다.

P는 정칙행렬이므로 어떠한 열벡터(column vector)도 0벡터가 아니며, 따라서 $\lambda_1, \lambda_2, \cdots, \lambda_n$ 은 A의 고윳값이고 $\mathbf{p}_1$, $\mathbf{p}_2$, $\cdots$, $\mathbf{p}_n$은 이에 대응하는 고유벡터이다. 행렬 P가 정칙이므로 열벡터 전체는 1차 독립이 된다. 따라서 A는 n개의 1차 독립인 고유벡터를 갖는다. ■

【예제 6-4】 다음 행렬 A를 대각화하는 행렬 P를 구하여라.

$$A = \begin{bmatrix} 3 & -2 & 0 \\ -2 & 3 & 0 \\ 0 & 0 & 5 \end{bmatrix}$$

【해】 앞의 그림 6-2 에서 행렬 A의 고윳값은 $\lambda = 1, \lambda = 5$ 이며 각각에 대응하는 기저는 다음과 같음을 보였다.

$$\begin{bmatrix} 1 \\ -1 \\ 0 \end{bmatrix}, \ \begin{bmatrix} 0 \\ 0 \\ 1 \end{bmatrix}, \ \begin{bmatrix} 1 \\ 1 \\ 0 \end{bmatrix}$$

세 개의 기저(벡터)는 1차 독립이므로 대각화행렬 P 는 다음과 같다.

$$P=\begin{bmatrix} 1 & 0 & 1 \\ -1 & 0 & 1 \\ 0 & 1 & 0 \end{bmatrix} \quad \blacksquare$$

이제 앞의 대각화행렬 P 를 이용하여 $P^{-1}AP$ 를 계산하여 보자.

$$P^{-1}AP=\begin{bmatrix} 1 & 0 & 1 \\ -1 & 0 & 1 \\ 0 & 1 & 0 \end{bmatrix}^{-1}\begin{bmatrix} 3 & -2 & 0 \\ -2 & 3 & 0 \\ 0 & 0 & 5 \end{bmatrix}\begin{bmatrix} 1 & 0 & 1 \\ -1 & 0 & 1 \\ 0 & 1 & 0 \end{bmatrix}$$

$$=\begin{bmatrix} 5 & 0 & 0 \\ 0 & 5 & 1 \\ 0 & 0 & 1 \end{bmatrix}$$

계산결과, <u>$P^{-1}AP$ 는 대각행렬이며 각각의 대각성분이 고윳값과 일치</u>함을 보이고 있다.

여러 가지 응용에 있어서 행렬 A 를 대각화하는 전이행렬(transition matrix) P 를 계산하는 것은 중요한 문제는 아니다. 그것보다는 A 가 대각화 가능하다고 하면 대각행렬은 어떤 것인가 하는 것이다.

【정리 6-2】 $\mathbf{v}_1, \mathbf{v}_2, \ldots, \mathbf{v}_k$ 가 서로 다른 고윳값 $\lambda_1, \lambda_2, \cdots, \lambda_k$ 에 대응하는 A 의 고유벡터이면 $\{\mathbf{v}_1, \mathbf{v}_2, \ldots, \mathbf{v}_k\}$ 는 1차 독립집합이다.

【예제 6-5】 다음 행렬 A 의 고윳값은 $\lambda=1, \lambda=6$ 이다. 또한 각각의 고윳값에 대응하는 고유벡터를 $\mathbf{v}_1, \mathbf{v}_2$ 라고 하면 $\mathbf{v}_1, \mathbf{v}_2$ 는 1차 독립임을 보여라.

$$A=\begin{bmatrix} 5 & 4 \\ 1 & 2 \end{bmatrix}$$

【해】 고윳값에 대응하는 고유벡터는 $\mathbf{v}_1=\begin{bmatrix} 1 \\ -1 \end{bmatrix}$, $\mathbf{v}_2=\begin{bmatrix} 4 \\ 1 \end{bmatrix}$ 이다. 임의의 스

칼라 k_1, k_2에 대하여

$$k_1\begin{bmatrix} 1 \\ -1 \end{bmatrix} + k_2\begin{bmatrix} 4 \\ 1 \end{bmatrix} = \begin{bmatrix} 0 \\ 0 \end{bmatrix}$$

을 만족하는 스칼라는 $k_1 = 0$, $k_2 = 0$으로 유일하다. 따라서 1차 독립이다. ■

> 【정리 6-3】 n차 정방행렬 A가 n개의 서로 다른 고윳값을 가지면 A는 대각화 가능하다. 하지만 일반적으로 역은 성립하지 않는다.

【정리 6-3】의 역이 성립하지 않음을 보이기 위해, 행렬 A를

$$A = \begin{bmatrix} 3 & 0 \\ 0 & 3 \end{bmatrix}$$

이라고 하면 특성방정식은 $(3-\lambda)^2 = 0$이므로 고윳값은 $\lambda = 3$이 된다. A의 고유벡터는 $(A - \lambda I)\mathbf{x} = \mathbf{0}$ 을 만족하는 $\mathbf{x}$ 를 구하는 것이므로

$$(A - \lambda I)\mathbf{x} = \begin{bmatrix} 3-3 & 0 \\ 0 & 3-3 \end{bmatrix}\begin{bmatrix} x_1 \\ x_2 \end{bmatrix} = \begin{bmatrix} 0 \\ 0 \end{bmatrix}$$

이 된다. 이것을 연립방정식으로 나타내면

$$\begin{cases} 0x_1 + 0x_2 = 0 \\ 0x_1 + 0x_2 = 0 \end{cases}$$

이다. 따라서 해벡터는

$$\begin{bmatrix} x_1 \\ x_2 \end{bmatrix} = \begin{bmatrix} s \\ 0 \end{bmatrix} + \begin{bmatrix} 0 \\ t \end{bmatrix} = s\begin{bmatrix} 1 \\ 0 \end{bmatrix} + t\begin{bmatrix} 0 \\ 1 \end{bmatrix} \quad \text{여기서 } s, t \text{는 임의의 수}$$

이제 대각화 행렬 P를 $P=\begin{bmatrix}1 & 0\\0 & 1\end{bmatrix}$ 이라고 하면, 다음에서 보듯이 대각화가능이지만 고윳값은 하나뿐이다.

$$P^{-1}AP=\begin{bmatrix}1 & 0\\0 & 1\end{bmatrix}^{-1}\begin{bmatrix}3 & 0\\0 & 3\end{bmatrix}\begin{bmatrix}1 & 0\\0 & 1\end{bmatrix}=\begin{bmatrix}3 & 0\\0 & 3\end{bmatrix}$$

【정의 6-3】 $U^{-1}=U^T$인 정방행렬 U를 **직교행렬**(orthogonal matrix)이라 한다.

이제 행렬 $P=\begin{bmatrix}\cos\theta & -\sin\theta\\\sin\theta & \cos\theta\end{bmatrix}$ 라고 하면 $P^{-1}=\begin{bmatrix}\cos\theta & \sin\theta\\-\sin\theta & \cos\theta\end{bmatrix}$ 가 된다. 따라서 행렬 P는【정의 6-3】를 만족시키므로 직교행렬이다.

【정의 6-4】 임의의 직교행렬 U에 대하여 $B=U^TAU$가 성립하면 A와 B는 **상사**(similar)라고 한다. 이때 A로부터 B를 구하는 과정을 **상사변환**(similar transformation)이라 한다.

【예제 6-6】 A, B가 상사관계이면 $AU=UB$ 의 관계가 성립함을 보여라. 여기서 U는 직교행렬이다.

【해】 A, B는 상사이므로 $B=U^TAU$ 이다. 이 식의 양변에 $(U^T)^{-1}$을 곱하면

$$(U^T)^{-1}B=(U^T)^{-1}U^TAU=AU \tag{6-16}$$

가 된다. U가 직교행렬이므로 $U^T=U^{-1}$ 이다. 이 식을 윗 식에 대입하면

$$AU=(U^{-1})^{-1}B=UB \quad ■ \tag{6-17}$$

예를 들어, 다음과 같은 행렬 A, U, B 를 고려해보자.

$$A=\begin{bmatrix} 5 & -2 \\ -2 & 2 \end{bmatrix} \quad U=\begin{bmatrix} \frac{1}{\sqrt{5}} & -\frac{2}{\sqrt{5}} \\ \frac{2}{\sqrt{5}} & \frac{1}{\sqrt{5}} \end{bmatrix} \quad B=\begin{bmatrix} 1 & 0 \\ 0 & 6 \end{bmatrix}$$

이라고 하면

$$AU=\begin{bmatrix} \frac{1}{\sqrt{5}} & -\frac{12}{\sqrt{5}} \\ \frac{2}{\sqrt{5}} & \frac{6}{\sqrt{5}} \end{bmatrix} \quad , \quad UB=\begin{bmatrix} \frac{1}{\sqrt{5}} & -\frac{12}{\sqrt{5}} \\ \frac{2}{\sqrt{5}} & \frac{6}{\sqrt{5}} \end{bmatrix}$$

이므로 $AU=UB$ 의 관계가 성립한다. 따라서 A 와 B 는 상사관계이다.

【정리 6-4】 A, B 가 상사행렬이면 다음이 성립한다.

1) $f_A(\lambda)=f_B(\lambda)$
2) $tr(A)=tr(B)$ (6-18)
3) $\det(A)=\det(B)$

<증명> 1)

$$\begin{aligned} f_B(\lambda) &= \det(B-\lambda I) \\ &= \det[U^{-1}(A-\lambda I)U] \\ &= \det(U^{-1})\det(A-\lambda I)\det(U) \\ &= \det(A-\lambda I)\det(U^{-1})\det(U) = f_A(\lambda) \end{aligned}$$

2) $tr(B)=tr(U'AU)=tr(AU'U)=tr(AI)=tr(A)$

3) $\det(B)=\det(U'AU)=\det(AU'U)=\det(A)\det(U'U)=\det(A)$ ■

【정리 6-5】 n 차 정방행렬 A 의 적(跡, trace)은 주대각성분의 합이다.

$$tr(A)=a_{11}+a_{22}+a_{33}+\cdots+a_{nn} \qquad (6\text{-}19)$$

【정리 6-6】 n차 정방행렬 A의 적(trace)은 고윳값의 합과 같다.

【예제 6-7】 다음 행렬 A의 고유치와 고유벡터를 구하는 파이썬 프로그램을 작성하라.

$$A = \begin{bmatrix} 3 & -2 & 0 \\ -2 & 3 & 0 \\ 0 & 0 & 5 \end{bmatrix}$$

【해】 프로그램은 다음과 같으며, 고윳값의 합과 trace는 같음을 알 수 있다.

```
import numpy as np
eig = np.linalg.eig
A = np.matrix([ [3,-2,0], [-2,3,0], [0,0,5] ])
print("EIgenvalue = ", eig(A)[0])
print("trace = ", np.trace(A))
```

```
IDLE Shell 3.11.1
File Edit Shell Debug Options Window Help
>>>
    ===== RESTART: C:/Users/82103/AppData/Local/Programs/Python/Python311/1.py =====
    EIgenvalue =  [5. 1. 5.]
    trace =  11
>>>
Ln: 633 Col: 0
```

그림 6-3 고윳값과 트레이스의 관계

♣ 연습문제 ♣

1. 다음 행렬 A를 대각화하는 행렬 P를 구하고 $P^{-1}AP$를 계산하라.

(1) $A=\begin{bmatrix} -14 & 12 \\ -20 & 17 \end{bmatrix}$ (2) $A=\begin{bmatrix} 1 & 0 \\ 6 & -1 \end{bmatrix}$

(3) $A=\begin{bmatrix} 1 & 0 & 0 \\ 0 & 1 & 1 \\ 0 & 1 & 1 \end{bmatrix}$ (4) $A=\begin{bmatrix} 2 & 0 & -2 \\ 0 & 3 & 0 \\ 0 & 0 & 3 \end{bmatrix}$

2. 다음 행렬은 대각화가능이 아님을 보여라.

(1) $A=\begin{bmatrix} 2 & 0 \\ 1 & 2 \end{bmatrix}$ (2) $A=\begin{bmatrix} 3 & 0 & 0 \\ 0 & 2 & 0 \\ 0 & 1 & 2 \end{bmatrix}$

3. 다음 두 개의 행렬은 상사행렬임을 보여라.

$A=\begin{bmatrix} 1 & 1 \\ -1 & 4 \end{bmatrix}$ $B=\begin{bmatrix} 2 & 1 \\ 1 & 3 \end{bmatrix}$

제3절 반복법에 의한 고윳값의 계산

일반적으로 $(n \times n)$행렬의 특성방정식은 n차 방정식이 되므로 해를 구하는 것은 상당히 어려운 문제라고 할 수 있다. 이제부터는 반복법으로 고윳값과 고유벡터를 구하는 방법에 대해 알아보기로 한다.

1. 보간법(method of interpolation)

행렬 A에 관한 특성다항식 $f(\lambda)$는

$$f(\lambda) = \begin{bmatrix} a_{11} - \lambda & a_{12} & \cdots & a_{1n} \\ a_{21} & a_{22} - \lambda & \cdots & a_{2n} \\ \vdots & \vdots & \cdots & \vdots \\ a_{n1} & a_{n2} & \cdots & a_{nn} - \lambda \end{bmatrix} \tag{6-20}$$

이므로 임의의 λ값을 대입하여 우변의 행렬식을 계산할 수 있다. 식 (6-20)의 $f(\lambda)$는 n차 다항식이므로 보간법으로 함수를 도출하기 위해선 $(n+1)$번의 λ와 그에 대응하는 행렬식 계산이 필요하다. 이러한 $(n+1)$번의 계산 자료를 이용하면 n차 다항식 $f(\lambda)$를 구할 수 있다. 여기에 Bairstow 방법으로 방정식의 해를 계산함으로써 고윳값을 얻게 된다.

【예제 6-8】 다음 행렬 A의 고윳값을 구하여라.

$$A = \begin{bmatrix} 3 & 4 & -2 \\ 3 & -1 & 1 \\ 2 & 0 & 5 \end{bmatrix}$$

【해】 행렬 A에 대한 특성다항식은

$$f(\lambda) = \begin{vmatrix} 3-\lambda & 4 & -2 \\ 3 & -1-\lambda & 1 \\ 2 & 0 & 5-\lambda \end{vmatrix}$$

이므로 $\lambda = 0,1,2,3,4,5$ 의 값을 넣어서 $f(\lambda)$ 의 값을 계산하고, 전향계차(前向階差)를 구해보면 다음과 같다.

표 6-1 전향계차표[8]

λ	$f(\lambda)$	$\Delta f(\lambda)$	$\Delta^2 f(\lambda)$	$\Delta^3 f(\lambda)$	$\Delta^4 f(\lambda)$
0	-71	7	8	-6	0
1	-64	15	2	-6	0
2	-49	17	-4	-6	
3	-32	13	-10		
4	-19	3			
5	-16				

제3계차인 $\Delta^3 f(\lambda)$ 의 값이 일정하므로 3차 다항식으로 함수가 표현된다. 따라서 전향계차 보간공식에 따라

$$\begin{aligned} g(\lambda) &= -71 + 7\lambda + 8 \times \frac{\lambda(\lambda-1)}{2} - 6 \times \frac{\lambda(\lambda-1)(\lambda-2)}{6} \\ &= -\lambda^3 + 7\lambda^2 + \lambda - 71 \end{aligned} \qquad (6\text{-}21)$$

이다. 따라서 Bairstow 방법으로 $g(\lambda)$의 근을 구해보면 행렬의 고윳값은 $\lambda = -2.750$, $4.875 \pm 1.431i$ 가 된다. 여기서 $i = \sqrt{-1}$ 이다. ■

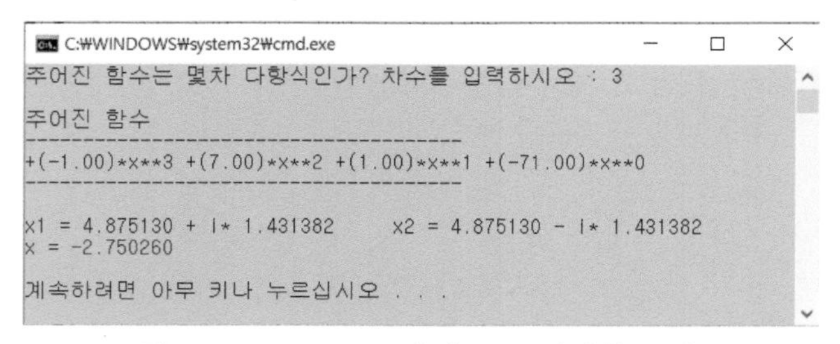

그림 6-4 Bairstow 방법으로 계산한 고윳값

8) 전향계차는 $\Delta f_i = x_{x+1} - x_i$ 로 계산하며, Δf_1의 첫 번째 값은 $(-64)-(-71)=7$ 이 된다. 전향계차를 이용한 보간다항식은 다음과 같다. 여기서 h는 λ의 간격이다.

$$f(x) = y_0 + \frac{\Delta y_0}{h}(x-x_0) + \frac{\Delta^2 y_0}{2h^2}(x-x_0)(x-x_1) + \cdots + \frac{\Delta^n y_0}{n!h^n}(x-x_0)(x-x_1)\cdots(x-x_{n-1})$$

보간법을 이용하면 고윳값을 쉽게 구할 수 있다는 이점이 있으나 엄밀히 말해 반복식을 이용하는 방법이 아니며, 단점으로는 고유벡터를 구할 수 없다는 것이다. 다음에 소개하는 방법들은 고윳값과 더불어 고유벡터까지도 구할 수 있는 방법이다.

2. 멱승법(power method)

멱승법은 절댓값이 최대인 고윳값과 그에 대응하는 고유벡터의 근사적인 계산을 할 수 있다. 멱승법이 중요한 이유는 계산이 쉽다는 것이다.

n차 정방행렬 A는 정의에 따라 고윳값과 고유벡터는 다음과 같은 관계식

$$A\mathbf{x}_i = \lambda\mathbf{x}_i \tag{6-22}$$

을 만족한다. 여기서 λ_i 는 i 번째 고윳값이고, $\mathbf{x}_i$ 는 i 번째 고유벡터이다.

> 【정의 6-5】 정방행렬 A의 고윳값의 절댓값 중에서 최댓값을 최대고윳값(dominant eigenvalue) 라하고, 최대고윳값에 대응하는 고유벡터를 최대고유벡터(dominant eigenvector)라고 부른다.

행렬 A의 최대고윳값은 실수이며 유일하다고 가정하고 오름차순으로 고윳값을 나열한 것이

$$|\lambda_1| \leqq |\lambda_2| \leqq |\lambda_3| \leqq \cdots \leqq |\lambda_{n-1}| < |\lambda_n| \tag{6-23}$$

이라 하자. 멱승법은 영이 아닌 초기 고유벡터 $\mathbf{x}_0$에 대하여 충분히 큰 지수 p에 대한 벡터

$$A^p\mathbf{x}_0 \tag{6-24}$$

가 A의 최대고윳값에 대응하는 고유벡터를 잘 근사(近似)시킨다는 원리를 이

용하는 것이다. 이에 대한 자세한 논의는 참고문헌 [13] (PP.488-489) 을 참조하면 된다.

【정리 6-7】 $\mathbf{x}$ 가 A의 최대 고유벡터이면 최대고윳값 λ_n은 다음과 같다. 여기서 λ_n을 레일리-리츠 비(Rayleigh-Ritz ratio)라고 부른다.9)

$$\lambda_n \cong \frac{\mathbf{x} \cdot A\mathbf{x}}{\mathbf{x} \cdot \mathbf{x}} \tag{6-25}$$

【예제 6-9】 다음 행렬 A의 최대고윳값과 최대고유벡터를 구하여라.

$$A = \begin{bmatrix} 2 & 3 \\ 4 & 1 \end{bmatrix}$$

【해】 초기 고유벡터 $\mathbf{x}_0$를 다음과 같이 선택하여 본다.

$$\mathbf{x}_0 = \begin{bmatrix} 1 \\ 0 \end{bmatrix}$$

이제 $\mathbf{x}_0$에 A를 곱하여 $\mathbf{x}_i (i = 1, 2, \ldots)$의 값을 구해보면

$$\mathbf{x}_1 = A\mathbf{x}_0 = \begin{bmatrix} 2 & 3 \\ 4 & 1 \end{bmatrix} \begin{bmatrix} 1 \\ 0 \end{bmatrix} = \begin{bmatrix} 2 \\ 4 \end{bmatrix} \tag{6-26}$$

$$\mathbf{x}_2 = A\mathbf{x}_1 = \begin{bmatrix} 2 & 3 \\ 4 & 1 \end{bmatrix} \begin{bmatrix} 2 \\ 4 \end{bmatrix} = \begin{bmatrix} 16 \\ 12 \end{bmatrix} \tag{6-27}$$

$$\cdots \quad \cdots \qquad \cdots$$

이상의 과정을 반복하고 정리하면 다음과 같다.

---

9) 벡터 $\mathbf{u} = (u_1, u_2, \ldots, u_n)$와 $\mathbf{v} = (v_1, v_2, \ldots, v_n)$의 유클리드 내적(Euclidean inner product)은 $\mathbf{u} \cdot \mathbf{v}$ 로 표시하며

$$\mathbf{u} \cdot \mathbf{v} = u_1 v_1 + u_2 v_2 + \ldots + u_n v_n$$

으로 계산한다.

```
C:\WINDOWS\system32\cmd.exe
행렬의 차수를 입력하시오. 2
행렬 A(i,j)의 성분을 입력하시오.
2 3
4 1
초기치 x(1),...,x(n) 을 입력하시오 : 0 1
             x1              x2              비율
-------------------------------------------------
   1    3.0000e+000    1.0000e+000    3.0000e+000
   2    9.0000e+000    1.3000e+001    6.9231e-001
   3    5.7000e+001    4.9000e+001    1.1633e+000
   4    2.6100e+002    2.7700e+002    9.4224e-001
   5    1.3530e+003    1.3210e+003    1.0242e+000
   6    6.6690e+003    6.7330e+003    9.9049e-001
   7    3.3537e+004    3.3409e+004    1.0038e+000
   8    1.6730e+005    1.6756e+005    9.9847e-001
   9    8.3727e+005    8.3676e+005    1.0006e+000
  10    4.1848e+006    4.1859e+006    9.9976e-001
  11    2.0927e+007    2.0925e+007    1.0001e+000
  12    1.0463e+008    1.0463e+008    9.9996e-001
  13    5.2316e+008    5.2315e+008    1.0000e+000
  14    2.6158e+009    2.6158e+009    9.9999e-001
  15    1.3079e+010    1.3079e+010    1.0000e+000
-------------------------------------------------
계속하려면 아무 키나 누르십시오 . . .
```

그림 6-5 멱승법에 의한 근사 고유값[10)]

따라서 최대고유벡터 $\mathbf{x}$ 는

$$\mathbf{x} = k\begin{bmatrix} 1 \\ 1 \end{bmatrix} \quad , \ k \text{는 임의의 실수}$$

이다. 최대 고유벡터는 $\mathbf{x} = \begin{bmatrix} 1 \\ 1 \end{bmatrix}$ 이므로 $A\mathbf{x} = \begin{bmatrix} 5 \\ 5 \end{bmatrix}$ 가 되며, 따라서 유클리드 내적 $(\mathbf{x} \cdot A\mathbf{x})$, $(\mathbf{x} \cdot \mathbf{x})$ 를 계산하고 【정리 6-7】에 따른 최대고윳값을 구해보면 다음과 같다.

$$\lambda = \frac{1 \times 5 + 1 \times 5}{1 \times 1 + 1 \times 1} = 5 \ \blacksquare$$

3. 수정멱승법(modified power method)

멱승법은 매우 크거나 작은 성분을 가진 벡터가 나타나므로 다루기가 곤란하다. 하지만 각 단계마다 근사고유벡터의 성분이 +1 과 -1 사이에 있도록 근사고유벡터의 크기를 조절하면 멱승법의 단점을 피할 수 있다. 크기조절을 하는 방

---

10) x_1과 x_2의 값이 증가(발산)하므로 두 값의 비를 계산하였다.

법으로는 근사고유벡터 성분중의 최대 값의 역수를 근사고유벡터에 곱하는 방식을 이용하면 된다.

【예제 6-10】 다음 행렬 A의 최대고유벡터를 구하여라.

$$A = \begin{bmatrix} 2 & 3 \\ 4 & 1 \end{bmatrix}$$

【해】 초기치를 $\mathbf{x}_0 = [1\ ,0]^T$ 로 선택한 다음, $\mathbf{x}_0$에 차례로 A를 곱해보면

$$\mathbf{x}_1 = a\mathbf{x}_0 = \begin{bmatrix} 2 & 3 \\ 4 & 1 \end{bmatrix}\begin{bmatrix} 1 \\ 0 \end{bmatrix} = \begin{bmatrix} 2 \\ 4 \end{bmatrix} \qquad \rightarrow \frac{1}{4}\begin{bmatrix} 2 \\ 4 \end{bmatrix} = \begin{bmatrix} 0.5 \\ 1 \end{bmatrix} \tag{6-28}$$

$$\mathbf{x}_2 = a\mathbf{x}_1 = \begin{bmatrix} 2 & 3 \\ 4 & 1 \end{bmatrix}\begin{bmatrix} 0.5 \\ 1 \end{bmatrix} = \begin{bmatrix} 4 \\ 3 \end{bmatrix} \qquad \rightarrow \frac{1}{4}\begin{bmatrix} 4 \\ 3 \end{bmatrix} = \begin{bmatrix} 1 \\ 0.75 \end{bmatrix} \tag{6-29}$$

....

<< 프로그램 6-2 >>를 실행시킨 결과 $x_1 = 5\ ,x_2 = 5$ 로 수렴하는 것을 알 수 있다. 따라서 각각을 5로 나누면 최대고유벡터는 $\mathbf{x} = \begin{bmatrix} 1 \\ 1 \end{bmatrix}$ 가 된다. ■

```
C:\WINDOWS\system32\cmd.exe
행렬의 차수를 입력하시오. 2
행렬 A(i,j)의 성분을 입력하시오.
2  3
4  1
초기치 x(1),...,x(n)을 입력하시오. : 1  0

------------------------------------------
  i        x(1)        x(2)     x(1)/x(2)
------------------------------------------
  1     2.00000     4.00000     0.50000
  2     4.00000     3.00000     1.33333
  3     4.25000     4.75000     0.89474
  4     4.78947     4.57895     1.04598
  5     4.86813     4.95604     0.98226
  6     4.96452     4.92905     1.00720
  7     4.97856     4.99285     0.99714
  8     4.99428     4.98855     1.00115
  9     4.99656     4.99885     0.99954
 10     4.99908     4.99817     1.00018
 11     4.99945     4.99982     0.99993
 12     4.99985     4.99971     1.00003
 13     4.99991     4.99997     0.99999
 14     4.99998     4.99995     1.00000
 15     4.99999     5.00000     1.00000
------------------------------------------
계속하려면 아무 키나 누르십시오 . . .
```

그림 6-6 수정멱승법

4. 수축과 역멱승법

어떤 행렬의 최대고윳값과 이에 대응하는 최대고유벡터 만을 필요로 하는 경우에는 멱승법 또는 수정멱승법을 사용하면 된다. 하지만 다른 고윳값과 고유벡터가 필요한 경우에는 사용할 수 없으므로 다른 방법이 필요하다.

> 【정리 6-8】 $(n\times n)$ 대칭행렬 A 의 고윳값을 $\lambda_1,\lambda_2,\ldots,\lambda_n$ 이라 하고 λ_1 에 대응하는 고유벡터 $\mathbf{v}_1$을 $\|\mathbf{v}_1\| = 1$ 이 되도록 만들면 다음이 성립한다.
> 1) $B = A-\lambda_1\mathbf{v}_1\mathbf{v}_1^T$ 의 고윳값은 $0,\lambda_2,\ldots,\lambda_n$ 이다.
> 2) 0이 아닌 고윳값 $\lambda_2,\ldots,\lambda_n$ 중의 하나에 대응하는 고유벡터는 대칭행렬 A 의 고유벡터이다.

【예제 6-11】 다음 행렬 A 의 고유벡터를 모두 구하여라.

$$A=\begin{bmatrix} 3 & -2 & 0 \\ -2 & 3 & 0 \\ 0 & 0 & 5 \end{bmatrix}$$

【해】 앞에서 고윳값은 $\lambda_1=5$, $\lambda_2=5$, $\lambda_3=1$ 임을 보인 바 있다. 또한 행렬 A 는 대칭행렬이다.

1) A 의 특성방정식에 $\lambda=1$ 을 대입하면 다음의 관계식을 얻을 수 있다.

$$\begin{bmatrix} 2 & -2 & 0 \\ -2 & 2 & 0 \\ 0 & 0 & 4 \end{bmatrix}\begin{bmatrix} x_1 \\ x_2 \\ x_3 \end{bmatrix}=\begin{bmatrix} 0 \\ 0 \\ 0 \end{bmatrix} \tag{6-30}$$

이것을 연립방정식으로 표현하면

$$\begin{cases} 2x_1-2x_2 \qquad = 0 \\ \qquad\qquad 4x_3 = 0 \end{cases}$$

이며, 연립방정식을 풀면 $x_1 = x_1$, $x_2 = x_1$, $x_3 = 0$ 인 관계식을 얻게 된다. $x_1 = s$ (s 는 임의의 수)라고 놓으면 연립방정식의 해는

$$\begin{bmatrix} x_1 \\ x_2 \\ x_3 \end{bmatrix} = \begin{bmatrix} x_1 \\ x_1 \\ 0 \end{bmatrix} = s \begin{bmatrix} 1 \\ 1 \\ 0 \end{bmatrix}$$

이므로 고유벡터 $\begin{bmatrix} 1 \\ 1 \\ 0 \end{bmatrix}$ 가 얻어진다.

2) A 의 특성방정식에 $\lambda_1 = 5$ 를 대입하면 다음의 관계식을 얻을 수 있다.

$$\begin{bmatrix} -2 & -2 & 0 \\ -2 & -2 & 0 \\ 0 & 0 & 0 \end{bmatrix} \begin{bmatrix} x_1 \\ x_2 \\ x_3 \end{bmatrix} = \begin{bmatrix} 0 \\ 0 \\ 0 \end{bmatrix} \tag{6-31}$$

이것을 연립방정식으로 환원하고 해을 구하면 $x_1 = -x_2$, $x_2 = x_2$, $x_3 = x_3$ 인 관계식을 얻게 된다. 여기서 $x_2 = s, x_3 = t$ (s, t 는 임의의 수)라고 놓으면

$$\begin{bmatrix} x_1 \\ x_2 \\ x_3 \end{bmatrix} = \begin{bmatrix} -s \\ s \\ t \end{bmatrix} = s \begin{bmatrix} -1 \\ 1 \\ 0 \end{bmatrix} + t \begin{bmatrix} 0 \\ 0 \\ 1 \end{bmatrix} \tag{6-32}$$

이므로 $\mathbf{v} = \begin{bmatrix} -1 \\ 1 \\ 0 \end{bmatrix}$ 는 $\lambda_1 = 5$ 에 대응하는 하나의 고유벡터이며, 이를 정규화하면 $\mathbf{v}_1 = \frac{1}{\sqrt{2}} \begin{bmatrix} -1 \\ 1 \\ 0 \end{bmatrix}$ 이다.

따라서 【정리 6-8】에 의하여 B 를 계산하면

$$B = A - \lambda_1 \mathbf{v}_1 \mathbf{v}_1^T = \begin{bmatrix} 3 & -2 & 0 \\ -2 & 3 & 0 \\ 0 & 0 & 5 \end{bmatrix} - 5 \frac{1}{\sqrt{2}} \begin{bmatrix} -1 \\ 1 \\ 0 \end{bmatrix} \frac{1}{\sqrt{2}} (-1, 1, 0)$$

$$= \begin{bmatrix} 0.5 & 0.5 & 0 \\ 0.5 & 0.5 & 0 \\ 0 & 0 & 5 \end{bmatrix} \tag{6-33}$$

이며, 행렬 B의 고윳값을 계산하면 $\lambda = 0, 5, 1$ 이다.

이제 $\lambda = 5$ 에 대응하는 고유공간은 $(5I - B)\mathbf{x} = \mathbf{0}$ 을 만족하므로

$$\begin{bmatrix} \frac{9}{2} & -\frac{1}{2} & 0 \\ -\frac{1}{2} & \frac{9}{2} & 0 \\ 0 & 0 & 0 \end{bmatrix} \begin{bmatrix} x_1 \\ x_2 \\ x_3 \end{bmatrix} = \begin{bmatrix} 0 \\ 0 \\ 0 \end{bmatrix} \tag{6-34}$$

인 관계식이 얻어지며 이것을 풀면 $x_1 = 0$, $x_2 = 0$, $x_3 = t$ (t 는 임의)가 되고, 또 다른 고윳값인 $\lambda = 5$ 에 대응하는 B의 고유벡터는

$$\mathbf{x} = \begin{bmatrix} 0 \\ 0 \\ t \end{bmatrix} = t \begin{bmatrix} 0 \\ 0 \\ 1 \end{bmatrix} \tag{6-35}$$

이다. 따라서 세 개의 고유벡터는 다음과 같다.

$$\begin{bmatrix} 1 \\ 1 \\ 0 \end{bmatrix} \quad \begin{bmatrix} -1 \\ 1 \\ 0 \end{bmatrix} \quad \begin{bmatrix} 0 \\ 0 \\ 1 \end{bmatrix} \quad \blacksquare$$

행렬 A 의 고윳값이 다음과 같이 절댓값의 크기 순서로 되어 있다고 하자.

$$|\lambda_1| > |\lambda_2| \geq |\lambda_3| \geq \cdots \geq |\lambda_n| \tag{6-36}$$

또한 주요 고윳값과 주요 고유벡터가 멱승법에 의해 구해져 있다고 하면 $B = A - \lambda_1 \mathbf{v}_1 \mathbf{v}_1^T$ 의 고윳값은 $0, \lambda_2, \ldots, \lambda_n$ 이므로 이들 고윳값의 절댓값은 다음과 같은 순서를 가질 것이다.

$$|\lambda_2| > |\lambda_3| \geq \cdots \geq |\lambda_n| \geq 0 \qquad (6\text{-}37)$$

λ_2 는 B 의 주요 고윳값으로서 λ_2 에 대응하는 주요 고유벡터는 【정리 6-8】에 의해 계산할 수 있다. 이와 같은 방식을 적용하여 고윳값과 고유벡터를 계산하는 방법을 수축법(Deflation)이라 한다.

수축법을 사용하면 주요 고윳값과 고유벡터를 계산하는 데 오차가 포함되어 있으므로 다음 단계에서 주요 고윳값과 고유벡터에는 전파 오차가 전달된다. 따라서 수축법으로 고윳값과 고유벡터를 계산할 때는 처음 몇 개의 고윳값과 고유벡터만이 의미를 갖게 된다.

행렬의 역을 취하면 고윳값은 역수를 취하지만 대응하는 고유벡터는 변하지 않는다는 사실을 이용하여 최소의 절댓값을 갖는 고윳값과 고유벡터를 계산할 수 있다. 이러한 방법을 역멱승법(inverse power method)라 한다.

【예제 6-12】 역멱승법으로 다음 행렬의 최소고윳값에 대응하는 고유벡터를 구하여라.

$$A = \begin{bmatrix} 3 & 2 \\ -1 & 0 \end{bmatrix}$$

【해】 초기치를 $\mathbf{x}_0 = \begin{bmatrix} 1 \\ 1 \end{bmatrix}$ 이라고 하자. $A^{-1} = \frac{1}{2}\begin{bmatrix} 0 & -2 \\ 1 & 3 \end{bmatrix}$ 이므로 수정멱승법에 의하여

$$\begin{aligned}
\mathbf{x}_1 &= A^{-1}\mathbf{x}_0 = \frac{1}{2}\begin{bmatrix} 0 & -2 \\ 1 & 3 \end{bmatrix}\begin{bmatrix} 1 \\ 1 \end{bmatrix} = \frac{1}{2}\begin{bmatrix} -2 \\ 4 \end{bmatrix} \rightarrow \begin{bmatrix} -0.5 \\ 1 \end{bmatrix} \\
\mathbf{x}_2 &= A^{-1}\mathbf{x}_1 = \frac{1}{2}\begin{bmatrix} 0 & -2 \\ 1 & 3 \end{bmatrix}\begin{bmatrix} -0.5 \\ 1 \end{bmatrix} = \frac{1}{2}\begin{bmatrix} -2 \\ 2.5 \end{bmatrix} \rightarrow \begin{bmatrix} -0.8 \\ 1 \end{bmatrix} \\
\mathbf{x}_3 &= A^{-1}\mathbf{x}_2 = \frac{1}{2}\begin{bmatrix} 0 & -2 \\ 1 & 3 \end{bmatrix}\begin{bmatrix} -0.8 \\ 1 \end{bmatrix} = \frac{1}{2}\begin{bmatrix} -2 \\ 2.2 \end{bmatrix} \rightarrow \begin{bmatrix} -0.909 \\ 1 \end{bmatrix} \\
&\cdots \quad \cdots
\end{aligned}$$

이상의 과정을 프로그램으로 확인하면 최소 고유벡터는 $\mathbf{x} = \begin{bmatrix} -1 \\ 1 \end{bmatrix}$ 이다. ■

다음은 << 프로그램 6-3 >>을 이용하여 고유벡터를 구한 것이다.

```
C:\WINDOWS\system32\cmd.exe
행렬의 차수를 입력하시오: 2
행렬 A(i,j)의 성분을 입력하시오.
 3  2
-1  0

초기치 x(1),...,x(n)을 입력하시오. : 1  1

------------------------------
  i        x(1)        x(2)
------------------------------
  1     -0.50000     1.00000
  2     -0.80000     1.00000
  3     -0.90909     1.00000
  4     -0.95652     1.00000
  5     -0.97872     1.00000
  6     -0.98947     1.00000
  7     -0.99476     1.00000
  8     -0.99739     1.00000
  9     -0.99870     1.00000
 10     -0.99935     1.00000
 11     -0.99967     1.00000
 12     -0.99984     1.00000
 13     -0.99992     1.00000
 14     -0.99996     1.00000
 15     -0.99998     1.00000
------------------------------
계속하려면 아무 키나 누르십시오 . . .
```

그림 6-7 역멱승법에 의한 근사벡터의 계산

5. Householder 방법

대칭행렬은 일련의 상사변환을 구성함으로써 Householder 방법에 의하여 삼중대각행렬로 변환시킬 수 있다. 삼중대각행렬의 구조를 보면 주대각선과 주대각선 좌우의 요소들을 제외한 모든 성분이 0(零)임을 알 수 있다.

【정의 6-6】 n차 정방행렬 T가 다음과 같은 형태로 표시될 때 삼중대각행렬(tridiagonal matrix) 이라 부른다.

$$T=\begin{bmatrix} b_1 & c_1 & 0 & 0 \cdots & 0 & 0 & 0 \\ d_1 & b_2 & c_2 & 0 \cdots & 0 & 0 & 0 \\ 0 & d_2 & b_3 & c_3 \cdots & 0 & 0 & 0 \\ \vdots & \vdots & \vdots & \vdots \cdots & \vdots & \vdots & \vdots \\ 0 & 0 & 0 & 0 \cdots & d_{n-2} & b_{n-1} & c_{n-1} \\ 0 & 0 & 0 & 0 \cdots & 0 & d_{n-1} & b_n \end{bmatrix} \qquad (6\text{-}38)$$

이제부터는 임의의 행렬 A를 삼중대각행렬로 변환하는 방법에 대하여 알아보기로 한다. 반복식으로 나타내기 위하여 다음의 행렬 A는 $A^{(1)}$로 표기하기로 한다.

$$A^{(1)} = A = \begin{bmatrix} a_{11} & a_{12} & a_{13} \cdots & a_{1n} \\ a_{21} & a_{22} & a_{23} \cdots & a_{2n} \\ a_{31} & a_{32} & a_{33} \cdots & a_{3n} \\ \vdots & \vdots & \vdots \cdots & \vdots \\ a_{n1} & a_{n2} & a_{n3} \cdots & a_{nn} \end{bmatrix} \tag{6-39}$$

이다. 이제 변환행렬 P를 다음과 같이 정의하여 보자.

$$P = I - \frac{uu^T}{h} \tag{6-40}$$

여기서

$$\begin{cases} G = \sqrt{\sum_{i=2}^{n} a_{11}^2} \; sign(a_{21}) \\ u = (0, a_{21} + G, a_{31}, a_{41}, \ldots, a_{n1})^T \\ h = G^2 + G a_{21} \end{cases} \tag{6-41}$$

식 (6-40)에서 정의한 행렬 P로부터 $PA^{(1)}P$를 계산하면 불완전한 삼중대각행렬 $A^{(2)}$를 만들 수 있다. 즉

$$A^{(2)} = PA^{(1)}P = \begin{bmatrix} b_{11} & b_{12} & 0 \cdots & 0 \\ b_{21} & b_{22} & b_{23} \cdots & b_{2n} \\ 0 & b_{32} & b_{33} \cdots & b_{3n} \\ \vdots & \vdots & \vdots \cdots & \vdots \\ 0 & b_{n2} & b_{n3} \cdots & b_{nn} \end{bmatrix} \tag{6-42}$$

일반적으로 다음의 반복식

$$A^{(m+1)} = PA^{(m)}P \ , \qquad m = 1,2,3,... \tag{6-43}$$

를 이용하여 행렬 A를 삼중대각행렬로 변환시킬 수 있다. 여기서 변환행렬 P는 앞에서 정의한 것과 동일하다. 즉,

$$P = I - \frac{uu^T}{h} \tag{6-44}$$

이며, u_{ij}는 행렬 $A^{(m)}$의 (i,j)성분이라 할 때 u, G, h 는 다음과 같다.

$$\begin{cases} G = \sqrt{\displaystyle\sum_{i=m+1}^{n} a_{im}^2} \ sign(a_{m+1,m}) \\ u = (0, 0, .., a_{m+1,m} + G, \ a_{m+2,m} \ , a_{m+3,m} \ , .., a_{nm})^T \\ h = G^2 + Ga_{m+1,m} \end{cases} \tag{6-45}$$

【예제 6-13】 다음 행렬 A를 삼중대각행렬로 변환하라.

$$A = \begin{bmatrix} 1 & 4 & 5 \\ 4 & -3 & 0 \\ 5 & 0 & 7 \end{bmatrix}$$

【해】 식 (6-41)로부터

$$G = (4^2 + 5^2)^{1/2} \times (+1) = 6.4031$$
$$u = (0, \ 4 + 6.4031, 5)^T$$

이므로 h와 P는

$$h = 41 + 6.4031 \times 4 = 66.6124$$

$$P = I - \frac{uu^T}{h} = \begin{bmatrix} 1 & 0 & 0 \\ 0 & 1 & 0 \\ 0 & 0 & 1 \end{bmatrix} - \frac{1}{66.6124} \begin{bmatrix} 0 \\ 10.4031 \\ 5 \end{bmatrix} [0\ ,\ 10.4031\ ,\ 5]$$

$$= \begin{bmatrix} 1 & 0 & 0 \\ 0 & -0.6265 & -0.7809 \\ 0 & -0.7809 & 0.6265 \end{bmatrix}$$

이다. 식 (6-43)의 반복식을 수행하면

$$A^{(2)} = PA^{(1)}P = \begin{bmatrix} 1 & 0 & 0 \\ 0 & -0.6265 & -0.7809 \\ 0 & -0.7809 & 0.6265 \end{bmatrix} \begin{bmatrix} 1 & 4 & 5 \\ 4 & -3 & 0 \\ 5 & 0 & 7 \end{bmatrix} \begin{bmatrix} 1 & 0 & 0 \\ 0 & -0.6265 & -0.7809 \\ 0 & -0.7809 & 0.6265 \end{bmatrix}$$

$$= \begin{bmatrix} 1 & -6.40312 & 0 \\ -6.40312 & 3.09756 & -4.87805 \\ 0 & -4.87805 & 0.90244 \end{bmatrix}$$

이므로 삼중대각행렬로 변환이 되었음을 알 수 있다. ■

다음은 프로그램을 실행시켜 삼중대각행렬을 생성한 결과를 확인한 것이다.

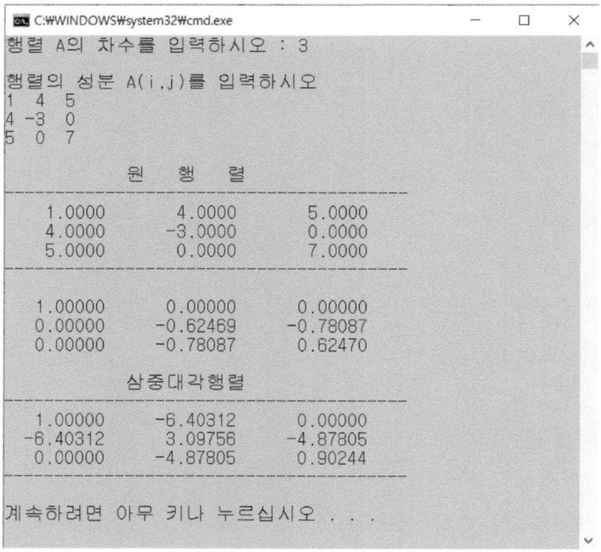

```
C:\WINDOWS\system32\cmd.exe
행렬 A의 차수를 입력하시오 : 3

행렬의 성분 A(i,j)를 입력하시오
1 4 5
4 -3 0
5 0 7

             원  행  렬
----------------------------------------
    1.0000       4.0000       5.0000
    4.0000      -3.0000       0.0000
    5.0000       0.0000       7.0000
----------------------------------------

   1.00000      0.00000      0.00000
   0.00000     -0.62469     -0.78087
   0.00000     -0.78087      0.62470

             삼중대각행렬
----------------------------------------
   1.00000     -6.40312      0.00000
  -6.40312      3.09756     -4.87805
   0.00000     -4.87805      0.90244
----------------------------------------

계속하려면 아무 키나 누르십시오 . . .
```

그림 6-8 삼중대각행렬 만들기

이제부터는 삼중대각행렬의 고윳값을 계산하는 방법에 대하여 다루어본다. n차 정방행렬 T는 대칭인 삼중대각행렬이며, T의 특성다항식을 $f_n(\lambda)$라고 하면

$$f_n(\lambda)=\begin{bmatrix} b_1-\lambda & c_1 & 0 & 0\cdots & 0 & 0 & 0 \\ d_1 & b_2-\lambda & c_2 & 0\cdots & 0 & 0 & 0 \\ 0 & d_2 & b_3-\lambda & c_3\cdots & 0 & 0 & 0 \\ \vdots & \vdots & \vdots & \vdots\cdots & \vdots & \vdots & \vdots \\ \vdots & \vdots & \vdots & \vdots\cdots & \vdots & \vdots & \vdots \\ 0 & 0 & 0 & 0\cdots & d_{n-2} & b_{n-1}-\lambda & c_{n-1} \\ 0 & 0 & 0 & 0\cdots & 0 & d_{n-1} & b_n-\lambda \end{bmatrix} \qquad (6\text{-}46)$$

가 된다. 이제 차수가 1, 2인 경우부터 다루어보자.

$$f_1(\lambda)=b_1-\lambda \qquad (6\text{-}47)$$

$$f_2(\lambda)=\begin{bmatrix} b_1-\lambda & c_1 \\ c_1 & b_2-\lambda \end{bmatrix}=(b_2-\lambda)f_1(\lambda)-c_1^2 \qquad (6\text{-}48)$$

차수가 3인 경우는 제3행에 관하여 Laplace 전개하면 된다.

$$\begin{aligned} f_3(\lambda) &= \begin{bmatrix} b_1-\lambda & c_1 & 0 \\ c_1 & b_2-\lambda & c_2 \\ 0 & c_2 & b_3-\lambda \end{bmatrix} \\ &= (b_1-\lambda)(b_2-\lambda)(b_3-\lambda)-[c_{12}(b_3-\lambda)+c_{12}(b_3-\lambda)] \\ &= (b_3-\lambda)f_2(\lambda)-c_2^2 f_1(\lambda) \end{aligned} \qquad (6\text{-}49)$$

마찬가지로 차수가 4인 경우도 제4행에 관하여 전개하면

$$f_4(\lambda)=\begin{bmatrix} b_1-\lambda & c_1 & 0 & 0 \\ c_1 & b_2-\lambda & c_2 & 0 \\ 0 & c_2 & b_3-\lambda & c_3 \\ 0 & 0 & c_3 & b_4-\lambda \end{bmatrix}=(b_4-\lambda)f_3(\lambda)-c_3^2 f_2(\lambda) \qquad (6\text{-}50)$$

가 된다. 이와 같이 마지막 행에 관하여 Laplace 전개를 계속하면

$$f_k(\lambda) = (b_k - \lambda) f_{k-1}(\lambda) - c_{k-1}^2 f_{k-2}(\lambda) \qquad k = 2,3,\ldots,n \tag{6-51}$$

인 반복식을 얻을 수 있다. 단, 초기치는 $f_0(\lambda) = 1$ 이고, 고윳값은 $f_k(\lambda) = 0$ 을 만족하는 해이다.11)

【예제 6-14】 다음 행렬 A의 고윳값을 구하여라.

$$A = \begin{bmatrix} 2 & -1 & 0 \\ -1 & 5 & 4 \\ 0 & 4 & 1 \end{bmatrix}$$

【해】 삼중대각행렬의 모양을 하고 있으므로 특성다항식을 계산하여 보면

$$\begin{cases} f_0(\lambda) = 1 \\ f_1(\lambda) = 2 - \lambda \\ f_2(\lambda) = (5-\lambda)(2-\lambda) - (-1)^2 = \lambda^2 - 7\lambda + 9 \\ f_3(\lambda) = (\lambda^2 - 7\lambda + 9)(1-\lambda) - 4^2(2-\lambda) = -\lambda^3 + 8\lambda^2 - 23 \end{cases}$$

이므로 고윳값은 $f_3(\lambda) = -\lambda^3 + 8\lambda^2 - 23 = 0$ 을 만족한다. 따라서 구하는 고윳값은 $\lambda = 7.602011\ ,\ 1.949741\ ,\ -1.551752$ 이다. ■

```
import numpy as np
eig = np.linalg.eig
A = np.matrix([ [2,-1,0], [-1,5,4], [0,4,1] ])
print("EIgenvalue = ", eig(A)[0])
```

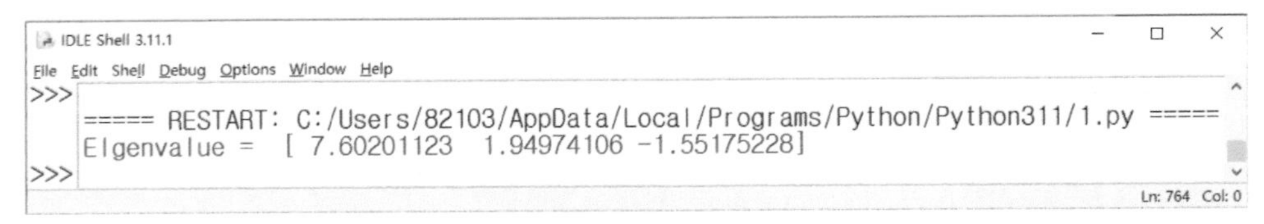

그림 6-9 고유치

11) λ 에 관한 다항식이므로 Bairstow 방법을 사용하면 모든 λ 값을 구할 수 있다.

6. Jacobi 방법

대칭행렬의 고윳값을 구하는 방법인 Jacobi 방법은 고윳값을 구하려는 행렬 A에 대하여 임의의 직교행렬 U를 $U^TAU=D$(대각행렬)가 되도록 결정한 후 행렬의 대각선 요소로부터 고윳값을 구하는 방법이다.

Jacobi 방법은 연속적으로 직교변환을 통하여 행렬 A를 대각행렬로 바꾸는 것이다.

【정의 6-7】 i,j행과 i,j열을 θ만큼 회전시키는 $i-j$ 회전행렬 (rotation matrix) R_{ij}는 다음과 같이 정의한다.

$$R_{ij}=\begin{bmatrix} 1 & \cdots & 0 & \cdots & 0 & \cdots & 0 \\ \vdots & \cdots & \vdots & \cdots & \vdots & \cdots & \vdots \\ 0 & \cdots & \cos\theta & \cdots & -\sin\theta & \cdots & 0 \\ \vdots & \cdots & \vdots & \cdots & \vdots & \cdots & \vdots \\ 0 & \cdots & \sin\theta & \cdots & \cos\theta & \cdots & 0 \\ \vdots & \cdots & \vdots & \cdots & \vdots & \cdots & \vdots \\ 0 & \cdots & 0 & \cdots & 0 & \cdots & 1 \end{bmatrix} \begin{matrix} \\ \\ i\text{행} \\ \\ j\text{행} \\ \\ \\ \end{matrix} \quad (i\text{열},\ j\text{열}) \tag{6-52}$$

【정리 6-9】 대칭행렬의 서로 다른 고윳값에 대응하는 고유벡터는 직교한다.

【정리 6-10】 임의의 대칭행렬 A에 대하여 A의 고윳값을 주대각 성분으로 갖는 대각행렬을 D라고 하면

$$U^TAU=U^{-1}AU=D \tag{6-53}$$

를 만족하는 직교행렬 U가 존재한다.

A와 D는 상사(similar)이므로 【정리 6-4】에 의하여 두 행렬의 고윳값은 동일하다. 만일 D가 고윳값으로 이루어진 대각행렬이면 식 (6-53)으로부터

$$UD=UU^TAU=AU \tag{6-54}$$

가 성립하므로 U는 고유벡터로 이루어진 행렬이 된다. 특히 U 행렬의 i 열은

고윳값 λ_i의 i 번째 고유벡터에 대응한다.

이제부터는 비대각성분이 모두 0이 되게 만드는 과정을 다루어보기로 한다. 회전행렬(rotation matrix) $R_{ij}(\theta)$에서 i,j 행과 i,j 열로 구성된 직교행렬 U를

$$U = \begin{bmatrix} \cos\theta & -\sin\theta \\ \sin\theta & \cos\theta \end{bmatrix} \quad (6\text{-}55)$$

라고 하자.

이제 식 (6-55)를 사용하여 2차 정방행렬 A를 대각행렬로 변환하여보자.

$$U^T A U = \begin{bmatrix} \cos\theta & \sin\theta \\ -\sin\theta & \cos\theta \end{bmatrix} \begin{bmatrix} a_{11} & a_{12} \\ a_{21} & a_{22} \end{bmatrix} \begin{bmatrix} \cos\theta & -\sin\theta \\ \sin\theta & \cos\theta \end{bmatrix} = \begin{bmatrix} b_{11} & b_{12} \\ b_{21} & b_{22} \end{bmatrix} = B \quad (6\text{-}56)$$

라고 놓으면

$$\begin{aligned} b_{11} &= a_{11}\cos^2\theta + a_{22}\sin^2\theta + 2a_{12}\sin(\theta)\cos(\theta) \\ b_{12} = b_{21} &= a_{12}(\cos^2\theta - \sin^2\theta) + (a_{22} - a_{11})\sin(\theta)\cos(\theta) \\ b_{22} &= a_{11}\sin^2\theta + a_{22}\cos^2\theta - 2a_{12}\sin(\theta)\cos(\theta) \end{aligned} \quad (6\text{-}57)$$

인 관계식이 얻어진다. 만일 $b_{12} = b_{21} = 0$이면 비대각요소는 모두 0이 되므로 행렬 B는 대각행렬이 된다. 식 (6-57)에서 $b_{ij} = b_{ji} = 0$을 만족하는 θ (라디안)를 구하면

$$\theta = \begin{cases} \dfrac{1}{2} Tan^{-1}\left[\dfrac{2a_{12}}{a_{11} - a_{22}}\right], & a_{11} \neq a_{22} \\ \dfrac{\pi}{4}, & a_{11} = a_{22} \end{cases} \quad (6\text{-}58)$$

【예제 6-15】 행렬 A에 대하여 U^TAU가 대각행렬로 되는 직교행렬 U를 구하여라.

$$A=\begin{bmatrix}-1 & -3 & 0\\ -3 & -1 & 0\\ 0 & 0 & 1\end{bmatrix}$$

【해】 행렬 A의 특성다항식은 $f(\lambda)=-(\lambda-1)(\lambda-2)(\lambda+4)$ 이므로 고윳값은 $\lambda=1,2,-4$이다. 이들 고윳값 각각에 대응하는 고유벡터를 구해보면

$$\begin{bmatrix}0\\0\\1\end{bmatrix}\quad\begin{bmatrix}-1\\1\\0\end{bmatrix}\quad\begin{bmatrix}1\\1\\0\end{bmatrix}$$

이다. 이러한 세 개의 벡터를 정규화 하여 단위 고유벡터를 만들고, 이 단위벡터를 열로 하는 행렬을 만들면 구하는 직교행렬이 된다. 즉

$$U=\begin{bmatrix}0 & \frac{1}{\sqrt{2}} & \frac{1}{\sqrt{2}}\\ 0 & -\frac{1}{\sqrt{2}} & \frac{1}{\sqrt{2}}\\ 1 & 0 & 0\end{bmatrix}$$ ■

이상의 결과를 일반화하여보자. 만일 A가 대칭행렬이고 행렬 B가

$$B=R_{ij}^T(\theta)\,A\,R_{ij}(\theta)$$

이면 B는 대칭행렬이 된다. 이 식을 전개하면

$$b_{ij}=b_{ji}=a_{ij}(\cos^2\theta-\sin^2\theta)+(a_{jj}-a_{ii})\sin(\theta)\cdot\cos(\theta)$$
$$b_{ii}=a_{ii}\cos^2\theta+a_{jj}\sin^2\theta+2a_{ij}\sin(\theta)\cdot\cos(\theta)$$
$$b_{jj}=a_{ii}\sin^2\theta+a_{jj}\cos^2\theta-2a_{ij}\sin(\theta)\cdot\cos(\theta)$$

만일 모든 i,j 에 대하여 $b_{ij}=b_{ji}=0$이면 비대각요소(off diagonal elements)는 모두 0이 되며, 따라서 행렬 B는 대각행렬이 된다. 여기서 $b_{ij}=b_{ji}=0$을 만족하는 θ (라디안)를 구하면

$$\theta=\begin{cases}\dfrac{1}{2}Tan^{-1}\left[\dfrac{2a_{ij}}{a_{ii}-a_{jj}}\right], & a_{ii}\neq a_{jj}\\ \dfrac{\pi}{4}, & a_{ii}=a_{jj}\end{cases}$$

가 된다.

일반적으로 비대각요소는 0이 아니므로 비대각요소 중에서 절댓값이 큰 것부터 차례로 소거하는 과정을 반복하면 대각행렬에 가까워지는 데, 이를 Jacobi 방법이라 한다.[12)]

【예제 6-16】 다음 행렬에 Jacobi 방법을 사용하여 고윳값과 고유벡터를 구하여라.

$$A=\begin{bmatrix}1 & 2\\ 2 & 1\end{bmatrix}$$

【해】 $a_{11}=a_{22}$이므로 $\theta=45^o$ 이다. 따라서 직교행렬 U는

$$U=\frac{1}{\sqrt{2}}\begin{bmatrix}1 & -1\\ 1 & 1\end{bmatrix}$$

이다. 따라서

$$U^TAU=\frac{1}{\sqrt{2}}\begin{bmatrix}1 & 1\\ -1 & 1\end{bmatrix}\begin{bmatrix}1 & 2\\ 2 & 1\end{bmatrix}\begin{bmatrix}1 & -1\\ 1 & 1\end{bmatrix}=\frac{1}{2}\begin{bmatrix}6 & 0\\ 0 & -2\end{bmatrix}=D$$

12) <<프로그램 6-5>>를 사용하여 고윳값을 구할 때의 주의할 점은 고윳값이 복소수(complex number)의 형태일 때는 무한루프를 만들면서 처리가 되지 않는다는 것이다. 프로그램 실행 결과에서의 주대각성분이 고윳값이다.

따라서 고윳값은 $\lambda = 3, -1$ 이다. U 행렬의 i 열은 고윳값 λ_i의 i 번째 고유벡터에 대응하므로 각각에 대응하는 고유벡터 $\mathbf{x}_1, \mathbf{x}_2$는 다음과 같다.

$$\mathbf{x}_1 = \frac{1}{\sqrt{2}}\begin{bmatrix} 1 \\ 1 \end{bmatrix} \qquad \mathbf{x}_2 = \frac{1}{\sqrt{2}}\begin{bmatrix} -1 \\ 1 \end{bmatrix} \quad \blacksquare$$

♣ 연습문제 ♣

1. 다음 행렬의 고윳값과 고유벡터를 구하여라.

(1) $A=\begin{bmatrix} 2 & 7 \\ 1 & 2 \end{bmatrix}$ (2) $A=\begin{bmatrix} 1 & 3 \\ 4 & 0 \end{bmatrix}$

(3) $A=\begin{bmatrix} 2 & -2 & 3 \\ 1 & 1 & 1 \\ 1 & 3 & -1 \end{bmatrix}$

2. 다음 행렬은 직교행렬임을 보여라

$$U=\begin{bmatrix} \frac{1}{\sqrt{5}} & -\frac{2}{\sqrt{5}} \\ \frac{2}{\sqrt{5}} & \frac{1}{\sqrt{5}} \end{bmatrix}$$

3. 다음 두 개의 행렬은 상사행렬임을 보여라.

$$A=\begin{bmatrix} 1 & 1 \\ -1 & 4 \end{bmatrix} \quad B=\begin{bmatrix} 2 & 1 \\ 1 & 3 \end{bmatrix}$$

4. 다음 행렬 A를 대각화하는 행렬 P를 구하고 $P^{-1}AP$를 계산하라.

(1) $A=\begin{bmatrix} 1 & 0 \\ 6 & -1 \end{bmatrix}$ (2) $A=\begin{bmatrix} 1 & 0 & 0 \\ 0 & 1 & 1 \\ 0 & 1 & 1 \end{bmatrix}$

5. 다음 행렬은 대각화가능이 아님을 보여라.

$$A = \begin{bmatrix} 3 & 0 & 0 \\ 0 & 2 & 0 \\ 0 & 1 & 2 \end{bmatrix}$$

6. 멱승법과 수정멱승법을 사용하여 다음 행렬의 최대고윳값과 최대고유벡터를 구하여라. 단, (1)번의 초기고유벡터는 $\mathbf{x}_0 = [1, 1]^T$ 이고, (2)번의 초기고유벡터는 $\mathbf{x}_0 = [1, 1, 0]^T$ 으로 한다.

(1) $A = \begin{bmatrix} 18 & 17 \\ 2 & 3 \end{bmatrix}$ (2) $A = \begin{bmatrix} 10 & 2 & 1 \\ 2 & 10 & 1 \\ 2 & 1 & 10 \end{bmatrix}$

7. 다음 대칭행렬을 3중 대각행렬로 변환하라.

$$A = \begin{bmatrix} 3 & 2 & 4 \\ 2 & 2 & 0 \\ 4 & 0 & 3 \end{bmatrix}$$

8. Householder의 방법으로 다음 행렬의 고윳값을 구하여라. 단, 값이 계산되는 중간 절차를 써라.

$$A = \begin{bmatrix} 3 & 2 & 4 \\ 1 & 2 & 0 \\ 4 & 0 & 3 \end{bmatrix}$$

9. 다음 행렬 A로부터 $U^T A U$가 대각행렬로 되는 직교행렬 U를 구하여라.

$$A = \begin{bmatrix} 4 & 2 & 2 \\ 2 & 4 & 2 \\ 2 & 2 & 4 \end{bmatrix}$$

10. Jacobi 방법을 사용하여 다음 행렬의 고윳값과 고유벡터를 구하여라.

$$A = \begin{bmatrix} 2 & -1 & 0 \\ -1 & 2 & -1 \\ 0 & -1 & 2 \end{bmatrix}$$

프로그램 모음

<< 프로그램 6-1 : 멱승법 >>

```
#include "stdafx.h"
#include "stdio.h"
#include "math.h"

int main()
{
    float a[10][10],b[10],x[10];
    int i,j,n,loop;
    printf("행렬의 차수를 입력하시오. ");
    scanf("%d",&n);
    printf("행렬 A(i,j)의 성분을 입력하시오.\n");
    for(i=1;i<=n;i++)
        for(j=1;j<=n;j++)
            scanf("%f",&a[i][j]);
    printf("초기치 x(1),...,x(n) 을 입력하시오 : ");
    for(i=1;i<=n;i++)
        scanf("%f",&x[i]);
    printf("         x1                  x2                  비율          \n") ;
    printf(" ----------------------------------------------------\n") ;
    for(loop=1;loop<=15;loop++){
        for(i=1;i<=n;i++){
            b[i]=0;
            for(j=1;j<=n;j++)
                b[i]+=a[i][j]*x[j];
        }
        for(i=1;i<=n;i++)
            x[i]=b[i];
        printf(" %3d      ",loop);
        for(i=1;i<=n;i++)
        printf("%12.4e   ",x[i]);
        printf("%12.4e \n",x[1]/x[2]);
    }
    printf(" ----------------------------------------------------\n");
}
```

<< 프로그램 6-2 : 수정멱승법 >>

```
#include "stdafx.h"
#include "stdio.h"
#include "math.h"

void swap(float *u, float *v);

int main()
{
    float a[10][10], b[10], x[10], big;
    int i, j, n, loop;
    printf("행렬의 차수를 입력하시오. ");
    scanf("%d",&n);
    printf("행렬 A(i,j)의 성분을 입력하시오.\n");
    for(i=1;i<=n;i++)
        for(j=1;j<=n;j++)
            scanf("%f",&a[i][j]);
    printf("초기치 x(1),...,x(n)을 입력하시오. : ");
    for(i=1;i<=n;i++)
        scanf("%f",&x[i]);
    printf("\n");
    printf("-------------------------------------------\n");
    printf("  i        x(1)        x(2)      x(1)/x(2)\n");
    printf("-------------------------------------------\n");
    for(loop=1;loop<=15;loop++){
        for(i=1;i<=n;i++){
            b[i]=0;
            for(j=1;j<=n;j++)
                b[i]+=a[i][j]*x[j];
        }
        for(i=1;i<=n;i++)
        for(j=i;j<=n;j++)
            if(x[i]>x[j]) swap(&x[i],&x[j]);
        for(i=1;i<=n;i++)
            x[i]=b[i]/x[n];
        printf(" %2d",loop);
        for(i=1;i<=n;i++)
        printf("%12.5f",x[i]);
        printf("%12.5f\n", x[1]/x[2]);
    }
    printf("-------------------------------------------\n");
}

void swap(float *u,float *v)
```

```
{
float temp;
      temp = *u;
      *u = *v;
      *v = temp;
}
```

<< 프로그램 6-3 : 역멱승법 >>

```
#include "stdafx.h"
#include "stdio.h"
#include "math.h"
int main()
{
float a[10][10], b[10], x[10], big, ratio, temp;
int i, j, l, m, n, loop;
    printf("행렬의 차수를 입력하시오: ");
    scanf("%d",&n);
    printf("행렬 A(i,j)의 성분을 입력하시오. \n ");
    for(i=1;i<=n;i++)
        for(j=1;j<=n;j++)
            scanf("%f",&a[i][j]);
    l=n*2;
    for(i=1;i<=n;i++){
        for(j=n+1;j<=l;j++){
            a[i][j]=0;
            if(j==(n+i)) a[i][j]=1;
        }
    }
    for(m=1;m<=n;m++){
        for(i=1;i<=n;i++){
            if(m==i) goto multi;
            ratio=a[i][m]/a[m][m];
        multi : for(j=1;j<=l;j++)
                    a[i][j]-=ratio*a[m][j];
        }
    }

    for(i=1;i<=n;i++)
        for(j=n+1;j<=l;j++)
            a[i][j]/=a[i][i];

    for(i=1;i<=n;i++)
```

```
        for(j=n+1;j<=l;j++)
            a[i][j-n]=a[i][j];
    printf("\n초기치 x(1),...,x(n)을 입력하시오. : ");
    for(i=1;i<=n;i++)
        scanf("%f",&x[i]);
    printf("\n");
    printf("----------------------------\n");
    printf("  i          x(1)         x(2)         \n");
    printf("----------------------------\n");
    for(loop=1;loop<=15;loop++){
        for(i=1;i<=n;i++){
            b[i]=0;
            for(j=1;j<=n;j++)
                b[i]+=a[i][j]*x[j];
        }
        for(i=1;i<=n;i++)
            x[i]=b[i];
        for(i=1;i<=n;i++)
        for(j=i;j<=n;j++)
            if(x[i]>x[j]) goto z;
            temp = x[i];
            x[i] = x[j];
            x[j] = temp;
    z : for(i=1;i<=n;i++)
            x[i]=x[i]/x[n];
        printf(" %2d",loop);
        for(i=1;i<=n;i++)
        printf("%12.5f",x[i]);
        printf("\n");
    }
    printf("----------------------------\n");
}
```

<< 프로그램 6-4 : Householder 방법 (삼중대각행렬 만들기) >>

```
#include "stdafx.h"
#include "stdio.h"
#include "math.h"

int main()
{
    float a[5][5],d[5][5],p[5][5],pa[5][5],u[5],ut[5],uut[5][5],s,g,h;
    int i,j,k,m,n,sign;
```

```
printf("행렬 A의 차수를 입력하시오 : ");
scanf("%d",&n);
for(i=1;i<=n;i++)
     for(j=1;j<=n;j++){
          d[i][j]=0;
          if(i==j) d[i][i]=1;
     }
printf("\n행렬의 성분 A(i,j)를 입력하시오 \n");
for(i=1;i<=n;i++)
     for(j=1;j<=n;j++)
          scanf("%f",&a[i][j]);
printf("\n                    원  행  렬\n");
printf("----------------------------------------\n");
for(i=1;i<=n;i++){
     for(j=1;j<=n;j++)
          printf("%10.4f     ",a[i][j]);
     printf("\n");
}
printf("----------------------------------------\n\n");
for(m=1;m<=n-2;m++){
     s=0;
     for(i=m+1;i<=n;i++)
          s+=a[i][m]*a[i][m];
     sign=a[m+1][m]/abs(a[m+1][m]);
     g=sqrt(s)*sign;
     h=g*g+g*(a[m+1][m]);
     for(i=1;i<=m;i++)
          u[i]=0;
          u[m+1]=a[m+1][m]+g;
     for(i=m+2;i<=n;i++)
          u[i]=a[i][m];
     for(i=1;i<=n;i++)
          ut[i]=u[i];
     for(i=1;i<=n;i++)
          for(j=1;j<=n;j++)
               uut[i][j]=0;
     for(i=1;i<=n;i++)
          for(j=1;j<=n;j++)
               uut[i][j]+=u[i]*ut[j];

     for(i=1;i<=n;i++)
          for(j=1;j<=n;j++)
               p[i][j]=d[i][j]-uut[i][j]/h;
     for(i=1;i<=n;i++){
```

```
            for(j=1;j<=n;j++)
                printf("%10.5f     ",p[i][j]);
        printf("\n");
        }
        printf("\n");

        for(i=1;i<=n;i++)
            for(j=1;j<=n;j++){
                pa[i][j]=0;
                for(k=1;k<=n;k++)
                pa[i][j]+=p[i][k]*a[k][j];
            }
                  for(i=1;i<=n;i++)
            for(j=1;j<=n;j++)
                a[i][j]=0;
        for(i=1;i<=n;i++)
            for(j=1;j<=n;j++)
                for(k=1;k<=n;k++)
                a[i][j]+=pa[i][k]*p[k][j];
        printf("                    삼중대각행렬\n");
        printf("---------------------------------------\n");
        for(i=1;i<=n;i++){
            for(j=1;j<=n;j++)
                printf("%10.5f     ",a[i][j]);
            printf("\n");
        }
        printf("---------------------------------------\n\n");
    }
}
```

<< 프로그램 6-5 : Jacobi 방법 (고윳값의 계산) >>

```
#include "stdafx.h"
#include "stdio.h"
#include "math.h"

int main()
{
    float a[5][5], x[5][5], y[5][5], xt[5][5], big, s, c, theta, s1;
    int i, j, k, ia, ib, n;
    printf("행렬의 차수를 입력하시오 : ");
    scanf("%d",&n);
```

```
    printf("\n행렬의 성분 x(i,j)를 입력하시오.\n");
    for(i=1;i<=n;i++)
        for(j=1;j<=n;j++)
            scanf("%f",&a[i][j]);
    printf("\n");
    printf("        Jacobi 변환행렬 \n");
    printf("------------------------------\n");
strt :  big=a[1][2];
    ia=1;
    ib=2;
    for(i=1;i<=n-1;i++)
        for(j=i+1;j<=n;j++)
            if( fabs(big) < fabs( a[i][j] )){
            big=a[i][j];
            ia=i;
            ib=j;
        }
    if(fabs(big)<1e-6) goto stp;
        i=ia;
        j=ib;
            if(a[i][i]==a[j][j]) theta=atan(1.);
            else theta=atan(2*a[i][j]/(a[i][i]-a[j][j]))/2;
        c=cos(theta);
        s=sin(theta);
    for(i=1;i<=n;i++)
        for(j=1;j<=n;j++){
            x[i][j]=0;
            xt[i][j]=0;
        }
    for(i=1;i<=n;i++)
        for(j=1;j<=n;j++){
            if(i==j) {
                      x[i][j]=1;
                     xt[i][j]=1;
            }
            x[ia][ia]=c;
            x[ia][ib]=s;
            x[ib][ia]=-s;
            x[ib][ib]=c;
            xt[ia][ia]=c;
            xt[ia][ib]=-s;
            xt[ib][ia]=s;
            xt[ib][ib]=c;
        }
```

```
    for(i=1;i<=n;i++)
        for(j=1;j<=n;j++){
            s1=0;
            for(k=1;k<=n;k++){
                s1+=x[i][k]*a[k][j];
                y[i][j]=s1;
            }
        }
    for(i=1;i<=n;i++)
        for(j=1;j<=n;j++){
            s1=0;
            for(k=1;k<=n;k++){
                s1+=y[i][k]*xt[k][j];
                a[i][j]=s1;
            }
        }
    goto strt;
stp: ;
    for(i=1;i<=n;i++){
        for(j=1;j<=n;j++)
            printf("%10.5f",a[i][j]);
        printf("\n");
    }
    printf("--------------------------------\n\n");
}
```

제7장 수치미적분

학습목표

· 미분의 수학적 개념에 대해 학습한다.
  - Lagrange 보간법을 이용하여 3점, 4점, 5점 등의 미분계수를 계산하기
  - Richardson 보외법

· 적분의 수학적 개념에 대해 학습한다.
  - 구분구적법
  - 사다리꼴 공식
  - Simpson 공식
  - Romberg 공식

· 무한구간 적분과 관련된 여러 가지의 적분법에 대해 공부한다.
  - Gauss 구적법
  - Hermite 구적법
  - Laguerre 구적법
  - Chebyshev 구적법

제1절 수치미분

미분계수는 함수 $y=f(x)$가 주어졌을 때 $x=x_0$에서의 접선의 기울기이다. 해석학적으로는 함수 $f(x)$의 도함수를 구한 다음에 $x=x_0$에서의 값을 찾으면 된다. 하지만 함수가 주어졌다고 해서 미분계수가 구해지는 것은 아니다. 일반적으로 초월함수 등은 도함수를 구하기 어렵기 때문에 수치해석적 방법으로 미분계수를 계산해야 한다. 이제 하나의 예를 들어보기로 한다.

【예제 7-1】 다음 함수에 대하여 $x=2$ 에서의 미분계수를 구하여라.

$$f(x) = Sin^{-1}\frac{x}{2} \quad (7\text{-}1)$$

[1]

【해】 $f'(2) = \frac{1}{\sqrt[3]{-1}}$ 이다. ■

미분을 잘하는 사람이라면 쉽게 문제를 해결할 수 있겠지만 미적분학을 다룬 지 오래된 사람은 막막한 느낌이 들 것이다. 하지만 컴퓨터를 이용하면 이러한 어려움은 없어지게 된다. 이제부터는 컴퓨터를 이용하여 미분계수의 근사해를 구할 수 있는 여러 방법을 다루어 보기로 한다.

1. Lagrange 보간공식을 이용하는 방법

여기서 다룰 수치미분은 앞에서 논의한 보간법을 이용하는 데, 일반적으로 독립변수 x가 등간격 인가를 고려할 필요가 없는 Lagrange 보간공식을 사용하여 구한다.[2]

---

1) 전미분을 사용하여 계산할 수 있으며 $f'(x) = \frac{1}{\sqrt[3]{1-x^2/2}}$ 이다.

2) Newton의 전향계차 보간공식을 사용한 경우가 참고문헌 [3] (PP. 202-204)에 설명되어 있다.

일반적으로 $(n+1)$ 개의 점 $P_0(x_0,y_0), P_1(x_1,y_1), \ldots, P_n(x_n,y_n)$ 을 지나는 Lagrange 보간다항식을 고려하여보자. 만일 Lagrange 계수다항식 $L_i(x)$ 를

$$L_i(x) = \prod_{j=0}^{n} \frac{x-x_j}{x_i-x_j}, \quad i \neq j \ (i=0,1,2,\ldots,n) \tag{7-2}$$

라고 하면 Lagrange 보간공식은 다음과 같다.

$$f(x) = \sum_{i=0}^{n} L_i(x) f(x_i) \tag{7-3}$$

이제 식 (7-3)을 미분하면

$$f'(x) = \sum_{i=0}^{n} L_i'(x) f(x_i) \tag{7-4}$$

이므로 다음과 같은 정리를 얻을 수 있다.

【정리 7-1】 함수 $f(x)$는 구간 $[a,b]$내에서 연속이고 미분가능이라 하자. 만일 $x_k \in [a,b] \ (k=0,1,\ldots n)$ 이면

$$f'(x_k) = \sum_{i=0}^{n} L_i'(x_k) f(x_i) \tag{7-5}$$

【예제 7-2】 $x_i = x_0 + ih \ (i=0,1,2)$ 이고 함수 $f(x)$는 구간 $[x_0, x_2]$에서 연속이고 미분가능이라고 할 때 $f'(x_0)$를 구하여라.

【해】 세 점을 지나므로

$$f'(x_k) = L_0'(x_k) f(x_0) + L_1'(x_k) f(x_1) + L_2'(x_k) f(x_2), \ \ k=0,1,2$$

이다. 여기서 식 (7-2)에 따른 Lagrange 계수다항식은

$$\begin{cases} L_0(x) = \dfrac{(x-x_1)\times(x-x_2)}{(x_0-x_1)\times(x_0-x_2)} = \dfrac{(x-x_0-h)\times(x-x_0-2h)}{(-h)\times(-2h)} \\ L_1(x) = \dfrac{(x-x_0)\times(x-x_2)}{(x_1-x_0)\times(x_1-x_2)} = \dfrac{(x-x_0)\times(x-x_0-2h)}{(h)\times(-h)} \\ L_2(x) = \dfrac{(x-x_0)\times(x-x_1)}{(x_2-x_0)\times(x_2-x_1)} = \dfrac{(x-x_0)\times(x-x_0-h)}{(2h)\times(h)} \end{cases} \quad (7\text{-}6)$$

이므로 다음 관계식을 얻는다.

$$\begin{cases} L_0'(x) = \dfrac{(x-x_0-2h)+(x-x_0-h)}{2h^2} \\ L_1'(x) = -\dfrac{(x-x_0-2h)+(x-x_0)}{2h^2} \\ L_2'(x) = \dfrac{(x-x_0-h)+(x-x_0)}{2h^2} \end{cases} \quad (7\text{-}7)$$

따라서

$$L_0'(x_0) = -\frac{3h}{2h^2},\ L_1'(x_0) = \frac{2h}{h^2},\ L_2'(x_0) = -\frac{h}{2h^2}$$

가 된다. 이 값을 식 (7-5)에 대입하면 다음과 같은 식을 얻는다.

$$\begin{aligned} f'(x_0) &= L_0'(x_0)f(x_0) + L_1'(x_0)f(x_1) + L_2'(x_0)f(x_2) \quad (7\text{-}8) \\ &= -\frac{3h}{2h^2}f(x_0) + \frac{2h}{h^2}f(x_1) - \frac{h}{2h^2}f(x_2) \\ &= \frac{1}{2h}\{-3f(x_0) + 4f(x_1) - f(x_2)\} \end{aligned}$$

식 (7-8)은 미분계수를 구하는 3점 공식 중의 하나이다.[3] 참고로 미분계수를 구하는 3점 공식은 다음과 같은 세 가지 방법이 있다.

---

3) x_0에 관해 전개시킨 공식이다.

미분계수를 구하는 3점 공식

$$f'(x_0) = \frac{1}{2h}\{-3f(x_0) + 4f(x_1) - f(x_2)\} + O(h) \qquad (7\text{-}9\text{-}a)$$

$$f'(x_0) = \frac{1}{2}\{-f(x_{-1}) + f(x_1)\} + O(h) \qquad (7\text{-}9\text{-}b)$$

$$f'(x_0) = \frac{1}{2h}\{f(x_{-2}) - 4f(x_{-1}) + 3f(x_0)\} + O(h) \qquad (7\text{-}9\text{-}c)$$

<< 프로그램 7-1 >>을 이용하여 식 (7-9-a)의 3점 미분계수를 계산하려면 "미분계수 계산에 사용되는 점의 개수"는 3이 된다. 첫째 좌표점의 index를 0으로 만들어야 하므로 index는 0부터 시작하여 1씩 증가시키면 된다.[4] 또한 1차 미분계수를 구하는 문제이므로 도함수의 차수는 1로 놓아야 한다.

"도함수의 공식" 중의 첫째 줄이 +[-3.0000 / (2.0000*h^1) * f(0*h) 라고 쓰여진 것을 볼 수 있는 데, 이것은

$$+\frac{1}{2h}[-3.00000f(0*h)] = \frac{1}{2h}[-3.00000f(x_0)]$$

를 의미한다.

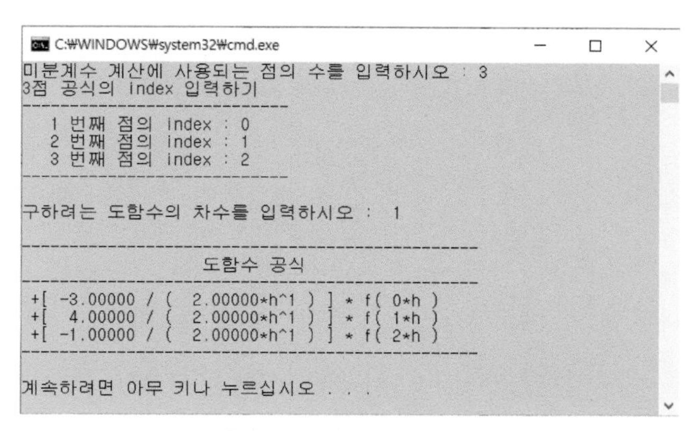

그림 7-1 **3점 공식 (7-9-a)**

4) 만일 (7-9-b)의 미분공식을 구하려면 index는 -1부터 시작한다.

【예제 7-3】 $x_i = x_0 + ih\ (i = 0,1,2,3)$이고 함수 $f(x)$는 구간 $[x_0, x_3]$에서 연속이고 미분가능이라고 할 때 $f'(x_0)$를 구하여라.

【해】 $f'(x_k) = \sum_{i=0}^{3} L_i'(x_k) f(x_i)$ 이고, 이때의 Lagrange 계수다항식은

$$\begin{cases} L_0(x) = \dfrac{(x-x_1)\times(x-x_2)\times(x-x_3)}{(x_0-x_1)\times(x_0-x_2)\times(x_0-x_3)} \\ L_1(x) = \dfrac{(x-x_0)\times(x-x_2)\times(x-x_3)}{(x_1-x_0)\times(x_1-x_2)\times(x_1-x_3)} \\ L_2(x) = \dfrac{(x-x_0)\times(x-x_1)\times(x-x_3)}{(x_2-x_0)\times(x_2-x_1)\times(x_2-x_3)} \\ L_3(x) = \dfrac{(x-x_0)\times(x-x_1)\times(x-x_2)}{(x_3-x_0)\times(x_3-x_1)\times(x_3-x_2)} \end{cases}$$

이므로

$$\begin{cases} L_0'(x) = \ \ \dfrac{1}{6h^3}\{(x-x_2)(x-x_3)+(x-x_1)(x-x_3)+(x-x_1)(x-x_2)\} \\ L_1'(x) = \ \ \dfrac{1}{2h^3}\{(x-x_2)(x-x_3)+(x-x_0)(x-x_3)+(x-x_0)(x-x_2)\} \\ L_2'(x) = -\dfrac{1}{2h^3}\{(x-x_1)(x-x_3)+(x-x_0)(x-x_3)+(x-x_0)(x-x_1)\} \\ L_3'(x) = \ \ \dfrac{1}{6h^3}\{(x-x_1)(x-x_2)+(x-x_0)(x-x_2)+(x-x_0)(x-x_1)\} \end{cases}$$

이다. 이 식에 $L_i'(x_0)\ (i = 0,1,2,3)$의 값을 계산하여 식 (7-8)에 대입하면

$$\begin{aligned} f'(x_k) &= \sum_{i=0}^{3} L_i'(x_k) f(x_i) \qquad \blacksquare \qquad (7\text{-}10) \\ &= \frac{1}{6h}\{-11f(x_0) + 18f(x_1) - 9f(x_2) + 2f(x_3)\} \end{aligned}$$

식 (7-10)은 미분계수를 구하는 4점 공식 중의 하나이다. 참고로 미분계수를 구하는 4점 공식을 소개하면 다음과 같다.

미분계수를 구하는 4점 공식

$$f'(x_0)=\frac{1}{6h}\{-11f(x_0)+18f(x_1)-9f(x_2)+2f(x_3)\}+O(h) \quad (7\text{-}11\text{-}a)$$

$$f'(x_0)=\frac{1}{6h}\{-2f(x_{-1})-3f(x_0)+6f(x_1)-f(x_2)\}+O(h) \quad (7\text{-}11\text{-}b)$$

$$f'(x_0)=\frac{1}{6h}\{f(x_{-2})-6f(x_{-1})+3f(x_0)+2f(x_1)\}+O(h) \quad (7\text{-}11\text{-}c)$$

$$f'(x_0)=\frac{1}{6h}\{-2f(x_{-3})+9f(x_{-2})-18f(x_{-1})+11f(x_0)\}+O(h) \quad (7\text{-}11\text{-}d)$$

<< 프로그램 7-1 >>을 이용하여 식 (7-11-c)의 미분계수를 계산하려면 “미분계수 계산에 사용되는 점의 개수”는 4이고 세 번째 좌표점의 index를 0으로 만들기 위해 index는 -2부터 시작하여 1씩 증가시키면 된다.

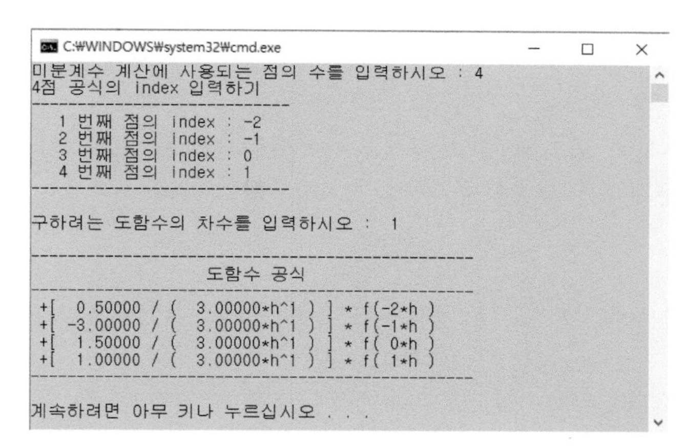

그림 7-2 식 (7-11-c)

【예제 7-4】 다음 자료로부터 $f'(2)$를 계산하라.[5]

x	0	1	2	3	4	5
y	-5	-9	-1	31	99	215

5) 주어진 자료를 만족하는 함수는 $f(x)=2x^3-6x-5$ 이다. 따라서 $f'(x)=6x^2-6$ 이므로 $f'(2)=18$ 이다.

【해】 독립변수의 간격은 $h=1$ 이며, 미분계수를 구하는 3점 공식 (7-9-a), (7-9-b)를 사용하면

$$f'(2)=\frac{1}{2\times 1}[-3\times(-1)+4\times 31-99]=14$$

$$f'(2)=\frac{1}{2\times 1}[-(-9)+31]=20$$

가 된다. 이상의 결과를 보면 어느 값이 $f'(2)$의 값인지를 알 수가 없을 뿐 아니라 어느 것도 참인 미분계수(18)가 아니다.

이제 4점 공식을 이용하여 미분계수를 계산하면

$$f'(2)=\frac{1}{6\times 1}[-11\times(-1)+18\times 31-9\times 99+2\times 215]=18$$

$$f'(2)=\frac{1}{6\times 1}[-2\times(-9)-3\times(-1)+6\times 31-99]=18$$

따라서 4점 공식에 의하여 $f'(2)=18$ 이 얻어지며, 점의 수가 많을수록 보다 정확한 미분계수를 제공함을 알 수 있다.[6] ■

【예제 7-5】 미분계수를 구하는 4점 공식을 사용하여 $f'(3)$ 을 계산하여라.

x	2	3	4	5
$f(x)=x^3$	8	27	64	125

【해】 $x=3$ 에서의 미분계수를 구하는 것이므로 $x=3$ 에서의 index가 0 이 된다. << 프로그램 7-2 >>를 실행시켜 "계산에 사용되는 점의 개수"는 4, index 값은 -1부터 시작하고 좌표점을 입력한다. 도함수의 차수 1을 입력하면 index의 값이 0일 때의 x 좌표 값에 대한 미분계수 $f'(3)$의 값을 출력한다.

6) 4점 공식으로 미분계수를 계산하는 방식은 네 가지가 있으나, 편의상 식 (7-11-a), (7-11-b) 만을 사용하였다.

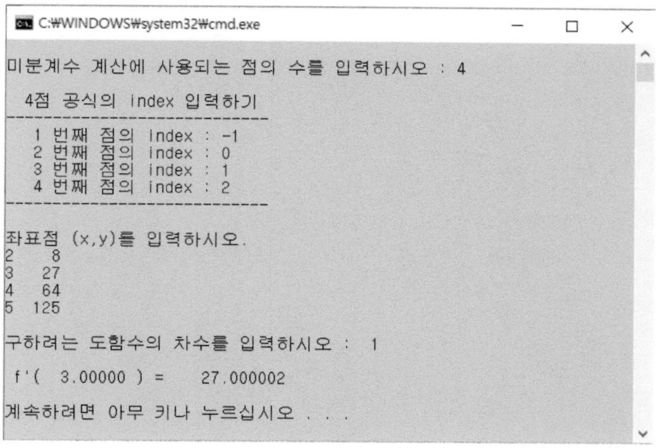

```
C:\WINDOWS\system32\cmd.exe
미분계수 계산에 사용되는 점의 수를 입력하시오 : 4

 4점 공식의 index 입력하기
-----------------------------
   1 번째 점의 index : -1
   2 번째 점의 index : 0
   3 번째 점의 index : 1
   4 번째 점의 index : 2
-----------------------------

좌표점 (x,y)를 입력하시오.
2   8
3   27
4   64
5  125

구하려는 도함수의 차수를 입력하시오 : 1

 f'(  3.00000 ) =     27.000002

계속하려면 아무 키나 누르십시오 . . .
```

그림 7-3 4점 공식을 이용한 미분계수

이제부터는 2계 미분계수를 구하는 방법을 다루어본다. 함수 $f(x)$를 Taylor 전개한 뒤, (x_0+h)와 (x_0-h)에 대하여 계산하면

$$f(x_0+h)=f(x_0)+f'(x_0)h+\frac{f''(x_0)}{2!}h^2+\frac{f'''(x_0)}{3!}h^3+\frac{f^{(4)}(x_0)}{4!}h^4+\cdots$$
$$f(x_0-h)=f(x_0)-f'(x_0)h+\frac{f''(x_0)}{2!}h^2-\frac{f'''(x_0)}{3!}h^3+\frac{f^{(4)}(x_0)}{4!}h^4-\cdots$$

가 된다. 두 식으로부터 $f'(x_0)h$ 항을 소거하고 $f''(x_0)$에 관하여 정리하면

$$\begin{aligned} f''(x_0) &= \frac{f(x_0-h)-2f(x_0)+f(x_0+h)}{h^2}-\frac{f^{(4)}(x_0)}{12}+\cdots \\ &= \frac{f(x_0-h)-2f(x_0)+f(x_0+h)}{h^2}+O(h^2) \end{aligned} \tag{7-12}$$

를 얻는다. 다음은 << 프로그램 7-1 >>을 이용하여 2계 미분계수를 구하는 3점 공식 그림이다.

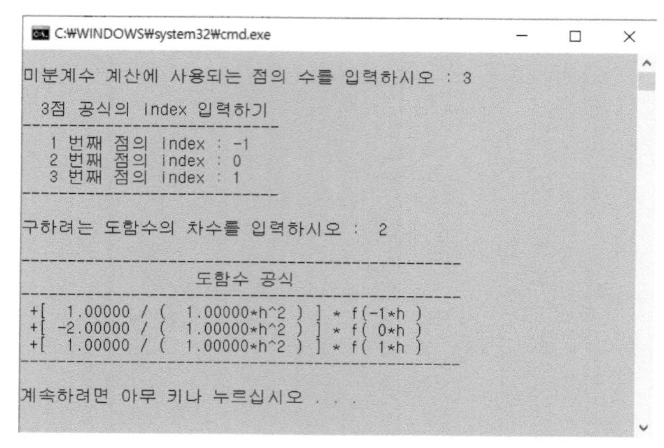

그림 7-4 2계 미분계수를 구하는 3점 공식

2계 미분계수를 구하는 공식을 몇 가지만 소개하면 다음과 같다.

2계 미분계수를 구하는 3점 공식

$$f''(x_0) = \frac{f(x_0) - 2f(x_1) + f(x_2)}{h^2} + O(h^2)$$

$$f''(x_0) = \frac{f(x_{-1}) - 2f(x_0) + f(x_1)}{h^2} + O(h^2)$$

$$f''(x_0) = \frac{f(x_{-2}) - 2f(x_{-1}) + f(x_0)}{h^2} + O(h^2)$$

2계 미분계수를 구하는 5점 공식

$$f''(x_0) = \frac{35f(x_0) - 104f(x_1) + 114f(x_2) - 56f(x_3) + 11f(x_4)}{12h^2} + O(h^2)$$

$$f''(x_0) = \frac{11f(x_{-1}) - 20f(x_0) + 6f(x_1) + 4f(x_2) - f(x_3)}{12h^2} + O(h^2)$$

$$f''(x_0) = \frac{-f(x_{-2}) + 16f(x_{-1}) - 30f(x_0) + 16f(x_1) - f(x_2)}{12h^2} + O(h^2)$$

$$f''(x_0) = \frac{-f(x_{-3}) + 4f(x_{-2}) + 6f(x_{-1}) - 20f(x_0) + 11f(x_1)}{12h^2} + O(h^2)$$

$$f''(x_0) = \frac{11f(x_{-4}) - 56f(x_{-3}) + 114f(x_{-2}) - 104f(x_{-1}) + 35f(x_0)}{12h^2} + O(h^2)$$

【예제 7-6】 다음 자료로부터 $f''(1.4)$를 계산하라.

x	1.2	1.3	1.4	1.5	1.6
y	1.509461	1.698382	1.904301	2.129279	2.375568

【해】 5점 공식을 사용해야 한다. $f''(1.4)$를 계산하는 문제이므로 index는 -2부터 1씩 증가시킨다. 2차 미분계수를 구하는 문제이므로 도함수의 차수는 2로 한다. 다음은 이상의 사항을 고려하여 프로그램을 실행시킨 결과이다.[7)]

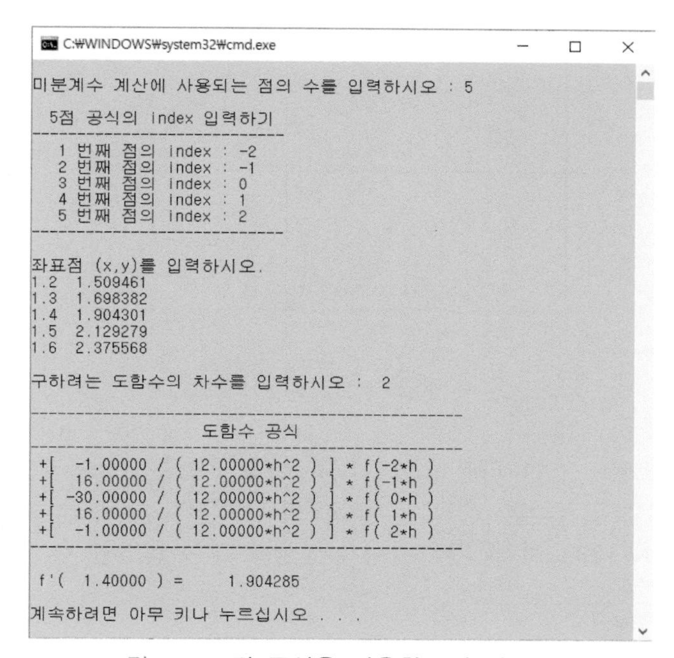

그림 7-5 **5점 공식을 이용한 2계 미분계수**

함수 $f(x)$가 다항식이 아닌 경우에는 점의 수를 늘리더라도 원하는 미분계수를 구하기 어렵다.

---

7) 그림에서는 일차 도함수의 미분계수처럼 보이는 데, 이차 도함수 형태로 처리하지 못하였을 뿐이며, 결과는 이차 도함수의 미분계수임을 밝혀둔다.

【예제 7-7】 다음 자료로부터 $f''(4)$를 4점 공식으로 계산하라.

x	2	3	4	5	6	7
$f(x)=x\sin(x)$	1.8186	0.4237	-3.0272	-4.7946	-1.6765	4.5981

【해】 먼저 $f(x)=x\sin(x)$그림을 그려보면 다음과 같다.[8)]

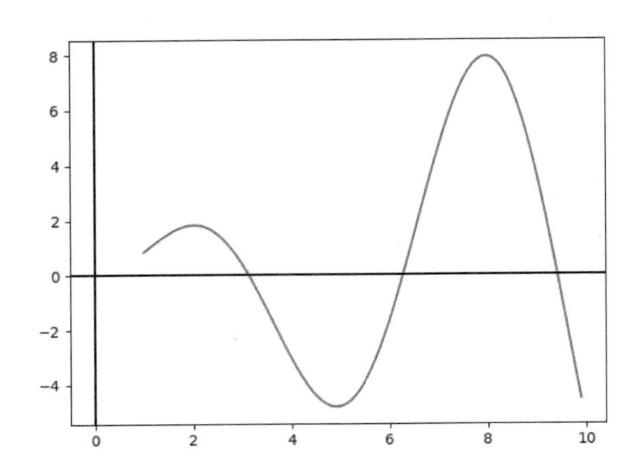

그림 7-6 $f(x)=x\sin(x)$의 그래프

6개의 점을 모두 사용하려면 $x=4$의 index를 0으로 만들어야 한다. 도함수의 차수에는 2를 입력하면 $f''(4)=1.7283$ 이 얻어진다. 하지만 실제의 미분계수는 $f''(4)=1.7199$ 로서 약간의 차이가 발생한 것을 확인할 수 있다. ■

8) 파이썬 프로그램

```
import matplotlib.pyplot as plt
import numpy as np
import math
x = np.arange(1,10, 0.1)
y = np.sin(x)
z = x*y
plt.plot(x,z)
plt.axhline(y=0,color='black')
plt.axvline(x=0, color='black')
plt.savefig('d:/fig6')
plt.show()
```

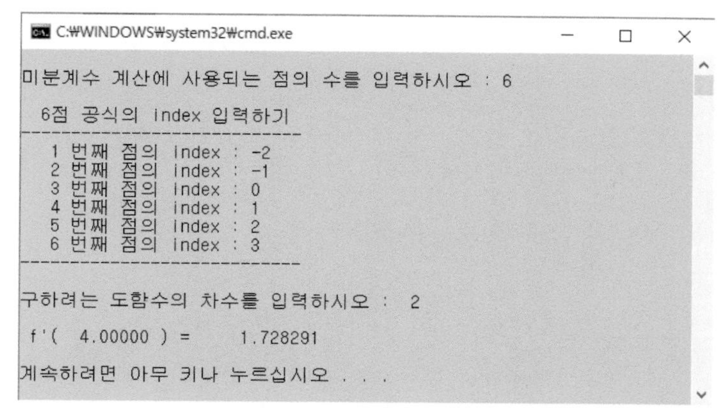

그림 7-7 2계 미분계수 $f''(4)$의 값

2. Richardson 보외법 (Richardson extrapolation)[9]

함수 $f(x)$를 $x = x_0$에서 Taylor 급수전개하면

$$f(x) = f(x_0) + (x - x_0)f'(x_0) + \frac{(x-x_0)^2}{2!}f''(x_0) + \frac{(x-x_0)^3}{3!}f'''(x_0) \qquad (7\text{-}13)$$
$$+ \frac{(x-x_0)^4}{4!}f^{(4)}(x_0) + \frac{(x-x_0)^5}{5!}f^{(5)}(x_0) + \cdots$$

이다. 그러면 식 (7-13)으로부터 다음과 같은 두 개의 식을 얻을 수 있다.

$$f(x_1) = f(x_0) + hf'(x_0) + \frac{h^2}{2!}f''(x_0) + \frac{h^3}{3!}f'''(x_0) \qquad (7\text{-}14)$$
$$+ \frac{h^4}{4!}f^{(4)}(x_0) + \frac{h^5}{5!}f^{(5)}(x_0) + \cdots$$

$$f(x_{-1}) = f(x_0) - hf'(x_0) + \frac{h^2}{2!}f''(x_0) - \frac{h^3}{3!}f'''(x_0) \qquad (7\text{-}15)$$
$$+ \frac{h^4}{4!}f^{(4)}(x_0) - \frac{h^5}{5!}f^{(5)}(x_0) + \cdots$$

9) 앞에서도 나타난 바 있지만, Richardson 보외법에서는 $(x+\alpha h) \to x_\alpha$ 로 나타내기로 한다. 예를 들면 $(x-2h) \to x_{-2}$, $(x+3h) \to x_3$ 등으로 표기한다.

식 (7-14)와 식 (7-15)로부터

$$f(x_1)-f(x_{-1})=2hf'(x_0)+\frac{h^3}{3}f'''(x_0)+\frac{2h^5}{5!}f^{(5)}(x_0)+\cdots \qquad (7\text{-}16)$$

을 얻을 수 있으며, 양변을 $2h$로 나누면

$$\frac{f(x_1)-f(x_{-1})}{2h}=f'(x_0)+\frac{h^2}{6}f'''(x_0)+\frac{h^4}{5!}f^{(5)}(x_0)+\cdots \qquad (7\text{-}17)$$

$$=f'(x_0)++\frac{h^2}{6}f'''(x_0)+O(h^4)$$

이제 $N(h)=\dfrac{f(x+h)-f(x-h)}{2h}$ 라고 하면 식 (7-17)은

$$f'(x_0)=N(h)-\frac{h^2}{6}f'''(x_0)-\frac{h^4}{5!}f^{(4)}(x_0)+O(h^4) \qquad (7\text{-}18)$$

로 바꿀 수 있다. 만일 구간을 $h\rightarrow\dfrac{h}{2}$ 로 축소하면

$$f'(x_0)=N(\frac{2}{h})-\frac{h^2}{24}f'''(x_0)+O(h^4) \qquad (7\text{-}19)$$

가 될 것이다. 식 (7-29) 를 4배하고 식 (7-18) 에 (-1)을 곱하여 두 식을 더하면, 즉

$$4\times f'(x_0)=4N(\frac{2}{h})-4\frac{h^2}{24}f'''(x_0)+O(h^4) \qquad (7\text{-}19)'$$

$$+\ )\ -f'(x_0)=-N(h)+\frac{h^2}{6}f'''(x_0)+\frac{h^4}{5!}f^{(5)}(x_0)+O(h^4) \qquad (7\text{-}18)'$$

$$3f'(x_0)=4N(\frac{h}{2})-N(h)+O(h^4)$$

를 얻을 수 있다. 이를 정리하면

$$f'(x_0) = \frac{4N(\frac{h}{2}) - N(h)}{3} + O(h^4) \qquad (7\text{-}20)$$

이렇게 오차를 줄여 나가는 방식을 Richardson 보외법이라 한다.

【예제 7-8】 $f(x) = xe^x$ 일 때 $h = 0.2$ 로 하여 $f'(2.0)$ 의 값을 Richardson의 보외법으로 구하여라.
【해】 함수값을 4자리까지만 계산하여 표를 만들면 다음과 같다.[10)]

x	1.8	1.9	2.1	2.2
$f(x)$	10.8894	12.7032	17.149	19.855

$$f'(2.0) \approx \frac{f(2.1) - f(1.9)}{2 \times 0.1} = N(\frac{h}{2}) = 22.229$$
$$f'(2.0) \approx \frac{f(2.2) - f(1.8)}{2 \times 0.2} = N(h) = 22.414$$

이므로 $f'(2.0) = \dfrac{4 \times 22.229 - 22.414}{3} = 22.1673$ ■ (7-21)

이제 함수 Q를 근사식 $F(h)$로 표현하여 보자. 즉,

$$Q \simeq F(h), \; h \text{ 는 매우 작은 값} \qquad (7\text{-}22)$$

라 하자. 식 (7-22)에서 4사 5입 오차를 고려하지 않는다면

$$\tau(h) = Q - F(h) \qquad (7\text{-}23)$$

10) $f'(x) = e^x + xe^x = (1+x)e^x$ 이다. 실제로 $f'(2.0) = 22.1672$ 이다.

의 관계가 성립한다. 여기서 $\tau(h)$는 절단오차(truncation error)이다. 그런데 $h \to 0$일 때 $\tau(h)$가 감소하는 비율로는 $\tau(h)$를 Maclaurin 급수전개 하였을 때의 제 1 항으로 한다. 즉

$$\tau(h) = C \times h^n + O(h^m),\ n < m \tag{7-24}$$

따라서

$$Q = F(h) + C \times h^n + O(h^m) \tag{7-25}$$

으로 표현할 수 있다. 이로부터 다음과 같은 Richardson 보외법의 정리가 얻어진다.

【정리 7-2】 구간 h에서 함수 Q의 근사식을 $Q = F(h) + C \times h^n + O(h^m)$이라고 하면, 구간 αh에서의 근사식은 다음과 같다.

$$Q = \frac{\alpha^n F(h) - F(\alpha h)}{\alpha^n - 1} + O(h^m),\ m > n \tag{7-26}$$

【예제 7-9】 $f'(x_0)$를 구하는 3점 공식에 Richardson 보외법을 적용시켜라.

【해】 $Q = f'(x_0)$, $F(h) = \dfrac{f(x_1) - f(x_{-1})}{2h}$ [11)]

로 놓고 【정리 7-2】를 적용하면

$$f'(x_0) = \frac{\alpha^n \dfrac{f(x_1) - f(x_{-1})}{2h} - \dfrac{f(x_\alpha) - f(x\_\alpha)}{2\alpha h}}{\alpha^n - 1} + O(h^m) \tag{7-27}$$

가 된다. 여기서 $\alpha = 2, n = 2$를 대입하면 ($m > n$)

11) 여기서 x_α는 $(x + \alpha h)$ 를 의미한다.

$$f'(x_0)=\frac{4\dfrac{f(x_1)-f(x_{-1})}{2h}-\dfrac{f(x_2)-f(x\_2)}{4h}}{4-1}+O(h^m)$$

$$=\frac{f(x_{-2})-8f(x_{-1})+8f(x_1)-f(x_2)}{12h}+O(h^m) \quad \blacksquare \qquad (7\text{-}28)$$

【예제 7-10】 $f''(x_0)$를 구하는 3점 공식에 $\alpha=2, n=2$로 하여 Richardson의 보외법을 적용하라.

【해】 식 (7-12)에서

$$F(h)=\frac{f(x_{-1})-2f(x_0)+f(x_1)}{h^2} \qquad (7\text{-}29)$$

라고 놓은 뒤, 【정리 7-2】를 적용하면

$$f''(x_0)=\frac{\alpha^n\dfrac{f(x_{-1})-2f(x_0)+f(x_1)}{h^2}-\dfrac{f(x\_\alpha)-2f(x_0)+f(x_\alpha)}{\alpha^2h^2}}{\alpha^n-1}+O(h^m)$$

가 되며 윗 식에 $\alpha=2, n=2$ 를 대입하면 다음과 같은 식을 얻을 수 있다.

$$f''(x_0)=\frac{4\dfrac{f(x_{-1)}-2f(x_0)+f(x_1)}{h^2}-\dfrac{f(x_{-2})-2f(x_0)+f(x_2)}{4h^2}}{4-1}+O(h^m)$$

$$=\frac{-f(x_{-2})+16f(x_{-1})-30f(x_0)+16f(x_1)-f(x_2)}{12h^2}+O(h^m) \quad \blacksquare$$

2계 미분계수를 구하는 3점 공식에 Richardson 보외법을 적용한 것은 결국 2계 미분계수를 구하는 5점 공식의 셋째식과 일치함을 알 수 있다.

♣ 연습문제 ♣

1. 【예제 7-2】에서 $f'(x_1)$, $f'(x_2)$를 계산하라.

2. 【정리 7-2】를 증명하라.

3. 다음은 $x \in [0.475, 0.525]$ 에서의 $f(x) = Tan^{-1}(x)$의 값이다. $f'(0.5)$의 값을 $h = 0.005, 0.01, 0.02$로 하여 3점 공식으로 구하여라.

x	$Tan^{-1}(x)$	x	$Tan^{-1}(x)$
0.475	0.4434483	0.505	0.4676396
0.480	0.4475200	0.510	0.4716156
0.485	0.4515758	0.515	0.4755755
0.490	0.4556157	0.520	0.4795193
0.495	0.4596396	0.525	0.4834470
0.500	0.4636476		

4. 다음 표에서 $f'(1.1)$의 근사 값을 4점 공식으로 구하여라.

x	1.0	1.1	1.2	1.3
$f(x)$	-1.000	-0.869	-0.672	-0.403

5. 다음 표로부터 $f'(2.4)$를 4점 공식으로 구하여라.

x	2.0	2.2	2.4	2.6	2.8
$f(x)$	0.6932	0.7885	0.8755	0.9555	1.0296

6. 다음 표로부터 $x=1.1$ 일 때 , $(e^x)'$의 값을 $h=0.1, 0.05, 0.01$ 로 하여 계산하라.

x	1.00	1.05	1.09	1.10	1.11	1.15	1.20
e^x	2.7183	2.8577	2.9743	3.0042	3.0344	3.1582	3.3201

7. 함수 $f(x)=2x\times\sin(x)$에 대한 자료가 다음과 같이 주어져 있다. $h=0.05, 0.01$ 로 하여 $f''(1.05)$의 값을 구하여라.

x	1.00	1.04	1.06	1.10
$f(x)=2x\times\sin(x)$	1.68294	1.77330	1.81880	1.91034

제2절 수치적분

수학 공식을 이용하여 주어진 함수를 적분하려면 원시함수를 알아야 가능하다. 하지만 컴퓨터를 이용하면 이러한 원시함수를 구하지 않더라도 적분의 계산이 가능하다.

1. 구분구적법

구분구적법(區分求積法 mensuration)으로 연속함수 $f(x)$ 를 구간 $[a,b]$ 에서 적분하는 절차는 다음과 같다.

(1) 주어진 구간을 n 등분하고 각각의 구간에 대응하는 넓이를 계산한다.
(2) 모든 구간에서의 직사각형의 넓이를 더한다.
(3) $n \to \infty$ 로 하여 함수 $f(x)$의 적분을 구한다.

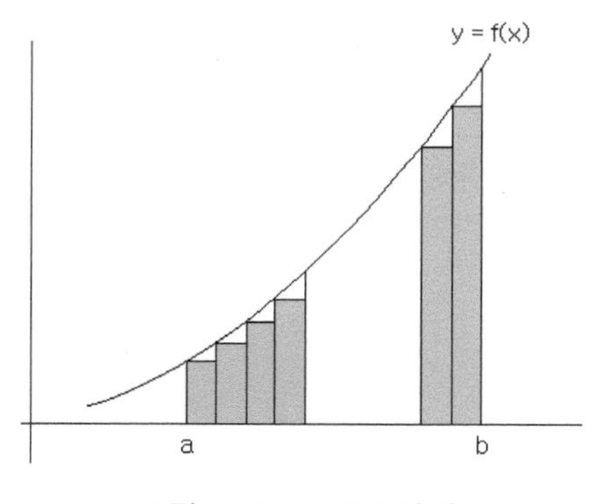

그림 7-8 **구분구적법**

【예제 7-11】 구간 $[1,2]$를 8등분하여 $f(x)=x^3+2$ 를 적분하여라.
【해】 주어진 구간을 8등분 하였으므로 직사각형의 밑변의 길이는 0.125 가 된다. 다음 그림을 참조하면 프로그램을 이용하여 구분구적법으로 적분한 값을

구하는 절차를 볼 수 있다.[12)]

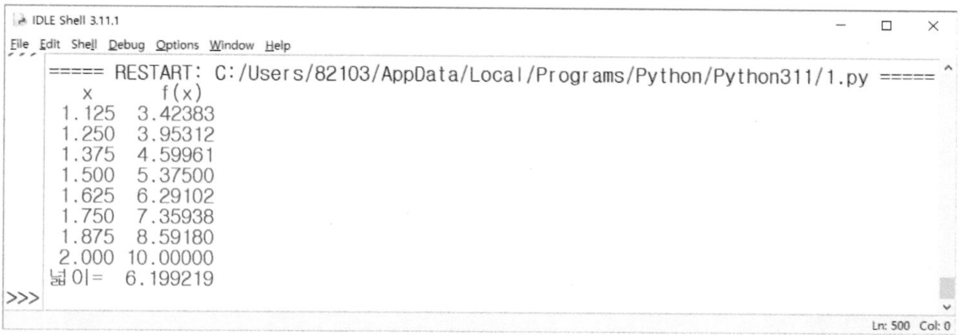

```
IDLE Shell 3.11.1
File Edit Shell Debug Options Window Help
===== RESTART: C:/Users/82103/AppData/Local/Programs/Python/Python311/1.py =====
   x       f(x)
 1.125  3.42383
 1.250  3.95312
 1.375  4.59961
 1.500  5.37500
 1.625  6.29102
 1.750  7.35938
 1.875  8.59180
 2.000 10.00000
넓이=  6.199219
>>>
Ln: 500  Col: 0
```

그림 7-9 **구간을 8등분한 적분 값**

구간을 8등분한 적분 값은 참값인 5.75 와는 상당한 차이가 있는데, 이것은 주어진 구간을 너무 넓게 나누었기 때문이다.

다음의 표는 구간 $[1,2]$ 를 n등분하여 $f(x)=x^3+2$ 를 구분구적법으로 적분한 결과이다. 이 표를 보면 구분구적법은 구간의 수가 많아질수록 참값에 근사한 결과를 나타냄을 알 수 있다.

구분구적법은 적분의 원리에 따라 계산하는 방법이지만 구간의 수가 많아야만 정확한 값을 얻을 수 있다는 것이 단점이다.

---

12) 구분구적법 파이썬 프로그램은 다음과 같다.

```
import numpy
k, s = 0, 0
a, b = 1, 2
n = 8
h = (b-a)/n
print("   x        f(x) " )
for i in numpy.arange(a, b, h) :
    k = k+1
    y = (a + k*h)**3 + 2
    s += (1/n) * y
    print("%6.3f"%(a+k*h), "%8.5f"%y)
print("넓이 = %10.6f" %s)
```

표 7-1 구분구적법

구간의 수	적분값	구간의 수	적분값
8	6.199219	500	5.757003
16	5.971680	1000	5.753499
50	5.820300	2000	5.751751
100	5.785074	5000	5.750693

2. 사다리꼴 공식

주어진 구간 $[a,b]$에서의 적분을 고려해보자. 다음의 그림에서 보는 것처럼 직사각형의 넓이(그림 7-10(a))보다는 사다리꼴의 넓이(그림 7-10(b))가 실제의 면적에 가깝다는 것을 알 수 있다. 여기서는 구간을 다섯 개로 나누어 대략의 넓이를 색칠하여 표시하였지만 구간의 수가 많아진다고 하더라도 동일하다.

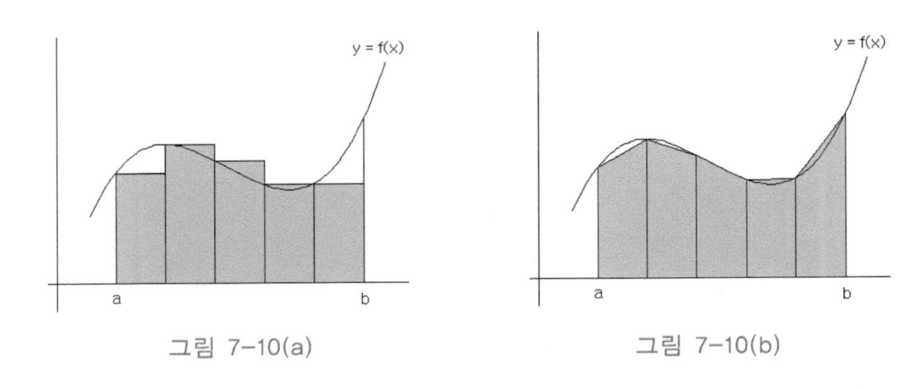

그림 7-10(a) 그림 7-10(b)

이제부터는 사다리꼴 공식을 일반화하여 본다. 구간이 2등분된 경우(구간의 폭을 h라 하자.)의 면적을 S_0, S_1 이라고 하면

$$S_0 = \frac{h}{2}[f(x_0) + f(x_1)] \qquad S_1 = \frac{h}{2}[f(x_1) + f(x_2)]$$

따라서 구간을 2등분한 경우의 면적은 다음과 같다.

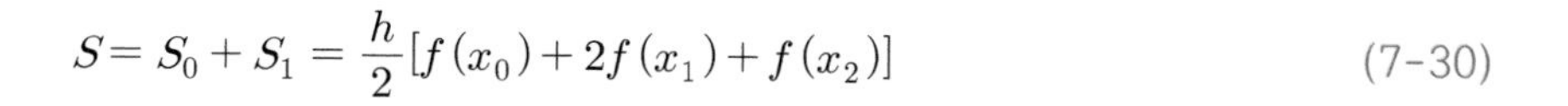

$$S = S_0 + S_1 = \frac{h}{2}[f(x_0) + 2f(x_1) + f(x_2)] \qquad (7\text{-}30)$$

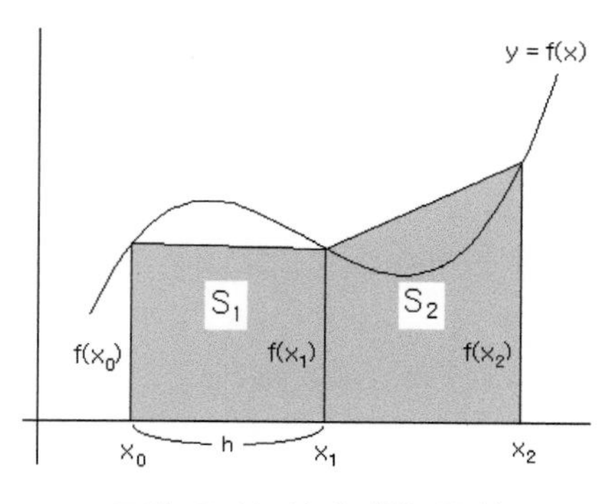

그림 7-11 **사다리꼴 공식**

이를 전체구간에 적용시켜 함수 $f(x)$의 정적분을 계산하는 방식을 사다리꼴 공식(traperzoidal rule)이라 한다.

【정리 7-3】 구간 $[a, b]$를 n등분하였을 때 함수 $f(x)$의 정적분은

$$\int_a^b f(x)\,dx \simeq \frac{h}{2}[f_0 + 2\cdot(f_1 + f_2 + \cdots + f_{n-1}) + f_n] \qquad (7\text{-}31)$$

여기서 $h = (b-a)/n$, $x_i = a + ih\ (i = 0, 1, 2, ..., n-1)$이고 $f_i = f(x_i)$이다.

【예제 7-12】 구간 $[1, 2]$를 8등분하여 $f(x) = x^3 + 2$를 사다리꼴 공식으로 적분하라.

【해】 $a = x_0 = 1$, $b = x_8 = 2$이고 $h = 0.125$ 이므로 적분 값은 다음과 같다.

$$S = \frac{0.125}{2}[f(1) + 2\{f(1.125) + f(1.25) + \cdots + f(1.875)\} + f(2)] = 5.761719 \quad ■$$

사다리꼴 공식에 파이썬 프로그램을 적용한 결과가 그림 7-12 에 나와 있다.

```
IDLE Shell 3.11.1
File Edit Shell Debug Options Window Help
>>>
    ===== RESTART: C:/Users/82103/AppData/Local/Programs/Python/Python311/1.py =====
    5.76171875
>>>
Ln: 963 Col: 0
```

그림 7-12 구간을 8등분한 적분 값

다음 표는 파이썬 프로그램을 실행시켜 계산된 적분 결과이다.[13]

표 7-2

구간의 수	구분구적법	사다리꼴 공식
8	6.199219	5.761719
16	5.971680	5.752930
50	5.820300	5.750300
100	5.785074	5.750075
500	5.757003	5.750003
1000	5.753499	5.750003
2000	5.751751	5.750004
5000	5.750693	5.750000

표 7-2 는 구간 $[1,2]$ 를 n 등분하여 $f(x)=x^3+2$ 를 적분한 결과이다. 이 표를 보면 사다리꼴 공식에 의한 적분이 구분구적법 적분보다는 좀 더 빠르게 참값(5.75)에 접근함을 알 수 있다.

---

13) 사다리꼴 공식 파이썬 프로그램

```
import numpy
def f(x) :
    return x**3 + 2
def trapezoid(f, a, b, n):
    h = (b - a)/n
    x = numpy.linspace(a,b,n+1)
    y = f(x)
    s = sum( 2*y[1:n] )
    print( (y[0] + s + y[n]) * h / 2 )
    return s
trapezoid(f, 1, 2, 8)
```

3. Simpson의 공식

앞의 사다리꼴 공식은 선형보간법에 의한 방식이고, Simpson의 공식은 주어진 구간을 2등분하여 이웃하는 두 구간 상에서의 곡선을 포물선(엄밀히는 2차함수)으로 대치하여 적분의 근사 값을 구하는 방법이라 할 수 있다. Simpson의 공식은 참값으로 수렴하는 속도가 다른 방법보다 빠르므로 수치적분에 많이 사용되고 있다.

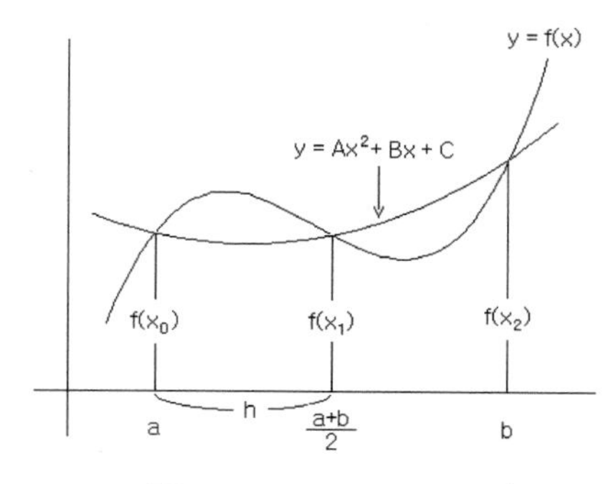

그림 7-13 Simpson 공식

2차함수 $f(x)=Ax^2+Bx+C$ 위의 세 점을 $(a,f(x_0)),(\frac{a+b}{2},f(x_1))$, $(b,f(x_2))$라고 하면

$$\begin{cases} f(x_0)=Aa^2+Ba+C \\ f(x_1)=A(\frac{a+b}{2})^2+B(\frac{a+b}{2})+C \\ f(x_2)=Ab^2+Bb+C \end{cases} \qquad (7\text{-}32)$$

인 관계식이 성립한다. 한편 포물선 $y=Ax^2+Bx+C$ 에 의한 적분 값은

$$\begin{aligned} \int_a^b (Ax^2+bx+C)dx &= \left[\frac{Ax^3}{3}+\frac{bx^2}{2}+Cx\right]_a^b \qquad (7\text{-}33) \\ &= \frac{A}{3}(b^3-a^3)+\frac{B}{2}(b^2-a^2)+C(b-a) \\ &= \frac{b-a}{6}\left[2A(b^2+ab+a^2)+3B(b+a)+6C\right] \end{aligned}$$

여기서 식 (7-33)의 대괄호 안을 계산하면 다음과 같다.

$$
\begin{aligned}
&2A(b^2+ab+a^2)+3B(b+a)+6C \\
&= Aa^2+Ba+C+Ab^2+Bb+C+A(a^2+2ab+b^2)+2B(a+b)+4C \\
&= f(x_0)+f(x_2)+4\left[A\frac{(a+b)^2}{2}+B\frac{(a+b)}{2}+C\right] \\
&= f(x_0)+4f(x_1)+f(x_2) \qquad (7\text{-}34)
\end{aligned}
$$

따라서 구간이 2등분 된 경우의 Simpson 공식에 의한 근사적분 값은 다음과 같다.

$$
\begin{aligned}
\int_a^b (Ax^2+Bx+C)dx &= \frac{b-a}{6}\{f(x_0)+4f(x_1)+f(x_2)\} \qquad (7\text{-}35) \\
&= \frac{h}{3}\{f(x_0)+4f(x_1)+f(x_2)\}
\end{aligned}
$$

단, $h=\frac{b-a}{2}$ 이다.

이제 구간$[a,b]$를 4등분한 경우를 다루어보자. 여기서 $h=\frac{b-a}{4}$, $x_1=a$, $x_i=a+ih\ (i=1,2,3)$, $x_4=a+4h=b$ 라 하자. 각각의 $x_i\ (i=0,1,..,4)$에 대응하는 함수 값을 $f(x_0), f(x_1), f(x_2), f(x_3), f(x_4)$ 라고 하면, 구간 $[x_0,x_2]$, $[x_2,x_4]$에서 Simpson의 공식을 적용하면

$$
\frac{h}{3}\{f(x_0)+4f(x_1)+f(x_2)\} \qquad \frac{h}{3}\{f(x_2)+4f(x_3)+f(x_4)\}
$$

이 된다. 따라서 구간 $[a,b]$에서의 근사적분 값은

$$
S=\frac{h}{3}\{f(x_0)+4f(x_1)+2f(x_2)+4f(x_3)+f(x_4)\} \qquad (7\text{-}36)
$$

이다. 일반적으로 구간 $[a,b]$를 $2n$등분하면

$$S = \frac{h}{3}[f(a) + 4\sum_{i=1}^{n-1} f(x_{2i}) + 2\sum_{i=1}^{n} f(x_{2i-1}) + f(b)] \quad (7\text{-}37)$$ [14]

여기서 $h = \frac{b-a}{2n}$, $x_i = a + ih\ (i = 0,1,2,...,2n-1)$, $x_{2n} = b$ 이다.

【예제 7-13】 구간 $[1, 2]$를 8등분하여 $f(x) = x^3 + 2$ 를 Simpson의 공식으로 적분하라.[15]

【해】 $a = x_0 = 1$, $b = x_8 = 2$ 이고 $h = 0.0625$ 이므로 적분 값은

$$S = \frac{0.0625}{3}\begin{bmatrix} f(1) + 4 \times \{f(1.125) + f(1.375) + f(1.625) + f(1.875)\} \\ +2 \times \{f(1.25) + f(1.5) + f(1.75)\} + f(2) \end{bmatrix}$$
$$= 5.75 \ ■$$

```
IDLE Shell 3.11.1
File Edit Shell Debug Options Window Help
>>>
    ===== RESTART: C:/Users/82103/AppData/Local/Programs/Python/Python311/1.py =====
    5.75
>>>
                                                                    Ln: 1326 Col: 0
```

그림 7-14 **구간을 8등분한 적분 값**

14) 구간이 반드시 $2n$등분되지 않아도 된다.

15) Simpson의 공식의 파이썬 프로그램

```
import numpy
def f(x) :
    return x**3 + 2
def simpson(f, a, b, n):
    h = (b - a)/n
    x = numpy.linspace(a,b,n+1)
    y = f(x)
    s_even = sum( y[1:n:2] )  #항의 개수가 다르므로
    s_odd = sum( y[2:n-1:2] ) #합을 따로따로 계산함
    s = y[0] + 4*s_even + 2*s_odd + y[n]
    print( s*h/3 )
simpson(f, 1, 2, 8)
```

다음의 표는 구간 $[1,2]$를 n 등분하여 $f(x)=x^3+2$ 를 적분한 결과이다. 이 결과를 보면 Simpson의 공식은 바로 정확한 정적분 값이 나오므로 사다리꼴 공식보다는 Simpson 의 공식이 빨리 참값(5.75)에 접근함을 알 수 있다.

표 7-3

구간의 수	사다리꼴 공식	Simpson 공식
8	5.761719	5.750000
16	5.752930	5.750000
100	5.750075	5.750000
500	5.750003	5.750000
1000	5.750003	5.750000
2000	5.750004	5.750000
5000	5.750000	5.750000

4. 사다리꼴 공식과 Simpson 공식의 관계

사다리꼴 공식에 의한 근사적분 값을 $T^{(k)}$라 하고 Simpson 공식에 의한 근사적분값을 $S^{(k)}$라고 하자. $f_{\frac{j}{n}}$은 구간을 n등분 하였을 때 $j\,(j=0,1,\ldots,n)$ 번째 x좌표에서의 함수 값이라고 하자. 그러면

$$T^{(0)}=\frac{b-a}{2}(f_0+f_1) \tag{7-38}$$

$$T^{(1)}=\frac{b-a}{4}(f_0+2f_{\frac{1}{2}}+f_1) \tag{7-39}$$

$$T^{(2)}=\frac{b-a}{8}(f_0+2f_{\frac{1}{4}}+2f_{\frac{2}{4}}+2f_{\frac{3}{4}}+f_1) \tag{7-40}$$

$$T^{(3)}=\frac{b-a}{8}\{f_0+2\times(f_{\frac{1}{8}}+2f_{\frac{2}{8}}+\cdots+2f_{\frac{7}{8}})+f_1\} \tag{7-41}$$

....

이므로 식 (7-38)과 식 (7-39)로부터

$$\frac{1}{3}(4T^{(1)} - T^{(0)}) = \frac{1}{3}(f_0 + 4f_{\frac{1}{2}} + f_1) = S^{(1)} \tag{7-42}$$

인 관계식을 얻게 된다. 마찬가지로 식 (7-39)와 식 (7-40)으로부터

$$\frac{1}{3}(4T^{(2)} - T^{(1)}) = \frac{1}{3}(f_0 + 4f_{\frac{1}{4}} + 2f_{\frac{2}{4}} + 4f_{\frac{3}{4}} + f_1) = S^{(2)} \tag{7-43}$$

인 관계식이 얻어진다. 일반적으로

$$\frac{1}{3}(4T^{(k)} - T^{(k-1)}) = S^{(k)} \qquad k = 1,2,3,\ldots \tag{7-44}$$

가 성립한다. 식 (7-44)의 우변은 사다리꼴 공식에 Richardson 보외법을 적용한 것이다. 즉, 사다리꼴 공식에 Richardson 보외법을 적용시키면 Simpson의 공식이 얻어진다.[16]

5. Romberg 공식

사다리꼴 공식에 Richardson의 보외법을 적용하여 보기로 한다. 다음은

$$h_0 = \frac{b-a}{m} \tag{7-45}$$

$$h_1 = \frac{b-a}{2m} \tag{7-46}$$

인 경우, 즉 $h_0 = 2h_1$ 인 경우의 사다리꼴 공식의 일반형이다.

$$S_1 = \int_a^b f(x)dx = \frac{h_0}{2}\{f(a) + f(b) + 2\sum_{i=1}^{m-1} f(a + ih_0)\} \tag{7-47}$$

$$S_2 = \int_a^b f(x)dx = \frac{h_1}{2}\{f(a) + f(b) + 2\sum_{i=1}^{2m-1} f(a + ih_1)\} \tag{7-48}$$

16) 식 (7-26)에서 $\alpha = 2, n = 2$ 인 경우이다.

두 식에 Richardson 보외법을 적용하면 ($\alpha=2, n=2$ 인 경우)

$$\begin{aligned}\int_a^b f(x)dx &= \frac{2^2 S_2 - S_1}{2^2-1} \\ &= \frac{1}{3}[2h_1\{f(a)+f(b)+2\sum_{i=1}^{2m-1} f(a+ih_1)\} - \frac{h_0}{2}\{f(a)+f(b)+2\sum_{i=1}^{m-1} f(a+ih_0)\}] \\ &= \frac{1}{3}[2h_1\{f(a)+f(b)+2\sum_{i=1}^{2m-1} f(a+ih_1)\} - h_1\{f(a)+f(b)+2\sum_{i=1}^{m-1} f(a+2ih_1)\}] \\ &= \frac{1}{3}[h_1\{f(a)+f(b)\}+4h_1\sum_{i=1}^{2m-1} f(a+ih_1)+2\sum_{i=1}^{m-1} f(a+2ih_1)] \\ &= \frac{h_1}{3}[f(a)+f(b)+2\sum_{i=1}^{m-1} f(a+2ih_1)+4\sum_{i=1}^{m} f(a+(2i-1)h_1)]\end{aligned}$$

인 관계식이 얻어지는데 이것은 Simpson 공식에 불과하다.

근사적분 값에 Richardson 보외법을 적용함으로써 보다 정확한 결과를 기대할 수 있는 데, 이러한 방법을 Romberg 적분법이라 한다. Romberg 적분공식의 유도는 다루지 않고, 계산의 편의를 위한 Romberg 적분 표를 소개한다.

표 7-4 Romberg 적분 표

T	S	C	D
$T^{(0)}$			
	$S^{(0)}=\frac{4T^{(1)}-T^{(0)}}{4-1}$		
$T^{(1)}$		$C^{(0)}=\frac{4^2S^{(1)}-S^{(0)}}{4^2-1}$	
	$S^{(1)}=\frac{4T^{(2)}-T^{(1)}}{4-1}$		$D^{(0)}=\frac{4^3C^{(1)}-C^{(0)}}{4^3-1}$
$T^{(2)}$		$C^{(1)}=\frac{4^2S^{(2)}-S^{(1)}}{4^2-1}$	
	$S^{(2)}=\frac{4T^{(3)}-T^{(2)}}{4-1}$		$D^{(1)}=\frac{4^3C^{(2)}-C^{(1)}}{4^3-1}$
$T^{(3)}$		$C^{(2)}=\frac{4^2S^{(3)}-S^{(2)}}{4^2-1}$	
	$S^{(3)}=\frac{4T^{(4)}-T^{(3)}}{4-1}$		....
$T^{(4)}$		....	
	....		
....			

여기서 사다리꼴 공식에 의한 근사적분값 $T^{(k)}$는 다음과 같다.

$$T^{(k)} = \frac{h}{2}[f(a) + 2\sum_{j=1}^{2^k-1} f(a+jh) + f(b)], \quad k = 0,1,2,... \tag{7-49}$$

【예제 7-14】 구간 $[1,2]$를 $2^n\,(n=1,2,3,4,5)$등분한 뒤, 사다리꼴 공식으로 함수 $f(x) = x^5 + 2$ 의 면적을 구하고 Romberg 방법으로 정적분의 값을 구하여라.

【해】 프로그램을 실행시켜 얻은 Romberg 적분 표는 다음과 같다.

```
C:₩WINDOWS₩system32₩cmd.exe

구간 [a , b]의 값을 입력하시오.
1 2

                Romberg table
--------------------------------------------
   T           S           C           D
--------------------------------------------
  14.04688     0.00000     0.00000     0.00000
  12.88965    12.50391     0.00000     0.00000
  12.59760    12.50024    12.50000     0.00000
  12.52441    12.50002    12.50000    12.50000
  12.50610    12.50000    12.50000    12.50000
  12.50153    12.50000    12.50000    12.50000
--------------------------------------------

계속하려면 아무 키나 누르십시오 . . .
```

그림 7-15 Romberg 적분 표

따라서 정적분의 값은 12.50 이다. ■

6. Gauss 구적법[17)]

앞에서 논의된 적분법들은 모두

$$\int_a^b f(x)dx \simeq w_1 f(x_1) + w_2 f(x_2) + \cdots + w_n f(x_n) \tag{7-50}$$

---

17) Gauss - Legendre 구적법이라고도 부른다.

의 형태를 사용하고 있다.

n 개의 표본점(sample point)과 n 개의 가중치(weight)가 결정되면 근사적분값이 계산된다. 여기서 표본점 $x_i\,(i=1,2,...,n)$는 등간격으로 주어지는 점이 아니라 Legendre 다항식의 근으로 결정한다.

Gauss 구적법을 계산할 때는 우선 정규화 된 구간 $[-1,1]$으로 제한하여 처리한다. 여기서 우리의 목표는 함수 $f(x)$에 대하여

$$\int_{-1}^{1} f(x)dx \simeq w_1 f(x_1) + w_2 f(x_2) + \cdots + w_n f(x_n) \tag{7-51}$$

이 되도록 $w_1, w_2, \ldots, w_n$ 과 $x_1, x_2, \ldots, x_n$ 을 결정하는 것이다. 여기서 w_k, x_k 를 Gauss weight, Gauss point 라고 부르며, 나머지항 R_n 은 다음과 같다.

$$R_n = \frac{2^{2n+1}(n!) f^{(2n)}(\xi)}{(2n+1)(2n!)^3}, \quad -1 < \xi < 1 \tag{7-52}$$

나머지는 $f(\xi)$에 비례하므로 $(2n-1)$차 다항식에서는 오차가 발생하지 않는다.

미지수는 $2n$ 개가 존재하므로 다항식 $f(x)$는 $2n$ 개의 미지수로 구성된 $(2n-1)$차 이하의 다항식이면 된다. 즉, 다항식을

$$f(x) = 1\ ,\ f(x) = x\ ,\ f(x) = x^2\ ,\ f(x) = x^3\ , \ldots , f(x) = x^{2n-1}$$

으로 구성함으로써 $2n$ 개의 미지수 $w_k, x_k\,(k=1,2,..,n)$ 를 찾아낼 수 있다.

【예제 7-15】 구간 $[-1,1]$ 에서의 2점 Gauss 구적법을 유도하라.

【해】 2점 Gauss 구적법이므로 $n=2$ 이다. 따라서 $2\times2-1=3$차 이하인 다항식으로 함수 $f(x)$를 놓은 뒤, 4개의 미지수를 결정하면 된다. 즉,

$$f(x) = 1\ ,\ f(x) = x\ ,\ f(x) = x^2\ ,\ f(x) = x^3$$

로 놓으면 식 (7-51)로부터

$$w_1 \times 1 + w_2 \times 1 = \int_{-1}^{1} 1\, dx = 2 \tag{7-53}$$

$$w_1 \times x_1 + w_2 \times x_2 = \int_{-1}^{1} x\, dx = 0 \tag{7-54}$$

$$w_1 \times x_1^2 + w_2 \times x_2^2 = \int_{-1}^{1} x^2\, dx = \frac{2}{3} \tag{7-55}$$

$$w_1 \times x_1^3 + w_2 \times x_2^3 = \int_{-1}^{1} x^3\, dx = 0 \tag{7-56}$$

인 관계식이 얻어진다. 따라서 4개의 식으로부터

$$w_1 = w_2 = 1 \tag{7-57}$$

$$x_1^2 = \frac{1}{3} \tag{7-58}$$

의 관계식이 얻어지므로 2점 Gauss 구적법에 따른 함수 $f(x)$의 정적분은 다음과 같이 계산할 수 있다.

$$\int_{-1}^{1} f(x)dx = f\left(-\frac{1}{\sqrt{3}}\right) + f\left(\frac{1}{\sqrt{3}}\right) \quad \blacksquare \tag{7-59}$$

마찬가지로 구간 $[-1, 1]$ 에서의 4점 Gauss 적분은 표 7-5의 점과 가중치로부터 다음과 같이 계산한다.

$$\int_{-1}^{1} f(x)dx = 0.348f(-0.861) + 0.652f(-0.340) + 0.652f(0.340) + 0.348f(0.861)$$

Gauss 구적법에서 표본점 n 에 대응하는 x_i, w_i 의 값이 다음에 나타나 있다.[18]

---

18) Gauss 구적법에서의 점과 가중치를 구하는 파이썬 프로그램

```
import numpy as np
from scipy.special import roots_legendre
roots, weights = roots_legendre(5)  # n=5인 경우의 점과 가중치
print(roots) , print(weights)
```

표 7-5 Gauss 점과 가중치

n	x_i	w_i	n	x_i	w_i
2	±0.5773503	1.0000000	7	0 ±0.4058452 ±0.7415312 ±0.9491079	0.4179592 0.3818301 0.2797054 0.1294850
3	0 ±0.7745967	0.8888889 0.5555556			
4	±0.3399810 ±0.8611363	0.6521452 0.3478548	8	±0.1834346 ±0.5255324 ±0.7966665 ±0.9602899	0.3626838 0.3137066 0.2223810 0.1012285
5	0 ±0.5384693 ±0.9061798	0.5688889 0.4786287 0.2369269	9	0 ±0.3242534 ±0.6133714 ±0.8360311 ±0.9681602	0.3302394 0.3123471 0.2606107 0.1806482 0.0812744
6	±0.2386192 ±0.6612094 ±0.9324695	0.4679139 0.3607616 0.1713245	10	±0.1488743 ±0.4333954 ±0.6794096 ±0.8650635 ±0.9739065	0.2955242 0.2692602 0.2190864 0.1494513 0.0666713

【예제 7-16】 3점 Gauss 구적법으로 다음 정적분을 하라.

$$\int_{-1}^{1} (5x^4 - 6x)\, dx$$

【해】 $f(x) = 5x^4 - 6x$ 로 놓고, 표 7-5 의 $n=3$ 에서의 Gauss 점과 가중치를 사용하면 다음과 같은 적분 결과를 얻게 된다.[19]

$$\int_{-1}^{1} f(x)\, dx = \frac{5}{9} f(-0.7745967) + \frac{8}{9} f(0) + \frac{5}{9} f(0.7745967) = 2 \quad \blacksquare$$

19) Gauss 점에서의 함수 값을 계산하면 다음과 같다.
$f(-0{,}7745967) = 6.44758$, $f(0{,}7745967) = -2.84758$

다음의 그림 7-16 은 <<프로그램 7-7>>을 실행시킨 것이다.[20]

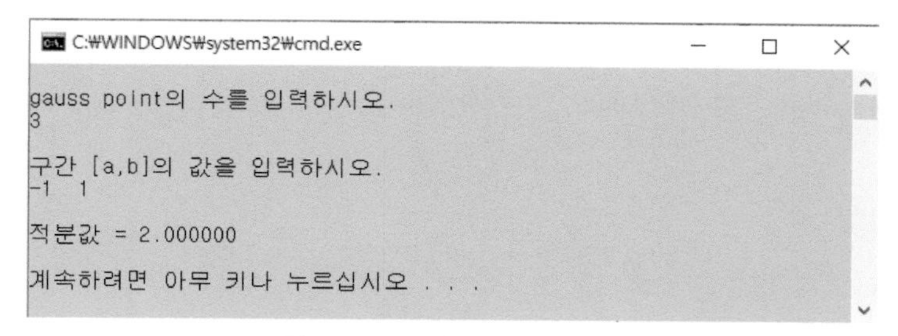

그림 7-16 3점 Gauss 구적법

이제부터는 적분구간이 $[a, b]$인 경우에 대하여 살펴보기로 한다. 만일

$$x = \frac{1}{2}[(b-a)t + (b+a)] \tag{7-60}$$

로 변수변환을 하면 다음과 같은 수식을 얻게 된다.

$$\int_a^b f(x)\,dx = \frac{b-a}{2}\int_{-1}^{1} f\left\{\frac{1}{2}(b-a)t + \frac{1}{2}(b+a)\right\}dt \tag{7-61}$$

【예제 7-17】 3점 Gauss 적분법을 이용하여 $\int_1^2 \frac{1}{x}dx$ 를 구하여라.

---

20)
```
import numpy as np
from scipy.special import roots_legendre
def f(x) :
    return 5*x**4 - 6*x
def gauss_int(f, n) :
    roots, weights = roots_legendre(n)  # 표 7-5의 점과 가중치 계산
    eval = sum(weights[0:n]*f(roots[0:n]))
    print(eval)
gauss_int(f, 3)
```

【해】 $\int_{1}^{2} f(x)dx = \frac{1}{2}\int_{-1}^{1} f(\frac{t+3}{2})dt = \int_{-1}^{1} \frac{1}{t+3}dt$

이므로 3점 Gauss 구적법을 적용하면

$$\int_{-1}^{1} \frac{1}{t+3}dt = \frac{5}{9}f(-0.7745967) + \frac{8}{9}f(0) + \frac{5}{9}f(0.7745967) = 0.6931217$$ 21)

7. 무한구간 적분법

Legendre 다항식을 사용한 Gauss 구적법은 유한구간일 때만 적용할 수 있다. 만일 적분구간 중에서 어느 하나라도 무한인 경우는 Legendre 다항식 이외의 다항식을 사용하여야 한다. 여기서 대표적인 다항식으로는 Hermite 다항식, Laguerre 다항식, Chebyshev 다항식에 의한 적분법이 있다.

(1) Gauss - Hermite 구적법

일반적으로 Gauss - Hermite 구적법은

$$\int_{-\infty}^{\infty} \exp(-x^2)\, f(x)dx \tag{7-62}$$

형태의 적분에 사용된다. 식 (7-62)를

---

21) 참값은 $\ln(4) - \ln(2) = 0.6931472$ 이므로 적분 값은 비교적 정확함을 알 수 있다. 구간 $[a, b]$에서의 Gauss 구적법 파이썬 프로그램은 다음과 같다.

```
from scipy.special import roots_legendre
def f(t) :
    a, b = 1, 2  # range
    x = ( (b-a)*t + (b+a) ) / 2      # 변수변환
    return 1/x                       # 피적분함수
def gauss_int(f, n, a, b) :
        roots, weights = roots_legendre(n)
        eval = sum(weights[0:n]*f(roots[0:n])) * (b-a)/2
        print(eval)
gauss_int(f, 4, 1, 2)
```

$$\int_{-\infty}^{\infty} \exp(-x^2) f(x)dx = \sum_{k=1}^{n} w_k f(x_k) \qquad (7\text{-}63)$$

로 표현한 뒤, 식 (7-63)을 만족하는 상수 $w_k, x_k\,(k=1,2,\ldots,n)$를 구하면 된다. 이러한 $2n$ 개의 미지수를 찾는 방식은 Gauss 구적법에서와 마찬가지 방식을 사용하면 되지만 계산이 복잡하므로 다음과 같이 계산되어진 값을 사용하기로 한다. 여기서 x_k는 Hermite 다항식의 근이다.[22)]

표 7-6 Hermite 점과 가중치

n	x_i	w_i
2	±0.7071068	0.8862269
3	0.0000000 ±1.2247449	1.1816359 0.2954090
4	±0.5246476 ±1.6506801	0.8049141 0.0813128
5	0.0000000 ±0.9585725 ±2.0201829	0.9453087 0.3936193 0.0199532
6	±0.4360774 ±1.3358491 ±2.3506050	0.7246296 0.1570673 0.0045300

【예제 7-18】 5점 공식으로 다음 적분을 하라.

$$\int_{-\infty}^{\infty} x^2 \exp(-x^2)\, dx$$ [23)]

【해】 $n=5$ 이며, 식 (7-63)에 의하면

---

22) Hermite 다항식은 다음과 같은 모함수(generating function)를 갖는다.

$$H_n(x) = (-1)^n e^{x^2} \frac{d^n}{dx^n}(e^{-x^2})$$

$k=2$ 인 경우, Hermite 다항식은 $H_2(x) = e^{x^2} \dfrac{d^2}{dx^2}(e^{-x^2}) = 4x^2 - 2$ 이므로 2차다항식의 근을 구하면 $x_k = \pm\sqrt{2}/2$ 이다.

23) 참값은 $\sqrt{\dfrac{\pi}{2}} = 0.886227$ 이다.

$$\int_{-\infty}^{\infty} e^{-x^2} f(x)dx = 0.019953 \times f(-2.020183) + 0.393619 \times f(-0.958573)$$
$$+ 0.945309 \times f(0)$$
$$+ 0.393619 \times f(0.958573) + 0.019953 \times f(2.020183)$$

이다. $f(x) = x^2$ 인 경우이므로 적분결과는

$$\int_{-\infty}^{\infty} x^2 \exp(-x^2)\, dx = 0.886227$$ [24)]

<< 프로그램 7-8 >>의 실행결과는 다음과 같다.

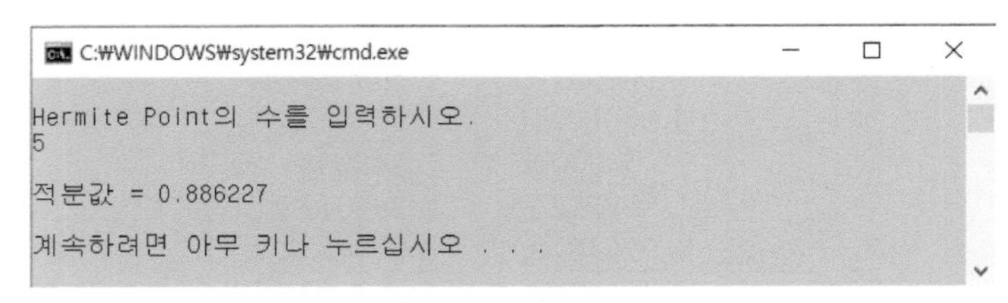

그림 7-17 Hermite 적분 값

(2) Gauss - Laguerre 구적법

Gauss - Laguerre 구적법은 어느 한 쪽 구간이 무한인 경우에 사용한다. 즉, 다음과 같은 형태의 적분에 사용하는 것이 좋다.

$$\int_{0}^{\infty} \exp(-x) f(x)dx \tag{7-64}$$

---

24)
```
from scipy.special import roots_hermite
def f(x) :
    return x*x
def gauss_int(f, n) :
    roots, weights = roots_hermite(n)
    eval = sum(weights[0:n]*f(roots[0:n]))
    print(eval)
gauss_int(f, 5)
```

식 (7-64)는 다음과 같은 형태로 표현할 수 있다.

$$\int_0^{\infty} \exp(-x) f(x) dx = \sum_{k=1}^{n} w_k f(x_k) \tag{7-65}$$

식 (7-65)을 만족하는 $2n$개의 상수 $w_k, x_k\ (k=1,2,...,n)$는 Gauss 구적법에서와 마찬가지 방식을 사용하여 구할 수 있으나, 계산이 복잡하므로 다음과 같이 계산되어진 값을 사용하기로 한다. 여기서 x_k는 Laguerre 다항식의 근이다.

표 7-7 Laguerre 점과 가중치

n	x_i	w_i
2	0.5857864 3.4142135	0.8535534 0.1464466
3	0.4157746 2.2942804 6.2899451	0.7110930 0.2785177 0.0103893
4	0.3225477 1.7457611 4.5366203 9.3950709	0.6031541 0.3574187 0.0388879 0.0005393
5	0.2635603 1.4134031 3.5964258 7.0858100 12.6408008	0.5217556 0.3986668 0.0759424 0.0036118 0.0000234

【예제 7-19】 5점 공식으로 $\int_0^{\infty} x \exp(-x) dx$다음 적분을 하라.

【해】 $\int_0^{\infty} x \exp(-x)\, dx = 0.5217556 \times f(0.26356032) + 0.3986668 \times f(1.41340306)$

$+ 0.07594245 \times f(3.59642577)$

$+ 0.0036118 \times f(7.08581001) + 0.0000234 \times f(12.64080844)$

로 나타낼 수 있다. 여기서 $f(x) = x$ 이므로

$$\int_0^{\infty} x \exp(-x)\, dx = 1.000001$$

이다. 참값은 $\Gamma(1) = 1$ 이므로 정확한 결과가 얻어진 것을 알 수 있다.[25)]

프로그램을 실행시킨 결과가 다음 그림에 나와 있다. << 프로그램 7-9 >>를 실행시켜도 동일한 결과가 나온다.

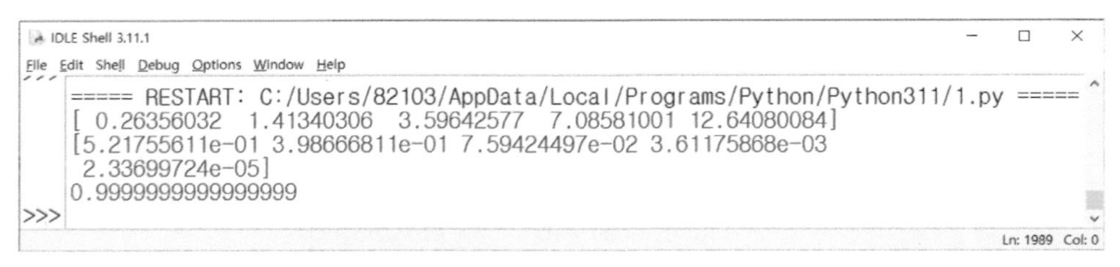

그림 7-18 라게르 적분 값

(3) Gauss - Chebyshev 구적법

Gauss - Chebyshev 구적법은 다음과 같은 형태의 적분에 사용한다.

$$\int_{-1}^{1} \frac{1}{\sqrt{1-x^2}} f(x)\, dx \tag{7-66}$$

25) 파이썬 프로그램은 다음과 같다.

```
import numpy as np
import math
from scipy.special import roots_laguerre
def f(x) :
     return x                          # 라게르 적분이므로 f(x)=x
def gauss_int(f, n) :
        roots, weights = roots_laguerre(n)  # 표7-7 의 점과 가중치
        print(roots), print(weights)
        eval = sum(weights[0:n]*f(roots[0:n]))
        print(eval)
gauss_int(f, 5)
```

식 (7-66)은 다음과 같은 형태로 변환하여 근사계산을 할 수 있다.

$$\int_{-1}^{1} \frac{1}{\sqrt{1-x^2}} f(x)\,dx = \sum_{k=1}^{n} w_k f(x_k) \qquad (7\text{-}67)$$

여기서 x_k 는 Chebyshev 다항식의 근이다. 만일 $f(x) = 1$ 이면 식 (7-67)은

$$\int_{-1}^{1} \frac{dx}{\sqrt{1-x^2}} = \pi = \sum_{k=1}^{n} w_k \qquad \rightarrow \qquad w_k \cong \frac{\pi}{n}\text{ , 모든 }k\text{에 대하여}$$

라고 놓을 수 있다. 따라서 Chebyshev 구적법은

$$\int_{-1}^{1} \frac{1}{\sqrt{1-x^2}} f(x)\,dx = \sum_{k=1}^{n} w_k f(x_k) \cong \frac{\pi}{n} \sum_{k=1}^{n} f(x_k) \qquad (7\text{-}68)$$

가 된다. 식 (7-68)의 Chebyshev 구적법은 구간 $[-1,1]$ 에서만 사용되지만 일반적인 구간 $[a,b]$ 에서도 식 (7-61)을 적용함으로써 확장이 가능하다. 다음 표의 Chebyshev 점 x_k [26]는 제3장의 각주 11) 을 이용하여 계산한 값이다.

표 7-8 Chebyshev 점

n	x_i
2	±0.7071068
3	0 ±0.8660254
4	±0.3826835 ±0.9238796
5	0 ±0.5877852 ±0.9510565

26) Chebyshev 다항식의 해를 의미한다. 자세한 것은 제3장의 내용을 참조할 것.

【예제 7-20】 3점 공식으로 다음 적분을 하라.

$$\int_{-1}^{1} \frac{x^4}{\sqrt{1-x^2}} dx$$

【해】 $f(x) = x^4$ 이고, 3차의 Chebyshev 다항식은

$$P_3(x) = \cos(3\theta) = 4\cos^3(\theta) - 3\cos(\theta) = 4x^3 - 3x$$

이므로 방정식의 해는 $x = 0$, $x = \sqrt{3}/2$, $x = -\sqrt{3}/2$ 가 된다. 따라서

$$\int_{-1}^{1} \frac{x^4}{\sqrt{1-x^2}} dx = \frac{\pi}{3}[0 + \{\frac{\sqrt{3}}{2}\}^4 + \{-\frac{\sqrt{3}}{2}\}^4]$$
$$= \frac{3\pi}{8} = 1.17809725$$ ■

프로그램을 사용하여 이상의 계산 결과를 확인하면 다음과 같다.[27]

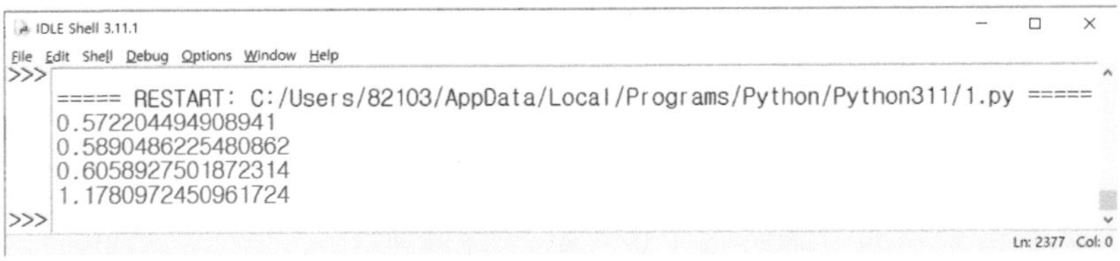

```
IDLE Shell 3.11.1
File Edit Shell Debug Options Window Help
>>>
===== RESTART: C:/Users/82103/AppData/Local/Programs/Python/Python311/1.py =====
0.572204494908941
0.5890486225480862
0.6058927501872314
1.1780972450961724
>>>
Ln: 2377 Col: 0
```

그림 7-19 체비셰프 적분 값

27)
```
import numpy as np
import math
from scipy.special import roots_chebyu
def f(x) :
    return x**4                    # f(x)=x**4
def chebyu_int(f, n) :
    eval = 0
    for i in range(1,n+1) :
        xpt = np.cos((i-0.5)*np.pi/n)
        eval +=  f(xpt)
        print( eval * np.pi/n )
chebyu_int(f, 4)
```

♣ 연습문제 ♣

1. 다음 정적분의 값을 사다리꼴 공식으로 구하고 Romberg 적분표를 만들어라. 단, 구간의 수는 n = 2, 4, 8, 16, 32, 64 로 하라.

(1) $\int_0^1 \exp(-x^2)dx$ (2) $\int_{-1}^1 \frac{1}{1+x^2}dx$

(3) $\int_1^2 \frac{\log(1+x)}{x}dx$ (4) $\int_0^1 x^{-x}dx$

(5) $\int_0^\pi \frac{1}{1+\sin(2x)}dx$ (6) $\int_0^{2\pi} \frac{1}{1+\cos(x)}dx$

2. Simpson의 공식으로 정적분을 구하여라. 구간의 수는 n=2, 4, 8, 16 으로 하라.

(1) $\int_1^3 x\sqrt{1+x^2}\,dx$ (2) $\int_1^3 \frac{1}{x}dx$

(3) $\int_0^2 x^3 dx$ (4) $\int_0^1 \sin(\pi x)dx$

(5) $\int_0^{2\pi} x\sin(x)dx$ (6) $\int_0^1 x^2\exp(x)\,dx$

3. Gauss 구적법을 사용하여 정적분을 구하여라. 단, n=3, 4, 5로 하라.

(1) $\int_1^3 \frac{\sin^2 x}{x}dx$ (2) $\int_0^1 \exp(-x)\sin(x)\,dx$

(3) $\int_0^2 \exp(-x^2)\,dx$ (4) $\int_{-1}^1 \frac{1}{1+x^2}dx$

(5) $\int_0^\pi \frac{1}{2+\cos(x)}dx$ (6) $\int_0^1 \sqrt{1+x}\,dx$

4. Gauss-Hermite 구적법으로 다음 정적분의 값을 구하여라. 단, $n=3,4,5$ 로 하라.

(1) $\displaystyle\int_0^\infty \frac{1}{x^2}dx$ (2) $\displaystyle\int_0^\infty \frac{1}{1+x^2}dx$

(3) $\displaystyle\int_0^\infty \frac{1}{(1+x)\sqrt{x}}dx$ (4) $\displaystyle\int_0^\infty \exp(-x^2)\,dx$

5. Gauss-Laguerre 구적법으로 다음 정적분의 값을 구하여라. 단, $n=3,4,5$ 로 하라.

(1) $\displaystyle\int_0^\infty \frac{\sin(x)}{x}dx$ (2) $\displaystyle\int_0^\infty \frac{\sin^3(x)}{x}dx$

(3) $\displaystyle\int_0^\infty \frac{\sin^3(x)}{x^3}dx$ (4) $\displaystyle\int_0^\infty \frac{\sin^4(x)}{x^4}dx$

6. 구간 $[-1,1]$ 속의 값 t를 구간 $[a,b]$로 변환시킬 때 t값은 어떻게 변환되는가? 과정을 써라.

프로그램 모음

<< 프로그램 7-1 : 임의의 점의 개수를 이용한 미분계수 공식 >>

```
#include "stdafx.h"
#include "stdio.h"
#include "math.h"
void gauss(float a[10][10],float xx[10][10],int m);
int main()
{
    float a[10][10], xx[10][10], z, f;
    int indexpt[10], m, k, j, kdr, i, l;
    printf("미분계수 계산에 사용되는 점의 수를 입력하시오 : ");
    scanf("%d",&m);
    printf("%d점 공식의 index 입력하기\n", m);
    printf("----------------------------\n");
    for(k=1;k<=m;k++){
        printf("   %d 번째 점의 index : ", k);
        scanf("%d",&indexpt[k]);
    }
    printf("----------------------------\n");
    inp : printf("\n구하려는 도함수의 차수를 입력하시오 :  ");
    scanf("%d",&kdr);
    if(kdr>=m) goto inp;
    for(k=1;k<=m;k++)
        for(l=1;l<=m;l++){
            if(k==1) a[k][l]=1;
            if(k>1 ) a[k][l]=pow((float)indexpt[l],k-1);
        }
    z=1;
    for(j=1;j<=kdr;j++)
        z*=j;
    for(k=1;k<=m;k++){
        a[k][m+1]=0;
        if((k-1==kdr)) a[k][m+1]=z;
    }
    printf("\n");
    printf("------------------------------------------------\n");
    printf("                          도함수 공식 \n");
    printf("------------------------------------------------");
    gauss(a, xx, m);
    f=fabs(a[m][m+1]);
    for(j=1;j<=m;j++)
        printf("\n +[ %8.5f / ( %8.5f*h^%d ) ] * f(%2d*h )",
```

```
                              a[j][m+1]/f,1/f,kdr,indexpt[j]);
    printf("\n-----------------------------------------------\n\n");
}

void gauss(float a[10][10],float xx[10][10], int m)
{
float r;
int i,j,k,n;
    n=m+1;
    for(i=1;i<=m;i++)
        for(k=1;k<=m;k++){
            if(i==k) goto aa;
            r=a[k][i]/a[i][i];
            for(j=1;j<=n;j++){
                a[k][j]-=r*a[i][j];
                xx[k][j]=a[k][j];
            }
        aa :;
        }
    for(i=1;i<=m;i++)
        for(j=1;j<=n;j++)
            a[i][j]/=xx[i][i];
}
```

<< 프로그램 7-2 : 미분계수 구하기 >>

```
#include "stdafx.h"
#include "stdio.h"
#include "math.h"
void gauss(float a[10][10],float xx[10][10],int m);
int main()
{
    float a[10][10], xx[10][10], x[10], y[10], z, h, f, s;
    int indexpt[10], m, k, jj, j, kdr, i, l;
    printf("\n");
    printf("미분계수 계산에 사용되는 점의 수를 입력하시오 : ");
    scanf("%d",&m);
    printf("\n   %d점 공식의 index 입력하기\n", m);
    printf("----------------------------\n");
    for(k=1;k<=m;k++){
        printf("    %d 번째 점의 index : ", k);
        scanf("%d",&indexpt[k]);
    }
```

```
     printf("----------------------------\n");
     for(k=1;k<=m;k++)
          if(indexpt[k]==0) jj=k;
     printf("\n좌표점 (x,y)를 입력하시오.\n");
     for(i=1;i<=m;i++)
          scanf("%f  %f",&x[i],&y[i]);
     h=x[2]-x[1];
     inp : printf("\n구하려는 도함수의 차수를 입력하시오 :  ");
     scanf("%d",&kdr);
     if(kdr>=m) goto inp;
     for(k=1;k<=m;k++)
          for(l=1;l<=m;l++){
               if(k==1) a[k][l]=1;
               if(k>1 ) a[k][l]=pow((float)indexpt[l],k-1);
          }
     z=1;
     for(j=1;j<=kdr;j++)
          z*=j;
     for(k=1;k<=m;k++){
          a[k][m+1]=0;
          if((k-1==kdr)) a[k][m+1]=z;
     }
//      printf("\n");
//      printf("--------------------------------------------------\n");
//      printf("                         도함수 공식 \n");
//      printf("--------------------------------------------------");
     gauss(a, xx, m);
     f=fabs(a[m][m+1]);
     for(j=1;j<=m;j++)
//           printf("\n +[ %8.5f / ( %8.5f*h^%d ) ] * f(%2d*h )",
//                        a[j][m+1]/f,1/f,kdr,indexpt[j]);
//      printf("\n--------------------------------------------------\n");
     s=0;
     for(j=1;j<=m;j++)
          s+=a[j][m+1]*y[j]/pow(h,kdr);
     printf("\n f'( %8.5f ) = %12.6f\n\n",x[jj],s);
}

void gauss(float a[10][10],float xx[10][10], int m)
{
float r;
int i,j,k,n;
     n=m+1;
     for(i=1;i<=m;i++)
          for(k=1;k<=m;k++){
```

```
            if(i==k) goto aa;
            r=a[k][i]/a[i][i];
            for(j=1;j<=n;j++){
                a[k][j]-=r*a[i][j];
                xx[k][j]=a[k][j];
            }
        aa :;
        }
    for(i=1;i<=m;i++)
        for(j=1;j<=n;j++)
            a[i][j]/=xx[i][i];
}
```

<< 프로그램 7-3 : 구분구적법 >>

```
#include "stdafx.h"
#include "stdio.h"
#include "math.h"
float f(float t) { return( pow(t,3) + 2 ); }
int main()
{
    float x[100], a, b, s=0, h;
    int n, i;
    printf("\n");
    printf(" 구분구적법 \n");
    printf("-----------\n");
    printf("구간 [a , b]의 값을 입력하시오. \n");
    scanf("%f %f",&a,&b);
    printf("\n주어진 구간을 몇 등분하겠습니까? \n");
    scanf("%d",&n);
    h=(b-a)/n;
    for(i=1;i<=n;i++){
        x[i]=a+i*h;
        s+=h*f(x[i]);
        printf("%f    %f    %f\n",x[i],s,f(x[i]));
    }
    printf("\n%f\n\n",s);
}
```

<< 프로그램 7-4 : 사다리꼴 공식 >>

```
#include "stdafx.h"
#include "stdio.h"
#include "math.h"
float f(float t) { return( t*t*t+2 ); }
int main()
{
    float x[10000], a, b, s=0, h;
    int n, i;
    printf("\n");
    printf(" 사다리꼴 공식 \n");
    printf("---------------\n\n");
    printf("구간 [a , b]의 값을 입력하시오. \n");
    scanf("%f %f",&a,&b);
    printf("\n주어진 구간을 몇 등분하겠습니까? \n");
    scanf("%d",&n);
    h=(b-a)/n;
    for(i=1;i<n;i++){
        x[i]=a+i*h;
        s+=2*f(x[i]);
    }
    s=(s+f(a)+f(b))*h/2;
    printf("\n적분값 = %f\n\n",s);
}
```

<< 프로그램 7-5 : Simpson 의 공식 >>

```
#include "stdafx.h"
#include "stdio.h"
#include "math.h"
float f(float t) { return(pow(t,3)+2); }
int main()
{
    float x[100], a, b, s1=0, s2=0, s, h;
    int n, i;
    printf("\n");
    printf("  Simpson 공식 \n");
    printf("----------------\n\n");
    printf("구간 [a , b]의 값을 입력하시오. \n");
    scanf("%f %f",&a,&b);
    printf("\n주어진 구간을 몇 등분하겠습니까? \n");
    scanf("%d",&n);
```

```
    h=(b-a)/n;
    for(i=1;i<=n-1;i+=2){
        x[i]=a+i*h;
        s1+=4*f(x[i]);
    }
    for(i=2;i<=n-2;i+=2){
        x[i]=a+i*h;
        s2+=2*f(x[i]);
    }
    s=(s1+s2+f(a)+f(b))*h/3;
    printf("적분값 = \n%f\n\n",s);
}
```

<< 프로그램 7-6 : Romberg 공식 >>

```
#include "stdafx.h"
#include "stdio.h"
#include "math.h"
float f(float t) { return(pow(t,5)+2); }
int main()
{
    float integral, a, b, h, x[100], t[50], s[50], c[50], d[50];
    int n, i;
    printf("\n");
    printf("구간 [a , b]의 값을 입력하시오. \n");
    scanf("%f %f",&a,&b);
    printf("\n");
    printf("                    Romberg table\n");
    printf("---------------------------------------------\n");
    printf("   T          S          C          D\n");
    printf("---------------------------------------------\n");
    t[0]=0;s[0]=0;c[0]=0;
    for(n=1;n<=6;n++){
        integral=0;
        for(i=1;i<=pow(2,n)-1;i++){
            h=(b-a)/pow(2,n);
            x[i]=a+i*h;
            integral+=2*f(x[i]);
        }
        t[n]=(integral+f(a)+f(b))*h/2;
        s[n]=(4*t[n]-t[n-1])/3;
        c[n]=(16*s[n]-s[n-1])/15;
        d[n]=(64*c[n]-c[n-1])/63;
```

```
        s[1]=0;
        c[1]=0; c[2]=0;
        d[1]=0; d[2]=0; d[3]=0;
        printf("%10.5f %10.5f %10.5f %10.5f\n",t[n],s[n],c[n],d[n]);
    }
    printf("---------------------------------------------\n\n");
}
```

<< 프로그램 7-7 : Gauss 구적법 >>

```
#include "stdafx.h"
#include "stdio.h"
#include "math.h"
float f(float t) { return(5*pow(t,4)-6*t) ; }
int main()
{
   float w[10], x[10], a, b, s=0;
   int n, i, j;
jmp0 :
   printf("\n");
   printf("gauss point의 수를 입력하시오. \n");
   scanf("%d", &n);
   printf("\n");
   printf("구간 [a,b]의 값을 입력하시오. \n");
   scanf("%f  %f", &a, &b);
   if(n != 2) goto jmp1;
     x[1] = 0.5773503; x[2]=-x[1];
     w[1]=1;              w[2]=1;
     goto stp;
jmp1 :
     if(n != 3) goto jmp2;
     x[3]=0.7745967; x[2]=0;           x[1]=-x[3];
     w[1]=0.5555556; w[2]=0.8888889; w[3]=w[1];
     goto stp;
jmp2 :
     if(n != 4) goto jmp3;
     x[3]=0.3399810; x[4]=0.8611363; x[1]=-x[4]; x[2]=-x[3];
     w[3]=0.6521452; w[4]=0.3478548; w[1]=w[4];  w[2]=w[3];
     goto stp;
jmp3 :
   if(n != 5) goto jmp4;
     x[3]=0;           x[4]=0.5384693; x[5]=0.9061798; x[1]=-x[5]; x[2]=-x[4];
     w[3]=0.5688889; w[4]=0.4786287; w[5]=0.2369269; w[1]=w[5];  w[2]=w[4];
     goto stp;
jmp4 :
```

```
    if(n != 6) goto jmp5;
      x[4]=0.2386192; x[5]=0.6612094; x[6]=0.9324695; x[1]=-x[6]; x[2]=-x[5]; x[3]=-x[4];
      w[4]=0.4679139; w[5]=0.3607616; w[6]=0.1713245; w[1]=w[6];  w[2]=w[5];  w[3]=w[4];
         goto stp;
jmp5 :
      if(n != 7) goto jmp6;
      x[4]=0;          x[5]=0.4058452; x[6]=0.7415312; x[7]=0.9491079;
      w[4]=0.4179592; w[5]=0.3818301; w[6]=0.2797054; w[7]=0.1294850;
      x[1]=-x[7]; x[2]=-x[6]; x[3]=-x[5];
      w[1]=w[7];  w[2]=w[6];  w[3]=w[5];
      goto stp;
jmp6 :
    if(n != 8) goto jmp7;
      x[5]=0.1834346; x[6]=0.5255324; x[7]=0.7966665; x[8]=0.9602899;
      w[5]=0.3626838; w[6]=0.3137066; w[7]=0.2223810; w[8]=0.1012285;
      x[1]=-x[8]; x[2]=-x[7]; x[3]=-x[6]; x[4]=-x[5];
      w[1]=w[8];  w[2]=w[7];  w[3]=w[6];  w[4]=w[5];
stp :
    for(j=1; j<=n; j++)
          x[j] = (x[j]*(b-a) + a + b) / 2;
    for(j=1; j<=n; j++)
        s += f(x[j])*w[j];
        s = s*(b-a)/2 ;
    printf("\n");
    printf("적분값 = %f\n\n", s);
}
```

<< 프로그램 7-8 : Hermite 구적법 >>

```
#include "stdafx.h"
#include "stdio.h"
#include "math.h"
float f(float t) { return (t*t) ; }
int main()
{
         float w[10], x[10], s=0;
         int n, i, j;
jmp0 :   printf("Hermite Point의 수를 입력하시오.\n");
         scanf("%d", &n);
         printf("\n");
         if(n != 2) goto jmp1;
         x[1]=0.7071068; x[2]=-x[1];
         w[1]=0.8862269; w[2]=w[1];
         goto stp;
jmp1 :   if(n != 3) goto jmp2;
```

```
        x[1]=1.2247449; x[2]=0;             x[3]=-x[1];
        w[1]=0.2954090; w[2]=1.1816359; w[3]=w[1];
        goto stp;
jmp2 :  if(n != 4) goto jmp3;
        x[3]=0.5246476; x[4]=1.6506801; x[1]=-x[4]; x[2]=-x[3];
        w[3]=0.8049141; w[4]=0.0813128; w[1]=w[4];  w[2]=w[3];
        goto stp;
jmp3 : if(n != 5) goto jmp4;
        x[3]=0;             x[4]=0.9585725; x[5]=2.0201829; x[1]=-x[5]; x[2]=-x[4];
        w[3]=0.9453087; w[4]=0.3936193; w[5]=0.0199532; w[1]=w[5];  w[2]=w[4];
        goto stp;
jmp4 :  if(n != 6) goto jmp0;
        x[4]=0.4360774; x[5]=1.3358491; x[6]=2.3506050;
        w[4]=0.7246296; w[5]=0.1570673; w[6]=0.0045300;
        x[1]=-x[6]; x[2]=-x[5]; x[3]=-x[4];
        w[1]=w[6];  w[2]=w[5];  w[3]=w[4];
stp :   for(j=1; j<=n; j++)
            s += f(x[j])*w[j];
        printf("적분값 = %f\n\n", s);
}
```

<< 프로그램 7-9 : Laguerre 구적법 >>

```
#include "stdafx.h"
#include "stdio.h"
#include "math.h"
float f(float t) { return (t) ; }
int main()
{
        float w[10], x[10], s=0;
        int j, n;
jmp0 :  printf("Laguerre Point의 수를 입력하시오. \n");
        scanf("%d", &n);
        printf("\n");
        if(n != 2) goto jmp1;
        x[1]=0.5857864; x[2]=3.4142135;
        w[1]=0.8535534; w[2]=0.1464466;
        goto stp;
jmp1 :  if(n != 3) goto jmp2;
        x[1]=0.4157746; x[2]=2.2942804; x[3]=6.2899451;
        w[1]=0.7110930; w[2]=0.2785177; w[3]=0.0103893;
        goto stp;
jmp2 :  if(n != 4) goto jmp3;
```

```
        x[1]=0.3225477; x[2]=1.7457611; x[3]=4.5366203; x[4]=9.3950709;
        w[1]=0.6031541; w[2]=0.3574187; w[3]=0.0388879; w[4]=0.0005393;
        goto stp;
jmp3 :  if(n != 5) goto stp;
        x[1]=0.2635603; x[2]=1.4134031; x[3]=3.5964258; x[4]=7.0858100;x[5]=12.6408008;
        w[1]=0.5217556; w[2]=0.3986668; w[3]=0.0759424; w[4]=0.0036118; w[5]=0.0000234;
stp :   for(j=1; j<=n; j++)
        s += f(x[j])*w[j];
        printf("적분값 = %f\n\n", s);
}
```

<< 프로그램 7-10 : Gauss - Chebyshev 구적법 >>

```
#include "stdafx.h"
#include "stdio.h"
#include "math.h"
float f(float t) { return ( pow(t,4) ) ; }
int main()
{
        float w[10], x[10], a, b, s=0;
        int j, n;
jmp0 :  printf("Chebyshev Point의 수를 입력하시오. \n");
        scanf("%d", &n);
        printf("\n");
        printf("구간 [a,b]의 값을 입력하시오.\n");
        scanf("%f  %f", &a, &b);
        if(n != 2) goto jmp1;
        x[1]=0.7071068; x[2]=-x[1];
        goto stp;
jmp1 :  if(n != 3) goto jmp2;
        x[2]=0;         x[1]=-0.8660254; x[3]=-x[1];
        goto stp;
jmp2 :  if(n != 4) goto jmp3;
        x[3]=0.3826835; x[4]=0.9238796;  x[1]=-x[4];     x[2]=-x[3];
        goto stp;
jmp3 :  if(n != 5) goto jmp4;
        x[3]=0;         x[4]=0.5877852;  x[5]=0.9510565; x[1]=-x[5]; x[2]=-x[4];
        goto stp;
jmp4 :  if(n != 6) goto jmp5;
        x[4]=0.9659258; x[5]=0.7071068; x[6]=0.2588191; x[1]=-x[6]; x[2]=-x[5];
        x[3]=-x[4];
stp :   for(j=1; j<=n; j++)
            x[j]=(x[j]*(b-a)+a+b)/2;
        for(j=1; j<=n; j++)
```

```
            s += f(x[j])*3.1415927/n;
            s *= (b-a)/2;
        printf("\n");
jmp5 :  printf("적분값 = %f\n\n", s);
}
```

제8장 미분방정식

학습목표

· 변수분리법으로 미분방정식의 해를 직접 구해본다.
· 여러 가지의 반복식으로 미분방정식을 구해본다.
  - 오일러의 방법
  - 테일러급수를 이용한 풀이법
  - 룽게-쿠타 방법
  = 예측-수정 방법

제1절 서론

미지함수의 도함수를 포함하는 방정식을 미분방정식이라 한다. 예를 들면 y를 변수 x의 한 미지함수라고 할 때

$$\frac{dy}{dx}+\sin(x)=0 \tag{8-1}$$

$$y^2(1+\frac{d^2y}{dx^2})=1 \tag{8-2}$$

$$\frac{d^2y}{dx^2}+\frac{dy}{dx}+y=0 \tag{8-3}$$

등은 미분방정식이고, 또 z를 두 변수 x, y의 한 미지함수라 할 때

$$\frac{\partial^2 z}{\partial x^2}+\frac{\partial^2 z}{\partial y^2}+y=0 \tag{8-4}$$

도 역시 미분방정식이다.

식 (8-1)~식 (8-3)과 같은 미분방정식은 상미분방정식이라 하고, 식 (8-4)와 같이 편도함수를 포함하는 미분방정식을 편미분방정식이라 한다.

주어진 미분방정식에 포함된 최고계도함수의 계수를 그 미분방정식의 계수라 하며 최고계도함수의 차수를 그 미분방정식의 차수라 한다. 따라서 식 (8-1)은 1계 1차, 식 (8-2)는 1계 2차, 식 (8-3)은 2계 1차의 상미분방정식이고 식 (8-4)는 2계 1차 편미분방정식이다.

상미분방정식은 단 1개의 독립변수만을 포함하고 있으며 편미분방정식은 여러 개의 독립변수를 가진다. 종속변수 및 그의 도함수가 전부 1차이고 그들 서로 서로가 곱의 형태를 취하지 않을 때는 그 방정식을 선형(linear)이라고 부른다. 어떤 미분방정식을 만족하는 미지함수와 독립변수 사이의 함수관계식을 찾는 것을 미분방정식의 해라고 하며 해를 구하는 것을 미분방정식을 푼다고 한다.

일반적으로 n계 상미분방정식의 해는 n개의 임의상수를 포함하는 함수관계식으로 나타나며, 이러한 해를 일반해라 한다. 미분방정식의 일반해 중에 포함

되어있는 임의상수의 일부 또는 전부에 어떤 특수한 값을 대입하여 얻은 함수 관계식은 분명히 미분방정식을 만족하게 된다. 이와 같은 해를 일반해와 구별하여 특수해라 한다. 이와는 별도로 2차 이상의 미분방정식은 특이해라고 부르는 해를 가질 경우가 있다. 일반해의 임의정수에 적당한 값을 대입하면 특수해는 표시되나 특이해는 표시되지 않는다.

【예제 8-1】 세균이 무제한으로 번식한다고 하면 세균의 증식률은 각 순간에 존재하는 세균 수에 비례한다. 이것을 수식으로 나타내라.
【해】 시간 t 를 독립변수로 하고 시간 t 에 존재하는 세균의 수 N 을 종속변수라고 하면

$$\frac{dN}{dt} = \alpha N$$

이다. 여기서 α는 세균 1개의 번식속도이다. ■

【예제 8-2】 높이 h_0까지는 균일한 단면적 A를 갖는 물통에서 조그만 구멍을 통하여 물이 흘러나오고 있다. t시간이 경과한 후의 물의 높이를 구하는 식을 세워라.
【해】 구멍의 단면적은a, t시간 후의 물의 높이를 h, 구멍에서의 물의 속도를 v라고 하자. 그러면 순간 시간인 dt 동안에 구멍을 통하여 흘러나오는 물의 양은 $av\,dt$가 된다. 순간 시간 동안에 물통 높이는 dh 만큼 낮아지므로 감소되는 물의 양은 $A(h)dh$ 가 된다. 따라서

$$av\,dt = -A(h)\,dh$$

의 관계가 성립한다. 그리고 속도와 높이 사이에는

$$v = c\sqrt{2gh}$$ [1)]

1) Torricelli 공식이다.

의 관계식이 만족되므로 구하는 해는 다음을 적분하면 된다.

$$ac\sqrt{2gh}\,dt = -A(h)\,dh \quad ■$$

미분방정식에서 하나의 특수한 해를 구하려면 그 미분방정식의 일반해 중에 포함되어 있는 임의상수의 값을 정해주어야 하는 데, 그러기 위해서는 어떤 조건이 따로 주어져야 한다. 이와 같은 조건을 초기조건이라고 한다. 초기조건은 보통 독립변수와 미지함수 및 도함수들의 서로 대응하는 값의 짝을 구체적으로 제시함으로써 주어진다. 예를 들면 독립변수 x 의 미지함수 y 에 관한 n 계상미분방정식의 초기조건은

$$x = x_0 \text{ 일 때 },\ y = k_0, y' = k_1, \ldots, y^{(n-1)} = k_{n-1} \tag{8-5}$$

과 같이 주어진다. 이와 같은 초기조건을 만족하는 미분방정식의 특수해를 구하는 것을 『초기조건 하에서 그 미분방정식을 푼다』고 하며, 그러한 문제를 초기치문제(initial value problem)라 한다.

【예제 8-3】 초기조건 $y(1)=1$ 하에서 미분방정식 $2yy' - A = 0$ 을 풀어라.

【해】 주어진 식은 $2y\dfrac{dy}{dx} = A$ 로 바꿔 쓸 수 있다. 변수분리법에 의해 미분방정식을 정리하면 $2y\,dy = A\,dx$ 인 관계식을 얻을 수 있다. 이제 양변을 적분하면

$$\int 2y\,dy = \int A\,dx \qquad \rightarrow \quad y^2 = Ax + c \tag{8-6}$$

그런데 초기 조건은 $x=1$일 때 $y=1$이므로 $c = 1 - A$ 를 얻는다. 따라서 구하는 미분방정식의 특수해는 $y^2 = Ax + (1-A)$ 이다. ■

【예제 8-4】 초기조건 $y(0)=1$ 하에서 미분방정식 $y'=1+y^2$ 을 풀어라.

【해】 미분방정식은 $\frac{dy}{dx}=1+y^2$ 으로 고쳐 쓰고 변수끼리 분리하면 $\frac{dy}{1+y^2}=dx$ 가 된다. 양변을 적분하면

$$\int \frac{dy}{1+y^2} = \int dx$$

이다. 여기서 좌변은

$$Tan^{-1}(y) = x+c$$ [2)]

이므로 미분방정식의 해는 $y=\tan(x+c)$ 가 된다. 이제 초기조건을 대입하면

$$1=\tan(c)$$

의 관계식을 얻을 수 있으므로 $c=\frac{\pi}{4}$ 가 된다. 그러므로 미분방정식의 특수해는 $y=\tan(x+\frac{\pi}{4})$ 이다. ■

---

2) 【예제 2-11】을 참조하라.

♣ 연습문제 ♣

1. 다음 미분방정식의 계수와 차수를 써라.

(1) $x^2 \frac{dy}{dx} + y = 1$　　(2) $(2 + y'^2)^3 = (y'')^4$

2. 곡선 $y = f(x)$ 위의 임의의 점 $P(x, y)$ 에서의 접선은 항상 직선 OP 와 직교한다고 한다. 이 성질을 식으로 나타내어라. 단, O 는 원점이다.

3. 직선상을 운동하는 질량 m 인 질점이 속도 v 에 비례하는 저항력 kv 를 받고 있다고 할 때, 이 질점의 속도 v 의 변화하는 상태를 식으로 나타내어라.

4. 미분방정식 $y' = 2y = 3e^x$ 의 일반해는 $y = e^x + ce^{-2x}$ (c는 임의상수)임을 밝히고 초기조건 $y(0) = 1$ 을 만족하는 특수해를 구하여라.

5. 초기치가 $x_0 = 0, y_0 = 1$일 때 미분방정식 $y' = 3y^2$ 의 특수해를 구하여라.

6. 초기치가 $x_0 = 2, y_0 = 1$일 때 미분방정식 $y' = -xy^2$ 의 특수해를 구하여라.

제2절 미분방정식의 수치해법

해석학적인 방식으로 미분방정식의 해를 구하는 방법은 여러 가지가 알려져 있다. 이에 대한 논의는 미분방정식 자체의 문제이므로 여기서는 언급하지 않는다.

실제 문제에 있어서는 미분방정식의 일반해나 특수해를 구하는 것보다는 변수 x의 어떤 주어진 값에 대응하는 미분방정식의 해 y의 값을 구하는 경우가 많다. 그러한 경우에는 미분방정식의 해를 양함수의 꼴로 구해야 되지만 그것이 불가능한 경우가 많다. 또, 설령 양함수의 해를 얻었다고 하더라도 그것이 알맞다고 확언할 수는 없다.

또한 해석적인 해법을 이용하여 미분방정식의 해를 얻었다고 하더라도 독립변수와 종속변수에 대응하는 수치의 쌍을 찾는 것은 쉽지 않다. 예컨대

$$\frac{dy}{dx} = \frac{y-x}{y+x}$$

의 초기조건이 $x_0 = 0, y_0 = 1$일 때의 해는

$$\frac{1}{2}log(x^2+y^2) + Tan^{-1}(\frac{y}{x}) = \frac{\pi}{2}$$

이지만 변수 x의 어떤 값에 대응하는 함수 y의 값을 구하기 위해 부득이 다른 방법에 의존할 수밖에 없다.

1. Euler의 방법

다음과 같은 1계 상미분방정식이 주어져 있다고 하자. 여기서 y는 x의 함수이다.

$$y' = f(x, y), \quad y(x_0) = y_0 \quad (8\text{-}7)$$

[3]

3). $y(x_0) = y_0$ 는 초기치를 표현하는 방식으로서 $x = x_0, y = y_0$ 라는 의미이다.

Euler의 방법을 유도하기 위해선 Taylor 정리를 사용한다. 이제 미분방정식의 유일한 해 $y(x)$ 의 2계 도함수가 존재한다고 하자. 그러면

$$y(x_{n+1}) = y(x_n + h) = y(x_n) + hy'(x_n) + \frac{h^2}{2}y''(\xi) \qquad (8\text{-}8)$$

가 성립한다. 만일 $x = x_n$ 에서의 미분방정식의 근사해는 y_n이고 $|h| \ll 1$ 이라고 하면 식(8-7)과 식 (8-8)로부터

$$y_{n+1} = y_n + hf(x_n, y_n) \qquad (8\text{-}9)$$

인 관계식이 얻어진다. 이러한 방식으로 미분방정식의 해를 구하는 방법을 Euler의 방법이라 한다. Euler 방법은 x 의 증분의 값이 클 때는 계산된 근사값이 정확도를 갖지 못한다.

【예제 8-5】 미분방정식 $y' = 2y$ 의 초기치가 $x_0 = 0, y_0 = 1$ 일 때 $h = 0.05$ 로 하여 Euler의 방법으로 $y(0.25)$ 를 구하여라.[4]

【해】 먼저 변수분리법으로 미분방정식의 해를 구해보자. $\frac{dy}{dx} = 2y$ 이므로 $\frac{dy}{y} = 2dx$ 로 정리할 수 있다. 양변을 적분하면

$$\int \frac{dy}{y} = \int 2dx \quad \rightarrow \quad \ln y = 2x + c$$

이다. 초기치를 넣으면 $c = 0$ 이 되므로 미분방정식의 특수해는 $y = e^{2x}$ 이다. 따라서 $y(0.25) = e^{2 \times 0.25} = 1.64872$ 이다.

이제 오일러의 방법으로 $y(0)$부터 증분을 0.05로 하여 연속적으로 미분방정식의 근사해를 $y(0.25)$까지 계산하면 다음과 같다.

4) $y(0.25)$ 는 $x = 0.25$ 일 때의 미분방정식의 근사해라는 의미이다.

$$\begin{cases} y(0.05) \simeq y_1 = y_0 + hf(x_0, y_0) = 1 + 0.05 \times 2 = 1.1 \\ y(0.10) \simeq y_2 = y_1 + hf(x_1, y_1) = 1.1 + 0.05 \times (2 \times 1.1) = 1.21 \\ y(0.15) \simeq y_3 = y_2 + hf(x_2, y_2) = 1.21 + 0.05 \times (2 \times 1.21) = 1.331 \\ y(0.20) \simeq y_4 = y_3 + hf(x_3, y_3) = 1.331 + 0.05 \times (2 \times 1.331) = 1.4641 \\ y(0.25) \simeq y_5 = y_4 + hf(x_4, y_4) = 1.4641 + 0.05 \times (2 \times 1.4641) = 1.61051 \end{cases}$$

<< 프로그램 8-1 >>을 이용하여 근사 값과 참값을 구해보면 다음과 같다. ■

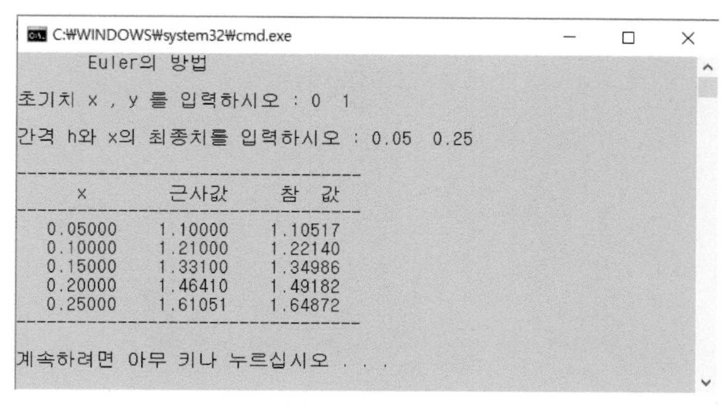

그림 8-1 오일러의 방법에 의한 미분방정식의 해

다음의 파이썬 프로그램은 오일러의 방법에 의한 미분방정식의 해와, 참값과 근사 값의 그림을 그린 것이다.

```
import matplotlib.pyplot as plt
import numpy as np
import math

def f(x) : return (2*x)
h = 0.05           # 간격
xlast = 0.25       # 구하려는 미분계수
x, y = 0, 1        # 초기치
pts = int(xlast / h )
for i in range(0, pts):
    x = x+h
```

```
    y = y + h*f(y)
    print("y(%4.2f)="%x, "%f"%y)
    plt.plot(x, y, 'ro')                # 근사해
    plt.plot(x, np.exp(2*x), 'bo')      # 참값
    plt.title('Approximate and Exact Solution using Euler rule')
    plt.xlabel('x')
    plt.ylabel("f '(x)")
    plt.grid()
plt.legend(['Approx', 'Exact'], loc='best')
plt.show()
```

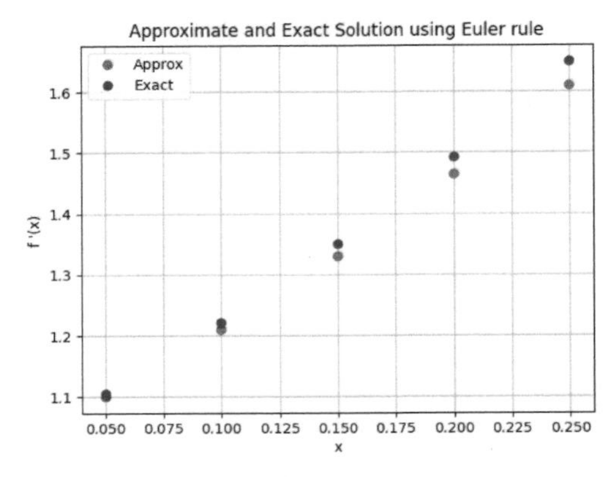

그림 8-2 참값과 근사값 그래프

```
*IDLE Shell 3.11.1*
File Edit Shell Debug Options Window Help
===== RESTART: C:/Users/82103/AppData/Local/Programs/Python/Python311/1.py =====
y(0.05)= 1.100000
y(0.10)= 1.210000
y(0.15)= 1.331000
y(0.20)= 1.464100
y(0.25)= 1.610510
Ln: 78 Col: 0
```

그림 8-3 미분방정식의 해

【예제 8-6】 다음 2계 1차 미분방정식에 대하여 $h = 0.5$ 일 때 Euler 방법으로 $y(1), y'(1)$ 을 구하여라.

$$y'' + 0.2y' - 0.15y = 0,\ \ y'(0) = 0, y(0) = 1$$

【해】 미분방정식의 해를 $y = e^{rx}$라고 놓으면 주어진 미분방정식은

$$r^2 + 0,2r - 0.15 = 0$$

을 푸는 것과 동일하다. 여기서 $r = -0.5$, 0.3를 얻게 된다. 이러한 두 근을 갖는 미분방정식의 일반해는 $y = c_1 e^{-0.5x} + c_2 e^{0.3x}$가 된다.

$$\begin{cases} y(0) = c_1 + c_2 = 1 \\ y'(0) = -0.5c_1 + 0.3c_2 = 0 \end{cases} \rightarrow \quad c_1 = \frac{6}{16} \;,\; c_2 = \frac{10}{16}$$

계산된 c_1, c_2로부터 특수해는 $y = \frac{6}{16}e^{-0.5x} + \frac{10}{16}e^{0.3x}$ 이다. 따라서

$$\begin{cases} y(1) = \frac{10}{16}e^{-0.3} + \frac{6}{16}e^{0.5} = 1.07111 \\ y'(1) = \frac{10}{16} \times (-0.5)e^{-0.5} + \frac{6}{16} \times 0.3e^{0.3} = 0.139374 \end{cases}$$

참고로 $y(0.5) = 1.0182$, $y'(0.5) = 0.0718188$ 이다. ■

2. 수정된 Euler의 방법

초기치가 $x = x_0, y = y_0$ 일 때 (x_0, y_0) 근방에서 미분방정식 $y' = f(x, y)$를 2차항까지 Taylor 급수전개하면

$$y = y_0 + y_0'(x - x_0) + \frac{1}{2}y_0''(x - x_0)^2 \tag{8-10}$$

이 된다. $x = x_1$ 에서의 미분방정식의 근사해를 y_1 이라고 하면

$$y_1 = y_0 + y_0'(x_1 - x_0) + \frac{1}{2}y_0''(x_1 - x_0)^2 \tag{8-11}$$

가 성립한다. 여기서 $(x_1 - x_0) = h$ 라고 하면 식 (8-11)은

$$y_1 = y_0 + h\,y_0{}' + \frac{h^2}{2} y_0{}'' \qquad (8\text{-}12)$$

로 표현된다. 그런데 $|h| \ll 1$ 이라고 하면 도함수의 정의에 의하여

$$y_0{}'' = \frac{y_1{}' - y_0{}'}{h} \qquad (8\text{-}13)$$

이 성립하므로, 식 (8-13)을 식 (8-12)에 대입하면

$$y_1 = y_0 + h\,y_0{}' + \frac{h^2}{2} \times \frac{y_1{}' - y_0{}'}{h} = y_0 + \frac{h}{2}(y_1{}' + y_0{}') \qquad (8\text{-}14)$$

가 된다. 식 (8-14)를 이용하기 위해선 먼저 $y_1{}'$ 를 알아야 하며, Euler의 방법을 사용하여 그 값을 계산해 낼 수 있으며 일반적으로 다음과 같은 반복식이 얻어진다.

$$\begin{aligned} y_{n+1} &= y_n + \frac{h}{2}(y_n{}' + y_{n+1}{}') \quad , \ n = 0,1,2,\ldots \\ &= y_n + \frac{h}{2}[f(x_n, y_n) + f(x_{n+1}, y_n + h f(x_n, y_n))] \end{aligned} \qquad (8\text{-}15)$$

【예제 8-7】 미분방정식이 $y' = -xy^2$ 이고 초기조건은 $y(2) = 1$ 일 때, $h = 0.1$로 하여 y_1, y_2의 값을 구하여라.

【해】 초기조건은 $x_0 = 2$일 때 $y_0 = 1$이므로 $y_0{}' = f(x_0, y_0) = f(2,1) = -2$ 이다. 식 (8-19)로부터

$$\begin{aligned} y_1 &= y_0 + \frac{h}{2} f(x_0, y_0) + f(x_1, y_0 + h f(x_0, y_0)) \\ &= 1 + \frac{0.1}{2}\{-2 - f(2.1, 0.8)\} = 0.832800 \end{aligned}$$

$$y_2 = y_1 + \frac{h}{2} f(x_1, y_1) + f(x_2, y_1 + hf(x_1, y_1)) = 0.708037$$ [5)]

다음은 파이썬 프로그램으로 주어진 미분방정식의 근사해를 y_{10}까지 계산한 결과이며, 참값과 차이가 거의 발생하지 않은 것으로 나타났다.[6)]

```
import matplotlib.pyplot as plt
import numpy as np
import math

def f(x,y) : return (-x*y**2)
h , x, y = 0.1 , 2 , 1        # 간격과 초기치
print("    x         근사값       참값 ")
for i in range(0, 5):
    w = f(x,y)
    x = x + h
    y = y + h*(w + f(x,y + h*w))/2
    print("%f"%x , "    %f"%y , "    %f"%(2/(x**2-2)))
    plt.plot(x, y, 'ro')
    plt.plot(x, 2/(x**2-2), 'bo')
    plt.title('Approximate and Exact Solution using Euler rule')
    plt.xlabel('x')
    plt.ylabel("f '(x)")
    plt.grid()
plt.legend(['Approx', 'Exact'], loc='best')
plt.show()
```

```
*IDLE Shell 3.11.1*
File Edit Shell Debug Options Window Help
>>>
===== RESTART: C:/Users/82103/AppData/Local/Programs/Python/Python311/1.py =====
    x         근사값       참값
2.100000     0.832800     0.829876
2.200000     0.708037     0.704225
2.300000     0.611802     0.607903
2.400000     0.535593     0.531915
2.500000     0.473938     0.470588
2.600000     0.423170     0.420168
2.700000     0.380743     0.378072
2.800000     0.344836     0.342466
2.900000     0.314115     0.312012
3.000000     0.287581     0.285714
Ln: 774 Col: 0
```

그림 8-4 미분방정식의 해

---

5) 실제로 초기치를 고려한 미분방정식의 해는 $y = \frac{2}{x^2 - 2}$ 이다.

6) << 프로그램 8-2 >> 를 사용하여도 동일한 결과를 얻을 수 있다.

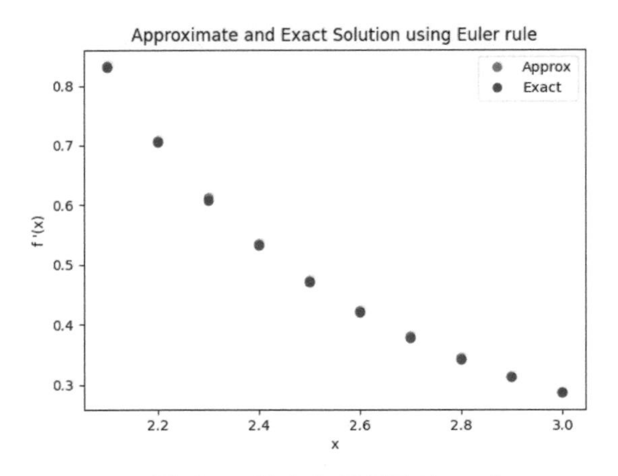

그림 8-5 참값과 근사값의 그래프

【예제 8-8】 초기조건이 $y(0)=1$ 인 미분방정식 $y'=f(x,y)=2x$ 에 대하여 구간 폭을 $h=0.5$ 로 하여 $y(2)$ 의 값을 구하여라.7)

【해】 $x_0=0\,,y_0=1\,,h=0.5$ 이므로 $x_i=0.5\times i\ (i=1,2,3,4)$ 이다. 따라서

$$\begin{aligned} y(0.5) = y_1 &= y_0 + \frac{h}{2}\{f(x_0\,,y_0) + f(x_1\,,y_0 + hf(x_0\,,y_0))\} \\ &= 1 + \frac{0.5}{2}\{0 + f(0.5,1)\} = 1.25 \end{aligned}$$

$$\begin{aligned} y(1.0) = y_2 &= y_1 + \frac{h}{2}\{f(x_1\,,y_1) + f(x_2\,,y_1 + hf(x_1\,,y_1))\} \\ &= 2 + \frac{0.5}{2}\{1 + f(1,1.75)\} = 2 \end{aligned}$$

7) 파이썬 프로그램은 다음과 같다.

```
def f(x,y) : return (2*x)
h = 0.5          # 간격
x, y = 0, 1      # 초기치
for i in range(0, 4):
    w = f(x,y)
    x = x + h
    y = y + h*(w + f(x,y + h*w))/2
    print("%4.2f"%x, "  %f"%y, "  %f"%(x**2+1))
```

$$y(1.5) = y_3 = y_2 + \frac{h}{2}\{f(x_2, y_2) + f(x_3, y_2 + hf(x_2, y_2))\} = 3.25$$

$$y(2.0) = y_4 = y_3 + \frac{h}{2}\{f(x_3, y_3) + f(x_4, y_3 + hf(x_3, y_3))\} = 5 \quad \blacksquare$$

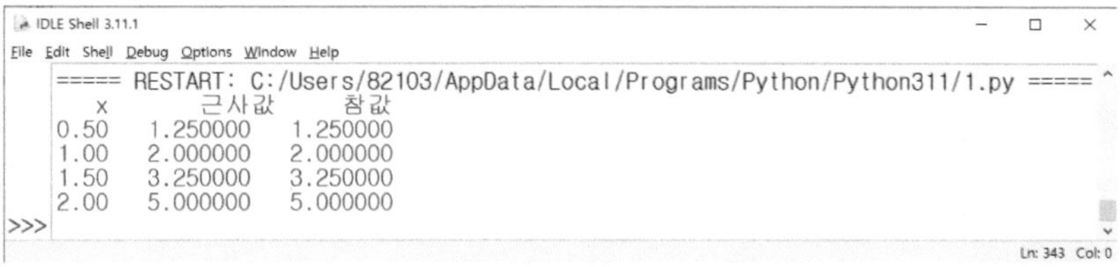

```
IDLE Shell 3.11.1
File Edit Shell Debug Options Window Help
===== RESTART: C:/Users/82103/AppData/Local/Programs/Python/Python311/1.py =====
  x        근사값       참값
0.50   1.250000   1.250000
1.00   2.000000   2.000000
1.50   3.250000   3.250000
2.00   5.000000   5.000000
>>>
Ln: 343 Col: 0
```

그림 8-6 **미분방정식의 해**

그림 8-6 은 미분방정식의 근사해를 $y(2)$ 까지 계산한 결과이다. 실제로 초기치를 고려한 미분방정식의 해는 $y = x^2 + 1$ 이며, 참값과의 차이는 없음을 알 수 있다.

3. Taylor 급수에 의한 방법

1계 상미분방정식 $y' = f(x,y)$의 초기치가 $x = x_0, y = y_0$ 라고 하자. $x = x_0$ 에서의 Taylor 급수전개는

$$y = y_0 + (x - x_0)y_0' + \frac{(x-x_0)^2}{2!}y_0 + \cdots + \frac{(x-x_0)^n}{n!}y_0^{(n)} \qquad (8\text{-}16)$$

이다. 따라서 $x = x_1$ 일 때의 근사해 y_1 은 다음과 같다.

$$\begin{aligned} y_1 &= y_0 + (x_1 - x_0)y_0' + \frac{(x_1-x_0)^2}{2!}y_0'' + \cdots + \frac{(x_1-x_0)^n}{n!}y_0^{(n)} \\ &= y_0 + hy_0' + \frac{h^2}{2!}y_0'' + \frac{h^3}{3!}y_0^{(3)} + \cdots + \frac{h^n}{n!}y_0^{(n)} \end{aligned}$$

일반적으로 k 번째 근사해 $y_k\ (k = 0, 1, 2, \ldots)$ 는 다음과 같다.

$$y_{k+1} = y_k + hy_k{}' + \frac{h^2}{2!}y_k{}'' + \frac{h^3}{3!}y_k^{(3)} + \cdots + \frac{h^n}{n!}y_k^{(n)} \tag{8-17}$$

【예제 8-9】 초기조건이 $y(0) = 1$ 일 때, 미분방정식 $y' = x + y$ 에 대하여 $h = 0.1$ 로 하여 $y(0.1), y(0.2)$ 의 값을 구하여라.[8)]

【해】 주어진 미분방정식은 $y' - y = x$ 이고, $\frac{dy}{dx} - y = x$로 표시할 수 있다. 미분방정식 풀기 위해 적분인자 e^{-x}를 양변에 곱하면 $e^{-x}\frac{dy}{dx} - e^{-x}y = e^{-x}x$ 가 된다. 좌변은 $\frac{d}{dx}(e^{-x}y)$로 고쳐 쓸 수 있으므로 양변을 x에 관하여 적분하면

$$e^{-x}y = \int x e^{-x} dx = -xe^{-x} - e^{-x} + c$$

이다. 초기치를 대입하면 $c = 2$ 이며, 양변을 e^{-x} 로 나누면 $y = -x - 1 + 2e^{-x}$ 는 주어진 미분방정식의 특수해이다.

이제 Taylor 급수를 이용하기 위해 주어진 미분방정식을 연속 미분하면

$$\begin{aligned}
y'' &= \frac{d}{dx}y' = \frac{d}{dx}(x+y) = 1 + y' = 1 + x + y \\
y^{(3)} &= \frac{d}{dx}y'' = \frac{d}{dx}(1+x+y) = 1 + y' = 1 + x + y \\
y^{(4)} &= \frac{d}{dx}y^{(3)} = \frac{d}{dx}(1+x+y) = 1 + y' = 1 + x + y \\
&\cdots\cdots \quad \cdots\cdots \quad \cdots\cdots
\end{aligned}$$

이 얻어진다. x_1 에서의 근사해를 구하려면 (x_0, y_0)의 값을 대입해야 하므로 $x_1 = 0.1$ 에서의 근사해 y_1 은 식 (8-17)로부터

---

8) 미분방정식의 특수해를 구하면 $f(x) = 2e^x - x - 1$ 이다. 따라서 $f(0.1) = 1.11034$, $f(0.2) = 1.24281$이다. 이 값과 그림 8-7의 값을 비교하라.

$$y_1 = 1 + 0.1 \times (0+1) + \frac{0.1^2}{2!}(1+0+1) + \frac{0.1^3}{3!}(1+0+1) + \cdots$$
$$= 1.11034$$

마찬가지로 (x_1, y_1)의 값을 이용하여 $x_2 = 0.2$ 에서의 근사해 y_2 를 계산하면

$$y_2 = 1.11034 + 0.1 \times (0.1 + 1.11034) + \frac{0.1^2}{2!}(1 + 0.1 + 1.11034) + \cdots$$
$$= 1.24281$$

따라서 $y(0.1) = 1.11034, y(0.2) = 1.24281$ 이다.[9]

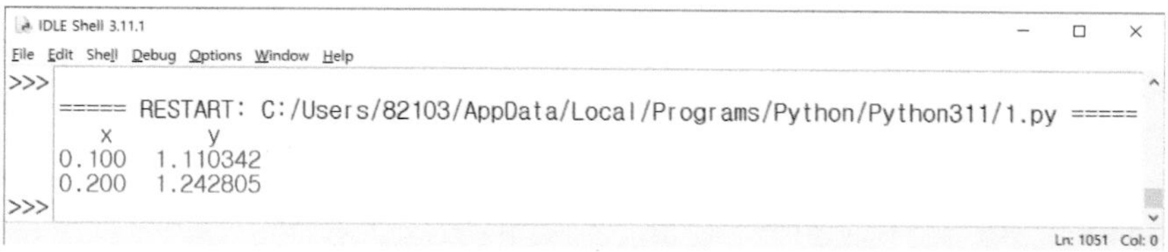

```
IDLE Shell 3.11.1
File Edit Shell Debug Options Window Help
>>>
    ===== RESTART: C:/Users/82103/AppData/Local/Programs/Python/Python311/1.py =====
       x        y
    0.100   1.110342
    0.200   1.242805
>>>
                                                                  Ln: 1051 Col: 0
```

그림 8-7 테일러급수에 의한 미분방정식의 해

9) 테일러 급수를 편의상 4항까지만 계산한 파이썬 프로그램은 다음과 같다.

```
import math  as m
import sympy as sp
from sympy.abc import x, y
expr = x + y                          # 미분방정식
w = sp.diff(expr, x) + expr
h, x0, y0 = 0.1, 0, 1                 # 간격과 초기치
print("   x        y ")
for loop in range(2) :
    s1 = expr.subs({x:x0})
    t1 = s1.subs({y:y0})
    s2 = w.subs({x:x0})
    t2 = s2.subs({y:y0})
    t_series = 0
    for i in range(2,5): # 2항부터 4항까지 계산
        t_series += h**i/m.factorial(i)*t2
    deriv = y0 + h*t1 + t_series
    x0 = x0 + h
    y0 = deriv
    print("%5.3f"%x0, "%9.6f"%y0)
```

【예제 8-10】 $y' = e^{-x} - y$, $y(0) = 0$, $h = 0.1$ 로 하여 4차 항까지만 Taylor 급수 전개하여 $y(0.1), y(0.2)$ 의 값을 구하여라.[10)]

【해】 주어진 미분방정식을 연속적으로 미분하면

$$\begin{cases} y'' = -\ e^{-x} - y' = -2e^{-x} + y \\ y^{(3)} = \ \ 2e^{-x} + y' = \ 3e^{-x} - y \\ y^{(4)} = -3e^{-x} - y' = -4e^{-x} + y \end{cases} \tag{8-18}$$

이므로 식 (8-18)을 식 (8-17)에 대입하면

$$\begin{aligned} y_1 &= y_0 + hy_0{}' + \frac{h^2}{2!}y_0{}'' + \frac{h^3}{3!}y_0^{(3)} + \frac{h^4}{4!}y_0^{(4)} \\ &= 0 + 0.1 \times (1-0) + \frac{0.1^2}{2!}(-2+0) + \frac{0.1^3}{3!}(3-0) + \frac{0.1^4}{4!}(-4+0) \\ &= 0.0905 \end{aligned}$$

$$y_2 = y_1 + hy_1{}' + \frac{h^2}{2!}y_1{}'' + \frac{h^3}{3!}y_1^{(3)} + \frac{h^4}{4!}y_1^{(4)} = 0.1637$$

즉, $y(0.1) = y_1 = 0.0905$, $y(0.2) = y_2 = 0.1637$ 이다. ■

4. Runge - Kutta 의 방법

앞에서 언급한 Euler의 방법은 미분방정식의 정확도를 얻기 위하여 x의 증분(h)을 아주 작은 값으로 택하여야 한다. Taylor 급수전개법은 전개항의 수를 크게 취하면 정확성은 유지되지만 고차도함수를 구해야 하는 불편이 있다. 하지만 Runge - Kutta 방법은 1차 도함수만을 사용하며 정확도도 다른 미분방정식에 비해 높기 때문에 상미분방정식의 해법으로 가장 널리 쓰이는 방법이라 할 수 있다. Runge - Kutta 방법은 2차의 Runge - Kutta 방법과 4차의 Runge - Kutta 방법이 있으며, 이 중에서도 4차의 Runge - Kutta 방법이 주로 쓰인다.[11)]

---

10) 초기치를 고려한 미분방정식의 解는 $y = xe^{-x}$ 이다.
11) 여기서의 4차는 도함수의 차수와는 전혀 별개이다.

(1) 2차의 Runge - Kutta 방법

앞에서 수정된 오일러의 방법은

$$\begin{aligned} y_{n+1} &= y_n + \frac{h}{2}(y_n{}' + y_{n+1}{}') \quad , \; n = 0,1,2,\ldots \\ &= y_n + \frac{h}{2}[f(x_n, y_n) + f(x_{n+1}, y_n + hf(x_n, y_n))] \end{aligned} \qquad (8\text{-}19)$$

임을 보인 바 있다.

$$\begin{aligned} k_1 &= h \times f(x_n, y_n) \\ k_2 &= h \times f(x_n + h, y_n + k_1) \end{aligned} \qquad (8\text{-}20)$$

라고 놓으면 2차의 Runge-Kutta 미분방정식의 해를 구하는 알고리즘이 나온다.

이제 미분방정식 $y = f(x, y)$ 와 초기치 $x = x_0, y = y_0$ 가 주어져 있다고 하자. $x = x_n$ 일 때의 근사 값을 $y = y_n$ 이라고 하면 $y_{n+1} = y_n + \Delta y_n$ 의 식을 이용하여 계산한다. 여기서, Δy_n 은 임의의 $n\,(n = 0,1,2,3,\ldots)$ 에 대하여 다음 관계식을 만족한다.

$$\begin{cases} \Delta y_n = \frac{1}{2}k_1 + \frac{1}{2}k_2 \\ k_1 = h \times f(x_n, y_n) \\ k_2 = h \times f(x_n + h, y_n + k_1) \end{cases} \qquad (8\text{-}21)$$

【예제 8-11】 미분방정식 $y' = xy + 1, y(0) = 1$ 이 주어져 있을 때, $h = 0.005$ 로 하여 $y(0.01)$ 을 구하여라.

【해】 $f(x, y) = xy + 1$ 이다. 식 (8-23)에서 $n = 0$ 인 경우부터 계산해보자.

$$\begin{cases} k_1 = h \times f(x_0, y_0) = 0.005 \\ k_2 = h \times f(x_1, y_0 + k_1) = h \times f(0.005, 1.005) = 0.0050251 \end{cases}$$

$$\Delta y_0 = \frac{1}{2}k_1 + \frac{1}{2}k_2 = \frac{1}{2}(0.005 + 0.005025) = 0.0050125$$

따라서 $y_1 = y(0.05)$의 값은 $y_1 = y_0 + \Delta y_0 = 1.0050125$ 이다. 마찬가지 방식으로 식 (8-21)에서 $n = 1$ 인 경우는

$$\begin{cases} k_1 = h \times f(x_1, y_1) = 0.005 \times (0.005 \times 1.0050125 + 1) = 0.0050251 \\ k_2 = h \times f(x_1 + h, y_1 + k_1) = 0.005 \times f(0.01, 1.0100376) = 0.0050505 \end{cases}$$

$$\Delta y_1 = \frac{1}{2}k_1 + \frac{1}{2}k_2 = \frac{1}{2}(0.0050251 + 0.0050505) = 0.0050378$$

따라서 $y(0.01) = y_2 = y_1 + \Delta y_1 = 1.0100500$ ■

다음 그림은 파이썬 프로그램을 실행시켜 얻은 것이다.

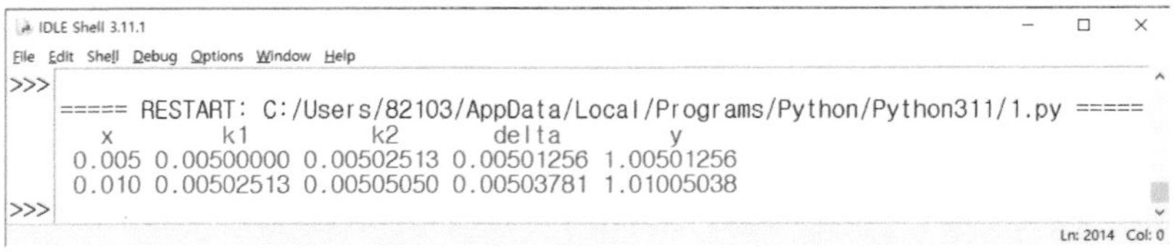

```
IDLE Shell 3.11.1
File Edit Shell Debug Options Window Help
>>>
===== RESTART: C:/Users/82103/AppData/Local/Programs/Python/Python311/1.py =====
    x        k1          k2          delta        y
 0.005 0.00500000 0.00502513 0.00501256 1.00501256
 0.010 0.00502513 0.00505050 0.00503781 1.01005038
>>>
                                                              Ln: 2014 Col: 0
```

그림 8-8 2차 룽게-쿠타 방법

2차 룽게-쿠타 방법

```
import sympy as sp
from sympy.abc import x, y

f_x_y = x*y + 1                              # 미분방정식
# f_x_y = f(x , y) , f0 = f(x0 , y)  , f00 = f(x0 , y0)를 의미함

h, x0, y0 = 0.005, 0, 1                      # 초기치
print("   x          k1          k2          delta          y")
for loop in range(1,3) :
    f0 = f_x_y.subs({x:x0})
    f00 = f0.subs({y:y0})
    k1 = h * f00
    x0 = (loop)*h
    f0 = f_x_y.subs({x:x0})
    f00 = f0.subs({y:y0+k1})
```

```
k2 = h * f00
delta = (k1 + k2 ) / 2
y0 = y0 + delta
print("%6.3f"%x0, "%10.8f"%k1, "%10.8f"%k2, "%10.8f"%delta, "%10.8f"%y0)
```

(2) 4차의 Runge - Kutta 방법

수정된 오일러의 방법은 $y_{n+1} = y_n + \frac{h}{2}(y_n{}' + y_{n+1}{}')$ 이며, 구간의 폭인 h의 값이 작은 경우라면 오른쪽 둘째 항은 $f(x,y)$의 구간 $[x_n, x_{n+1}]$에서의 사다리꼴 넓이와 동일하다. 따라서 이 식은 다음의 형태로 바꾸어 쓸 수 있다.

$$y_{n+1} = y_n + \int_{x_n}^{x_{n+1}} f(x,y)\,dx \qquad (8\text{-}22)$$

적분 계산에서 심프슨의 공식을 사용하면 룽게-쿠타의 4차 미분방정식의 해를 유도할 수 있다.

미분방정식 $y' = f(x, y), y(x_0) = y_0$ 가 주어져 있다고 하자. x_n 에서의 근사값 y_n으로부터 다음의 식 (8-23)을 적용시켜 x_{n+1} 에서의 근사값 y_{n+1} 을 계산할 수 있다.

$$y_{n+1} = y_n + \frac{1}{6}(k_1 + 2k_2 + 2k_3 + k_4) \qquad (8\text{-}23)$$

여기서

$$\begin{cases} k_1 = hf(x_n, y_n) \\ k_2 = hf(x_n + \frac{h}{2}, y_n + \frac{k_1}{2}) \\ k_3 = hf(x_n + \frac{h}{2}, y_n + \frac{k_2}{2}) \\ k_4 = hf(x_n + h, y_n + k_3) \end{cases} \qquad (8\text{-}24)$$

【예제 8-12】 미분방정식 $y' =- xy^2, y(2) = 1$ 에 대하여 $h = 0.1$ 이라고 할 때 구간 $[2, 3]$ 에서의 미분방정식의 해를 구하여라.

【해】 초기치는 $x_0 = 2, y_0 = 1$ 이므로 식 (8-24)로부터

$$\begin{cases} k_1 = 0.1 \times f(2,1) =- 0.2 \\ k_2 = 0.1 \times f(2.05, 1 + (-0.2/2)) =- 0.16605 \\ k_3 = 0.1 \times f(2.05, 1 + (-0.16605/2)) =- 0.1723728 \\ k_4 = 0.1 \times f(2.1, 1 + (-0.1723729)) =- 0.1438430 \end{cases}$$

를 얻을 수 있다. 이 값을 식 (8-23)에 대입하면

$$\begin{aligned} y_1 &= y_0 + \frac{1}{6}(k_1 + 2k_2 + 2k_3 + k_4) \\ &= 1 + \frac{1}{6}(-0.2 - 0.16605 - 0.1712728 - 0.1438430) = 0.8298852 \end{aligned}$$

나머지 구간에서의 계산은 << 프로그램 8-4 >> 를 사용하였으며 결과를 다음의 그림에 나타내었다. ■

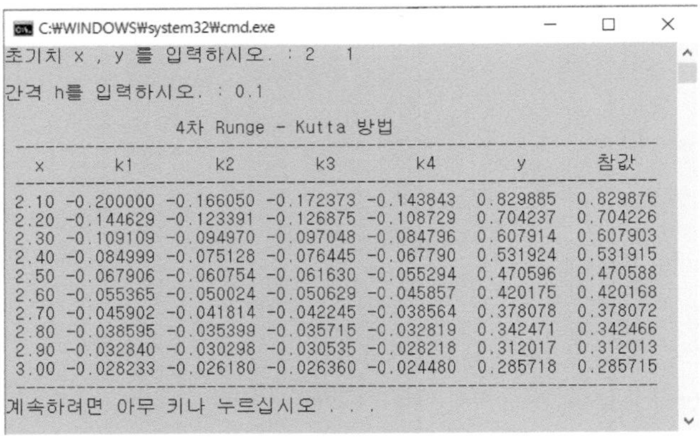

```
C:\WINDOWS\system32\cmd.exe
초기치 x , y 를 입력하시오. : 2   1

간격 h를 입력하시오. : 0.1

              4차 Runge - Kutta 방법
-----------------------------------------------------------------
  x        k1         k2         k3         k4         y        참값
-----------------------------------------------------------------
2.10 -0.200000 -0.166050 -0.172373 -0.143843  0.829885  0.829876
2.20 -0.144629 -0.123391 -0.126875 -0.108729  0.704237  0.704226
2.30 -0.109109 -0.094970 -0.097048 -0.084796  0.607914  0.607903
2.40 -0.084999 -0.075128 -0.076445 -0.067790  0.531924  0.531915
2.50 -0.067906 -0.060754 -0.061630 -0.055294  0.470596  0.470588
2.60 -0.055365 -0.050024 -0.050629 -0.045857  0.420175  0.420168
2.70 -0.045902 -0.041814 -0.042245 -0.038564  0.378078  0.378072
2.80 -0.038595 -0.035399 -0.035715 -0.032819  0.342471  0.342466
2.90 -0.032840 -0.030298 -0.030535 -0.028218  0.312017  0.312013
3.00 -0.028233 -0.026180 -0.026360 -0.024480  0.285718  0.285715
-----------------------------------------------------------------
계속하려면 아무 키나 누르십시오 . . .
```

그림 8-9 4차 룽게-쿠타 방법[12)]

---

12) 4차 룽게-쿠타 미분방정식의 해를 구하는 파이썬 프로그램은 프로그램 모음을 참조하라.

5. 예측자-수정자 (Predictor - Corrector) 방법

지금까지 다룬 미분방정식의 수치해법은 $x = x_{i+1}$ 에서의 근사해 y_{i+1} 은 바로 앞의 근사해 y_i 에 의존하므로 이를 1단계 방법(one-step method) 이라고 한다. 이에 반하여 Predictor - Corrector 방법은 앞에서 구한 여러 개의 함수값을 이용하는 방식을 채택하며 대표적인 다단계 방법(multi-step method) 이다.

(1) 2차 Predictor - Corrector 방법

미분방정식 $y' = f(x, y)$와 초기치 $y(x_0) = y_0$ 가 주어져 있다고 하자. $x_{n+1} = x_n + h$ 에서의 근사 값을 y_{n+1} 이라고 하면

$$y_{n+1} - y_n \simeq \int_{x_n}^{x_{n+1}} y'(x)dx \tag{8-25}$$

이 성립한다. y_{n+1} 은 y_n 의 근사해 이므로

$$\begin{aligned} y_{n+1} &\simeq y_n + \int_{x_n}^{x_{n+1}} y'(x)dx \\ &= y_n + \int_{x_n}^{x_{n+1}} f(x, y)dx \end{aligned} \tag{8-26}$$

이다. 식 (8-26)의 우변을 사다리꼴 공식을 사용하여 적분하면

$$y_{n+1} = y_n + \frac{h}{2}\{f(x_n, y_n) + f(x_{n+1}, y_{n+1})\} \tag{8-27}$$

가 된다. 그런데 식 (8-27)을 살펴보면 y_{n+1} 이 양변에 들어 있으므로 좌변의 y_{n+1} 은 $y_{n+1}^{(k)}$ 로 놓고 우변의 y_{n+1} 은 $y_{n+1}^{(k-1)}$ 으로 놓음으로써 다음과 같은 반복 식을 만들 수 있다.[13)]

---

13). 여기서 $y_{n+1}^{(k)}$ 는 n 계 도함수와는 의미가 전혀 다르다.

$$y_{n+1}^{(k)} = y_n + \frac{h}{2}\{f(x_n, y_n) + f(x_{n+1}, y_{n+1}^{(k-1)})\} \qquad (8\text{-}28)$$

단, $n = 0,1,2,\ldots \quad k = 1,2,3,\ldots$

만일 초기치 y_0 가 주어지면 y_1 은 Euler의 방법(또는 Runge - Kutta 방법)으로 계산한 다음, 위의 반복식 (8-28)로부터 $y_n\,(n = 1,2,3,\ldots)$ 을 계산함으로써 손쉽게 미분방정식의 해를 구할 수 있다.

【예제 8-13】 $y' = x + y$, $y(0) = 1$ 인 미분방정식을 Predictor - Corrector 방법으로 구간 $[0, 0.5]$ 에서의 해를 구하라. 단 $h = 0.1$ 로 하라.

【해】 $y' = f(x, y) = x + y$ 이고 $x_0 = 0, y_0 = 1$ 이므로

$$y_1^{(0)} = y_0 + hf(x_0, y_0) = 1 + 0.1 \times (0+1) = 1.1$$

따라서 식 (8-28)로부터

$$y_1^{(1)} = y_0 + \frac{h}{2}\{f(x_0, y_0) + f(x_1, y_1^{(0)})\} = 1 + \frac{0.1}{2}[1 + (0.1 + 1.1)] = 1.11$$

$$y_1^{(2)} = y_0 + \frac{h}{2}\{f(x_0, y_0) + f(x_1, y_1^{(1)})\} = 1 + \frac{0.1}{2}[1 + (0.1 + 1.11)] = 1.1105$$

$$y_1^{(3)} = 1 + \frac{0.1}{2}[1 + (0.1 + 1.1105)] = 1.110525$$

$$y_1^{(4)} = 1 + \frac{0.1}{2}[1 + (0.1 + 1.110525)] = 1.110526$$

$$\cdots\cdots \qquad \cdots\cdots\cdots \qquad \cdots\cdots\cdots$$

를 얻게 되므로 $y_1 = 1.110526$ 임을 알 수 있다. 또한

$$y_2^{(0)} = y_1 + hf(x_1, y_1) = 1.110526 + 0.1 \times (0.1 + 1.110526) = 1.231579$$

$$y_2^{(1)} = y_1 + \frac{h}{2}\{f(x_1, y_1) + f(x_2, y_2^{(0)})\}$$
$$= 1.110526 + 0.05 \times [1.210526 + (0.2 + 1.231579)] = 1.242631$$

$$y_2^{(2)} = 1.110526 + 0.05 \times [1.210526 + (0.2 + 1.242631)] = 1.243184$$

$$y_2^{(3)} = 1.110526 + 0.05 \times [1.210526 + (0.2 + 1.243184)] = 1.243212$$
$$y_2^{(4)} = 1.110526 + 0.05 \times [1.210526 + (0.2 + 1.243212)] = 1.243213$$
$$\cdots\cdots\cdots \qquad \cdots\cdots\cdots \qquad \cdots\cdots\cdots$$

이므로 $y_2 = 1.243213$ 가 됨 을 알 수 있다. ■

이상과 같은 방식을 계속 적용하면 주어진 구간 $[0, 0.5]$ 까지의 미분방정식의 해를 구할 수 있으나 편의상 <<프로그램 8-5>>를 사용하여 $x = 0.3$ 까지의 결과를 출력한 것이 그림 8-6 이다.

```
C:\WINDOWS\system32\cmd.exe
초기치 x , y 를 입력하시오. : 0 1

간격(h)과 반복수(loop)를 입력하시오. : 0.1 3

  2차 Predictor - Corrector  방법
-------------------------------------------
           n          k1
-------------------------------------------
           1        1.110000
           2        1.110500
           3        1.110525
           4        1.110526
           5        1.110526
           6        1.110526
x = 0.10  근사값 = 1.110526   참값 = 1.110342
-------------------------------------------
           1        1.242632
           2        1.243184
           3        1.243212
           4        1.243213
           5        1.243213
           6        1.243213
x = 0.20  근사값 = 1.243213   참값 = 1.242806
-------------------------------------------
           1        1.399751
           2        1.400362
           3        1.400392
           4        1.400394
           5        1.400394
           6        1.400394
x = 0.30  근사값 = 1.400394   참값 = 1.399718
-------------------------------------------
계속하려면 아무 키나 누르십시오 . . .
```

그림 8-10 2차의 예측자-수정자 방법

구간 $[0, 0.5]$ 에서의 미분방정식의 해는 다음과 같으며, 참값과는 약간의 차이가 발생한 것을 알 수 있다.

<< 프로그램 8-5 >>의 일부를 변경하면 미분방정식의 근만 출력되도록 만들 수 있다.

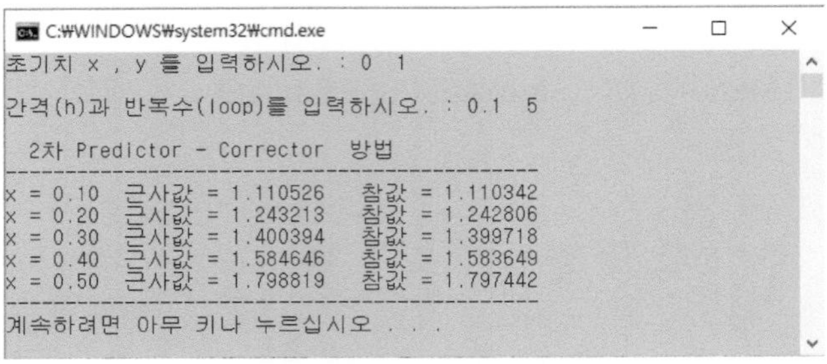

```
C:\WINDOWS\system32\cmd.exe
초기치 x , y 를 입력하시오. : 0 1

간격(h)과 반복수(loop)를 입력하시오. : 0.1  5

  2차 Predictor - Corrector  방법
------------------------------------------------
x = 0.10  근사값 = 1.110526    참값 = 1.110342
x = 0.20  근사값 = 1.243213    참값 = 1.242806
x = 0.30  근사값 = 1.400394    참값 = 1.399718
x = 0.40  근사값 = 1.584646    참값 = 1.583649
x = 0.50  근사값 = 1.798819    참값 = 1.797442
------------------------------------------------
계속하려면 아무 키나 누르십시오 . . .
```

그림 8-11 근사값만 출력

(2) 4차 Predictor - Corrector 방법 [14]

이 방법은 4차 Adams-Bashforth-Moulton의 Predictor-Corrector 방법이라고도 부른다. 먼저 y_1, y_2, y_3 를 Euler의 방법(또는 Runge-Kutta 방법)으로 구한 뒤, $y_{n+1}\,(n \geqq 3)$ 은 다음과 같은 Adams-Bashforth의 예측식을 사용하여 계산하고

$$y_{n+1}^{(0)} = y_n + \frac{h}{24}[55f_n - 59f_{n-1} + 37f_{n-2} - 9f_{n-3}] \qquad (8\text{-}29)$$

이 값을 이용하여 다음과 같은 Adams-Moulton의 수정식에 대입하여 미분방정식의 해를 수정해 나간다.

$$y_{n+1}^{(k+1)} = y_n + \frac{h}{24}[9f(x_{n+1}, y_{n+1}^{(k)}) + 19f_n - 5f_{n-1} + f_{n-2}] \qquad (8\text{-}30)$$

여기서 $f_n = f(x_n, y_n)$ 이고 $k = 0,1,2,..,$ $n = 3,4,5,...$ 이다.

【예제 8-14】 $y' = x + y, y(0) = 1$ 인 미분방정식에서 $y(0.4), y(0.5)$ 의 값을 구하여라. 단, $h = 0.1$ 로 하라.

---

14) 유도과정은 복잡하므로 생략한다. 자세한 내용은 참고문헌 [21] (pp.315-317) 을 참조하라.

【해】 $y(0.1), y(0.2), y(0.3)$ 은 그림 8-11 의 참값을 이용하기로 한다.

$$\begin{cases} y(0.0) = 1 \\ y(0.1) = 1.110342 \\ y(0.2) = 1.242805 \\ y(0.3) = 1.399718 \end{cases}$$

이고 $x_i = x_0 + 0.1 \times i \ (i = 1,2,3,\dots)$ 이므로

$$\begin{cases} f_0 = f(x_0, y_0) = 1 \\ f_1 = f(x_1, y_1) = 1.210342 \\ f_2 = f(x_2, y_2) = 1.442805 \\ f_3 = f(x_3, y_3) = 1.699718 \end{cases}$$

이 된다. $n = 3$ 이므로 식 (8-29)의 Adams - Bashforth 의 예측식으로 부터

$$\begin{aligned} y_4^{(0)} &= y_3 + \frac{h}{24}[55f_3 - 59f_2 + 37f_1 - 9f_0] \\ &= 1.399718 + \frac{0.1}{24}[55 \times 1.699718 - 59 \times 1.442805 + 37 \times 1.210342 - 9 \times 1] \\ &= 1.583642 \end{aligned}$$

가 얻어진다. 즉, $f_4^{(0)} = f(x_4, y_4^{(0)}) = f(0.4,\ 1.583642) = 1.983642$ 가 된다. 이제 식 (8-30)의 Adams - Moulton 의 수정식을 사용하여 계산하면

$$y_4^{(k+1)} = y_3 + \frac{h}{24}[9f_4^{(k)} + 19f_3 - 5f_2 + f_1] \qquad k = 0,1,2,\dots \qquad (8\text{-}31)$$

이므로

$$y_4^{(1)} = f(x_4, y_4^{(1)}) = y_3 + \frac{0.1}{24}[9f_4^{(0)} + 19f_3 - 5f_2 + f_1] = 1.583650$$

이 값을 다시 식 (8-31)에 대입하면

$$y_4^{(2)} = y_3 + \frac{0.1}{24}[9f_4^{(1)} + 19f_3 - 5f_2 + f_1] = 1.583650$$

따라서 $y(0.4) = 1.583650$ 이다. 이제 마지막으로 y_5 의 값을 구하면 된다. $f_4 = 1.983650$ 이므로 식 (8-29)로부터

$$y_5^{(0)} = y_4 + \frac{h}{24}[55f_4 - 59f_3 + 37f_2 - 9f_1] = 1.797434 \qquad (8-32)$$

$f_5^{(0)} = f(x_5, y_5^{(0)}) = f(0.5\ ,\ 1.797434) = 2.297434$ 가 된다. 식 (8-30)으로부터

$$y_5^{(k+1)} = y_4 + \frac{h}{24}[9f_5^{(k)} + 19f_4 - 5f_3 + f_2] \qquad k = 0,1,2,... \qquad (8-33)$$

이므로 식 (8-33)에 $k = 1,2,3,...$ 을 차례로 대입하면

$$y_5^{(1)} = y_4 + \frac{0.1}{24}[9f_5^{(0)} + 19f_4 - 5f_3 + f_2] = 1.797444$$

$$y_5^{(2)} = y_4 + \frac{0.1}{24}[9f_5^{(1)} + 19f_4 - 5f_3 + f_2] = 1.797444$$

따라서 $y(0.5) = 1.797444$ 이다. ■

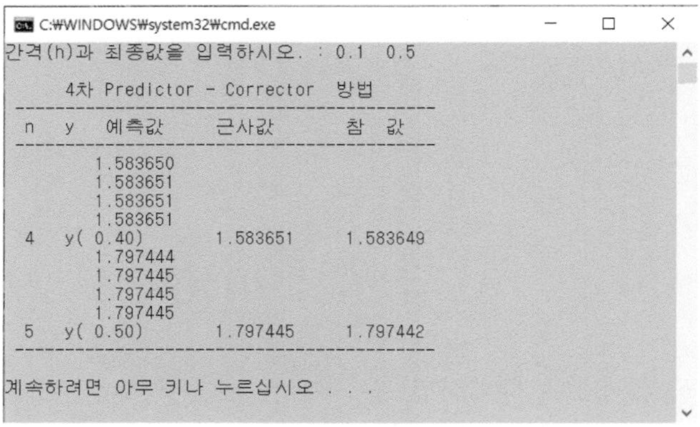

```
C:\WINDOWS\system32\cmd.exe
간격(h)과 최종값을 입력하시오. : 0.1  0.5

     4차 Predictor - Corrector  방법
 -------------------------------------------
  n   y    예측값      근사값        참  값
 -------------------------------------------
         1.583650
         1.583651
         1.583651
         1.583651
  4   y( 0.40)       1.583651      1.583649
         1.797444
         1.797445
         1.797445
         1.797445
  5   y( 0.50)       1.797445      1.797442
 -------------------------------------------

계속하려면 아무 키나 누르십시오 . . .
```

그림 8-12

♣ 연습문제 ♣

1. Euler 방법으로 다음 미분방정식의 근사해 $y(0.2)$ 를 구하여라. 단 $h=0.1$ 로 하라. 초기치와 관련된 다음 미분방정식의 해는 $(1+x)(1+y)=1$ 이다.

$$y'=\frac{1+y}{1+x}, \quad y(0)=0$$

2. 미분방정식 $y'=e^{-x}-x+y$, $y(0)=1$ 을 수정된 Euler 방법으로 구간 $[0,1]$ 에서의 근사해를 구하여라. 단, $h=0.1$ 로 하라. 초기치와 관련된 미분방정식의 해는 $y=xe^{-x}-x+1$ 이다.

3. 다음 미분방정식$y'=xy+1, y(0)=1$ 을 3차 항까지만 Taylor 급수 전개하여 구간 $[1\ ,\ 1.5]$ 까지의 해를 구하여라. 단, $h=0.05\ ,\ 0.1$ 로 하라.

4. 미분방정식 $y'=1+y^2$, $y(0)=0$ 을 2차 Runge - Kutta 방법으로 구간 $[0\ ,\ 1]$ 에서의 근사해를 구하여라. 단, $h=0.1$ 로 하라. 초기치와 관련된 미분방정식의 해는 $y=\tan(x)$이다.

5. 다음 미분방정식을 4차 Runge - Kutta 방법으로 근사해를 구하여라.

(1) $y=x+y^2, y(0)=1$

(2) $y=1+xy^2, y(0)=0$

(3) $y=y^2-x^2, y(0)=1$

6. 다음 미분방정식을 2차 Predictor - Corrector 방법으로 풀어라. 단, $h = 0.1$ 로 하라. 초기치와 관련된 미분방정식의 해는 $y = e^{-x} + x$ 이다.

$$y = -y + x + 1, y(0) = 1$$

7. 문제 6 번의 미분방정식을 4차 Predictor - Corrector 방법으로 풀어라.

8. 미분방정식 $y'' + 8y = 0, y(0) = 1, y'(0) = 0$ 을 풀어라.

프로그램 모음

<< 프로그램 8-1 : Euler의 방법 (예제 8-4) >>

```
#include "stdafx.h"
#include "stdio.h"
#include "math.h"
float f(float t) { return(2*t); }
int main()
{
    float x, y, h, xlast;
    printf("        Euler의 방법        \n");
    printf("\n");
    printf("초기치 x , y 를 입력하시오. : ");
    scanf("%f %f", &x, &y);
    printf("\n");
    printf("간격 h와 x의 최종치를 입력하시오. : ");
    scanf("%f %f", &h, &xlast);
    printf("\n");
    printf("----------------------------------\n");
    printf("       x          근사값       참  값\n");
    printf("----------------------------------\n");
    do{
      x+=h;
      y+=h*f(y);
      printf("%10.5f %10.5f %10.5f\n", x, y, exp(2*x));
      } while(x<xlast);
    printf("----------------------------------\n\n");
}
```

<< 프로그램 8-2 : 수정된 Euler의 방법 (예제 8-6) >>

```
#include "stdafx.h"
#include "stdio.h"
#include "math.h"
float f(float s,float t) { return(-s*t*t); }
int main()
{
float x, y, h, xlast, w;
    printf("\n");
    printf("초기치 x , y 를 입력하시오.\n");
    scanf("%f %f", &x, &y);
    printf("\n");
```

```
    printf("간격 h와 x의 최종치를 입력하시오.\n");
    scanf("%f %f", &h, &xlast);
    printf("\n");
    printf("          수정된 Euler의 방법        \n");
    printf(" ------------------------------------\n");
    printf("      x         근사값          참  값\n");
    printf(" ------------------------------------\n");
    do{
      w=f(x,y);
      x+=h;
      y+=h/2*(w+f(x,y+h*w));
      printf("%8.2f   %12.6f   %12.6f\n",x, y, 2/(x*x-2));
      } while(x < xlast);
    printf(" ------------------------------------\n\n");
}
```

<< 프로그램 8-3 : 2차 Runge - Kutta 방법 >>

```
#include "stdafx.h"
#include "stdio.h"
#include "math.h"
float f(float x,float y) { return(x*y + 1); }
int main()
{
    float x, y, h, xlast, dy, k1, k2;
    printf("초기치 x , y 를 입력하시오. : ");
    scanf("%f %f", &x, &y);
    printf("\n");
    printf("간격 h와 x의 최종치를 입력하시오. : ");
    scanf("%f %f", &h, &xlast);
    printf("\n");
    printf("                    2차 Runge - Kutta 방법        \n");
    printf(" -------------------------------------------------------\n");
    printf("       x          k1          k2           dy            y\n");
    printf(" -------------------------------------------------------\n");
    while (x < xlast-1e-6){
      x += h;
      k1 = h*f(x,y);
      k2 = h*f(x,y+k1);
      dy = (k1+k2)/2;
      y += dy;
      printf("%10.6f %10.6f %10.6f %10.6f %10.6f\n", x, k1, k2, dy, y);
    }
```

```
    printf(" ----------------------------------------------------\n");
}
```

<< 프로그램 8-4 : 4차 Runge - Kutta 방법 >>

```
#include "stdafx.h"
#include "stdio.h"
#include "math.h"

float f(float x,float y) { return(-x*y*y); }
int main()
{
float k1, k2, k3, k4, x, y, h, xlast;
    printf("초기치 x , y 를 입력하시오. : ");
    scanf("%f %f", &x, &y);
    printf("\n");
    printf("간격 h와 x의 최종치를 입력하시오. : ");
    scanf("%f %f", &h, &xlast);
    printf("\n");
    printf("                    4차 Runge - Kutta 방법        \n");
    printf(" ----------------------------------------------------\n");
    printf("   x        k1        k2        k3        k4        y        참  값\n");
    printf(" ----------------------------------------------------\n");

    do{
      k1 = h*f(x,y);
      k2 = h*f(x+h/2,y+k1/2);
      k3 = h*f(x+h/2,y+k2/2);
      x += h;
      k4 = h*f(x,y+k3);
      y += (k1 + 2*k2 + 2*k3 + k4)/6;
      printf("%5.2f %10.5f %10.5f %10.5f %10.5f", x, k1, k2, k3, k4) ;
      printf("%10.5f %10.5f\n", y, 2/(x*x-2));

      } while (x < xlast-1e-6);
    printf(" ----------------------------------------------------\n");
}
```

룽게-쿠타 파이썬 프로그램

```
import sympy as sp
from sympy.abc import x, y

f_x_y = - x*y*y                          # 미분방정식
# f_x_y = f(x,y)  , f0 = f(x0,y)   , f00 = f(x0,y0)

h, x0, y0 = 0.1, 2, 1                    # 초기치
print("   x      k1        k2        k3        k4        y     참값 ")
for loop in range(1,11) :
    f0 = f_x_y.subs({x:x0})
    f00 = f0.subs({y:y0})
    k1 = h * f00
    x0 = x0 + h/2
    f0 = f_x_y.subs({x : x0})
    f00 = f0.subs({y : y0 + k1/2})
    k2 = h * f00
    f00 = f0.subs({y : y0 + k2/2})
    k3 = h * f00
    f0 = f_x_y.subs({x : x0 + h/2})  # (x + h) 로 만들기 위함.
    f00 = f0.subs({y : y0 + k3})
    k4 = h * f00
    y0 = y0 + (k1 + 2*k2 + 2*k3 + k4) / 6
    x0 = x0 + h/2
    print("%6.3f"%x0, "%9.7f"%k1, "%9.7f"%k2, "%9.7f"%k3, "%9.7f"%k4,
    print("%9.7f"%y0, "%9.7f"% 2/(x*x-2) )
```

<< 프로그램 8-5 : 2차 Predictor - Corrector 방법 >>

```
#include "stdafx.h"
#include "stdio.h"
#include "math.h"
float f(float u,float v) { return(u+v); }
int main()
{
float z[100], x, y, h, pc;
int i, loop, n;
    printf("초기치 x , y 를 입력하시오. : ");
    scanf("%f %f", &x, &y);
    printf("\n");
    printf("간격(h)과 반복수(loop)를 입력하시오. : ");
```

```
    scanf("%f %d", &h, &loop);
    printf("\n");
    printf("  2차 Predictor - Corrector  방법 \n");
    printf("-------------------------------------------\n");
    printf("          n            k1     \n");
    printf("-------------------------------------------\n");
    for(n=1;n<=loop;n++)
    {
        pc=y+h*f(x,y);
        for(i=1;i<=5;i++)
        {
            z[i]=y+(f(x,y)+f(x+h,pc))*h/2;
            pc=z[i];
            printf("           %2d      %12.6f\n",i,z[i]);
        }
        x+=h;
        y=z[i-1];
        printf("x =%5.2f  근사값 = %f", n*h, y);
        printf("   참값 = %f\n", 2*exp(n*h)-n*h-1);
    printf("-------------------------------------------\n");
    }
}
```

<< 프로그램 8-6 : 4차 Predictor - Corrector 방법 >>

```
#include "stdafx.h"
#include "stdio.h"
#include "math.h"
float g(float u,float v) { return(u+v); }
int main()
{
float x, fx, h, xlast, y[100], f[100], xx, pd, corr ;
int i, loop, n;
    printf("초기치 x , y 를 입력하시오. : ");
    scanf("%f %f", &x, &fx);
    printf("\n");
    printf("간격(h)과 최종값을 입력하시오. : ");
    scanf("%f %f", &h, &xlast);
    loop=(int) ((xlast+0.1-x)/h);
    y[4]=1.399718;
    f[1]=1;
    f[2]=1.210342;
    f[3]=1.442805;
```

```
    f[4]=1.699718;
    printf("\n");
    printf("        4차 Predictor - Corrector  방법 \n");
    printf(" -------------------------------------------\n");
    printf("  n    y    예측값       근사값          참  값 \n");
    printf(" -------------------------------------------\n");
    for(n=4;n<=loop;n++)
    {
        pd=y[n]+(55*f[n]-59*f[n-1]+37*f[n-2]-9*f[n-3])*h/24;
        for(i=1;i<=4;i++)
        {
                corr = g(x+n*h,pd);
                pd = y[n] + (9*corr+19*f[n]-5*f[n-1]+f[n-2])*h/24;
                printf("\t %f \n", pd) ;
        }
        printf("  %d    y(%5.2f)          %f    ", n, n*h, pd) ;
        printf("  %f \n", 2*exp(n*h)-n*h-1);
        y[n+1] = pd;
        f[n+1] = corr;
    }
    printf(" -------------------------------------------\n\n");
}
```

참고문헌

1. 김종호 , 홍석강 : 수치해석 , 집현사 , 1975.
2. 김종호 : 수치해석연습 , 집현사 , 1981.
3. 김종호 : BASIC에 의한 수치해석 , 자유 아카데미 , 1990.
4. 김종호 , 엄정국 : 수치해석, 자유 아카데미
5. 김경태 , 박두일 : 응용수치해석 , 탑출판사 , 1979.
6. 문병수 : 수치해석 , 이우출판사 , 1985.
7. 박성현 , 허문열 : 전산통계 , 경문사 , 1983.
8. 박재년 : 수치해석 , 정익사 , 1985.
9. 송만석 , 장건수 : 수치해석학 , 생능 , 1992.
10. 양해술 , 이창석 : 수치해석 , 상조사 , 1983.
11. 이장우 : 선형대수의 입문 , 경문사 , 1991.
12. 홍준표 , 이경이 : 컴퓨터 수치해석 연습 , 문운당 , 1991.
13. Atkinson, K. E. : An Introduction to Numerical Analysis, John -Wiley & Sons, 1978.
14. Beyer , W. H. : CRC Standard Mathematical Tables , 27th Edition , CRC Press , Inc., 1984.
15. Conte, S. D. and de Boor, C. : Elementary Numerical Analysis, McGraw-Hill Kogakusha, Ltd., 1972.
16. Kuo, S. S. : Computer Applications of Numerical Methods , The Macmillan Company, 1964.
17. Nakamura, S. : APPLIED NUMERICAL METHODS WITH SOFTWARE , Prentice - Hall International Editions , 1991.
18. 김대수 : 선형대수학 Express, 생능출판, 2020.
19. 박태희 : 알기 쉬운 수치해석, 생능출판, 2018
20. 이건명 : 응용이 보이는 선형대수학, 한빛 아카데미, 2020
21. 엄정국 : 선형대수학, 도서출판 21세기사, 2022

찾아보기

파이썬과 C로 구현한 수치해석

1판 1쇄 인쇄 2023년 08월 05일
1판 1쇄 발행 2023년 08월 10일
저 자 엄정국
발 행 인 이범만
발 행 처 **21세기사** (제406-2004-00015호)
경기도 파주시 산남로 72-16 (10882)
Tel. 031-942-7861 Fax. 031-942-7864
E-mail : 21cbook@naver.com
Home-page : www.21cbook.co.kr
ISBN 979-11-6833-084-9

정가 34,000원